杂交水稻

氮高效品种的鉴评方法与节肥栽培

徐富贤　熊　洪◎著

U0306716

中国农业科学技术出版社

图书在版编目（CIP）数据

杂交水稻氮高效品种的鉴评方法与节肥栽培／徐富贤，熊洪著. —北京：中国农业科学技术出版社，2021.7

ISBN 978-7-5116-5405-2

Ⅰ.①杂… Ⅱ.①徐… ②熊… Ⅲ.①杂交-水稻-栽培技术 Ⅳ.①S511

中国版本图书馆 CIP 数据核字（2021）第 139217 号

责任编辑	张国锋
责任校对	马广洋
责任印制	姜义伟　王思文

出 版 者	中国农业科学技术出版社
	北京市中关村南大街 12 号　邮编：100081
电　　话	（010）82106625（编辑室）　　（010）82109702（发行部）
	（010）82109709（读者服务部）
传　　真	（010）82106631
网　　址	http://www.castp.cn
经 销 者	各地新华书店
印 刷 者	北京建宏印刷有限公司
开　　本	170 mm×240 mm　1/16
印　　张	16.25
字　　数	320 千字
版　　次	2021 年 7 月第 1 版　2021 年 7 月第 1 次印刷
定　　价	58.00 元

前　言

在人增地减矛盾日益突出的严峻形势下，通过改良水稻品种、配套先进的栽培技术和加大生产投入，已成为稳步提高水稻单产、保障粮食安全的重要途径。其中增加肥料特别是氮肥的投入就是有效措施之一。据统计，2015 年全球氮肥用量是 1960 年的 8 倍，平均每年以 5% 以上的速度递增；而水稻氮肥利用率则随着氮肥用量的增加明显下降。氮肥利用率低引发能源浪费、环境污染和生产效益降低等问题。2018 年全国水稻种植面积 3 018.9 万 hm²，总产 21 213 万 t、单产 7.03t/hm²，稻谷总产和单产均再创历史新高。我国西南稻区现有稻田面积 460 多万 hm²，杂交中籼迟熟品种（组合）种植面积占 85% 以上，各地水稻生产高产典型层出不穷，产量普遍超过 8.0t/hm²，各代表性生态区超高产达 10.5 ~ 15.0t/hm²，但无一不是通过肥料高投入获得的。因此，在水稻高产前提下如何减肥增效是当前及今后很长时期内水稻栽培的热点课题之一。

早在 20 世纪 70 年代，就如何提高稻田氮肥利用率问题国内外已有大量研究，并在水稻种质资源氮利用效率的比较、筛选、评价、利用，不同氮利用效率基因型的生理生化特性、根系形态、干物质生产与积累特性以及大田氮肥管理对稻谷产量、品质及氮肥利用效率的影响等方面取得了较大进展。2003—2012 年在农民习惯性耕作施肥管理水平下，全国各区域土壤基础地力的高低顺序为：长江中下游区>东北区≥华南区>西南区；四川盆地不同生态区土壤基础地力和养分供应能力均表现为成都平原>盆地中部浅丘区>盆地周边丘陵区>盆地东部丘陵区。在基于稻田地力产量条件下明确适宜的氮高效施用量，是获得水稻高产高效的重要基础，不同地区生态条件、稻田肥力水平千差万别，对稻田地力产量和潜力产量均有较大影响。但就如何因地制宜、精准地确定稻田地力产量和氮高效施用量是一个至今未很好解决的生产实际问题。针对先期对水稻肥料高效利用研究中存在的氮高效利用水稻品种鉴定方法可操作性不强、稻田地力产量评估生产实用性差、水稻高效施氮量的制定不准确和如何因田制宜地精准施肥等问题，作者于 2006—2020 年，在国家水稻产业技术体系、国家水稻科技丰产工程、四川省水稻育种攻关专项及四川省财政提升工程等重大科技项目资助下，对杂交中稻氮高效利用品种鉴定方法及肥料高效施用技术，开展了系统研究与应用。

在上述大量研究资料基础上，撰写了《杂交水稻氮高效品种的鉴评方法与节肥栽培》一书，旨在为我国西南地区杂交水稻氮高效利用品种选育和栽培提供理论与实践依据。全书共分9章，分别为：水稻氮素利用效率研究进展及其动向、氮肥利用效率与水稻植株性状关系、水稻氮素高效利用率品种的田间鉴定方法、氮高效利用技术与品种库源特征关系、不同地域和施氮水平对杂交中稻产量和肥料利用效率的影响、不同生态条件下杂交中稻的肥料高效施肥量、实地管理下水稻高产与肥料高效利用、西南区肥料高效利用集成技术、养鱼稻田的肥水管理。本书力求概念准确、文字简单明了、内容表述通俗易懂。由于作者学识水平有限，加之撰写时间仓促，书中疏漏在所难免，敬请各位专家、同行批评指正！

本书利用了作者15年公开发表的近50篇研究论文和部分即将发表的相关研究资料。张林、朱永川、刘茂、周兴兵、蒋鹏、郭晓艺、马均、孙永健、曹后明、张巫军、郑家国、李旭毅、秦鱼生、陈琨、李经勇、姚雄、杨从党、李贵勇、李敏、罗德强、谢戎、刘明星、伍燕翔、冯炳亮、王贵雄等专家，先后与作者共同参加了部分试验研究与示范工作，特此一并致以真诚的感谢！

著　者

2021年2月

目　录

第一章 水稻氮素利用效率研究进展及其动向

在人增地减矛盾日益突出的严峻形势下，通过改良水稻品种、配套先进的栽培技术和加大生产投入已成为稳步提高水稻单产，保障粮食安全的重要途径。其中，增加氮肥的投入就是有效措施之一[1-3]。据统计，2002年全球氮肥用量是1960年的7倍，平均每年以5%的速度递增；而水稻氮肥利用率则随着氮肥用量的增加明显下降[1,4]。氮肥利用率低引发能源浪费、环境污染和生产效益降低等问题。早在20世纪70年代，就如何提高稻田氮肥利用率问题已有大量研究，并在水稻种质资源氮利用效率的比较、筛选、评价、利用，不同氮利用效率基因型的生理生化特性、根系形态、干物质生产与积累特性以及大田氮肥管理对稻谷产量、品质及氮肥利用效率的影响等方面取得了较大进展[1-3,5-74]。近几年，我国水稻氮素高效利用研究主要集中于氮高效吸收与利用品种的形成机制及大田实时肥水管理方面。但存在氮肥利用效率的评价方法不统一；提出的氮高效利用基因型的鉴定指标很难应用于田间育种实践，以及稻谷高产与氮素高效利用的矛盾未能很好协调等方面。本章在综述国内外主要研究进展的基础上，结合作者多年的研究情况，提出了有待深入研究的重要问题，以期为水稻氮肥高效吸收利用的进一步研究和生产实践提供科学依据。

第一节 水稻氮素利用效率的基因型筛选

无论是籼稻、粳稻，还是常规稻、杂交稻，不管是三系杂交稻，还是两系杂交稻，对氮素利用率都存在显著的品种间差异[6-16,18,29]。Broadbent等[6]对24个常规稻基因型的氮素利用效率进行比较发现，基因型间存在极显著差异；Samote等[39]在施氮情况下，比较了Lemont、特青及其13个重组自交系后代的氮素稻谷生产效率，发现其变幅在25~64kg/kg，基因型间差异显著。作者等研究表明，氮吸收利用率、氮生理利用率、氮农学利用率和氮偏生产力在16个杂交中稻组合间呈显著或极显著差异。水稻基因型间氮素利用效率的极大差异，为氮素利用效率的改良提供了遗传基础。关于水稻氮素利用效率的遗传改良，作者等[13]以 4 个不育系和 4 个恢复系配组获得的 16 个杂交中稻组合为材料的研究结果表明，在正常施氮条件下，高产组合与氮肥高效利用率组合是统一的；杂交组合的氮肥农学利用率主要受不育系遗传率的影响，受恢复系的作用不大，培育氮肥高效利用杂交组合应从保持系着手。同时还筛选出了氮肥利用率较高的不育系 600A，可供培育水稻高产与氮肥高效利用杂交组合的参考亲本之用。方萍等[14]在第 2 和第 5 染色体上分别测得控制水稻根系 NH_4-N 吸收能力的 QTL 各 1 个，在第 5 和第 6 染色体上测得控制水稻幼苗根系 NO_3-N 吸收能力的 QTL 各 1 个，在第 12 染色体上检出控制稻苗氮素生理利用率的 QTL 1 个。魏海燕等[15]研究发现，氮素利用效率与水稻分蘖成穗率有密切关系。国内外至今已发现 23 个有关分蘖数目的数量性状位点，分布在除第 9、第 10 号之外的其余 10 条染色体上[16-18]，其中同存在于第 2、第 5、第 6、第 12 号染色体上，其分别与水稻氮素利用和分蘖相关的数量性状位点是否具有相关性，还需进一步研究。

就水稻不同种类间的氮素利用效率差异而言，江立庚等[11]认为，杂交稻氮素的生产效率、农艺效率、回收效率和收获指数较常规稻高；但二系杂交稻并没有比三系杂交稻明显提高。张云桥[19]等于分蘖末期测定了 90 个水稻品种氮利用效率（地上部干重）有明显差异，总趋势为：古老地方品种>现代育成品种，高秆品种>矮秆品种，籼、粳稻间无规律性差异。单玉华等[20]采用盆栽试验结果表明，常规籼稻与杂交籼稻氮的干物质生产效率（NUEp）及籽粒生产效率（NUEg）在品种（组合）间的变化幅度均较大，但杂交籼稻的变化幅度低于常规籼稻。杂交籼稻的 NUEp 在抽穗期高于常规籼稻，成熟期则低于常规籼稻；而杂交籼稻的 NUEg 则比常规籼稻高。杂交籼稻的产量、物质生产量与抽穗前的吸氮量相关关系未达显著水平，与总吸氮量呈极显著的正相关；而常规籼稻的产量及物质生产量与抽穗前的吸氮量及总吸氮量均呈极显著的正相关。在群体水培条件下的结果表明，籼稻植株的含氮率明显高于粳稻及广亲和品种，杂交籼稻的含氮率高于常规籼稻，而杂交粳稻的含氮率与常规粳稻无显著差异。植株总吸氮量在器官中的分配比例以根、叶片的变异幅度较大，而穗及茎鞘的变异幅度则较小；根系中氮的分配比例以广亲和品种最高，常规籼稻显著高于杂交籼稻，而常规粳稻与杂交粳稻间无显著差异。从氮的利用效率看，粳稻及广亲和品种氮的干物质生产效率高于籼稻，而氮的籽粒生产效率低于籼稻，氮收获指数以广亲和品种最低，其他类型间差异未达显著水平[21]。

以上结果说明，不同种类间的氮利用效率差异因各研究者使用的试材和采用的评价指标不同，很难获得一致的结论。作者认为，任何类型水稻中都存在氮高效吸收与利用的基因型，同一基因型品种在不同土壤类型、施肥水平及种植季节条件下对氮肥利用效率的反应存在差异，可能是先期研究中同一品种同一评价指标在不同种植季节间的排序存在较大差异的重要原因之一[6-11]。因此，因地制宜地筛选适宜当地生态和生产条件的品种尤为重要。

第二节　氮素高效利用率品种的生理机制

一、根系生长与氮素高效利用关系

氮素对根系形态、生长及其在介质中的分布影响是所有矿质营养中最大的[22]。氮素经根系吸收进体内后，只有不断地被同化和运转才能有效地再吸收。根系生理特性无疑对高效氮素吸收产生重要影响[23]。根系吸收离子是一个动态的需能过程[24]，高氮素吸收效率水稻的根系耗能多，为高效氮素吸收和同化提供了能量来源。植物不同基因型的吸收能力与根系活力大小有关[25]。程建峰等[26]认为，高氮吸收效率水稻基因型的根系氧化力和还原力强，总吸收面积和活跃吸收面积大，有利于植株根部对氮素的高效吸收和可溶性糖含量的增加；拔节期较高的根密度、根系总吸收面积是水稻氮素高效吸收的重要特征，可作为水稻高氮素吸收效率栽培调控的主攻方向和遗传改良的生理选择指标。Ladha 等[27]的研究结果与程建峰等[26]的报道基本一致，但认为根系表面积不同是根系对氮肥响应的敏感指标。杨肖娥等[29]的研究表明，在低氮条件下吸收利用土壤中氮素能力较强的品种，表现为根系发达，根系生长量、分布密度大以及根对 NH_4^+ 的亲和力均较高。因此，可以相信，发根力强的品种其对氮肥的吸收力也强。

二、物质积累与氮素高效利用关系

魏海燕等[15]的研究表明，氮高效类型水稻在有效分蘖临界叶龄期前具有适宜的叶面积、光合势和群体生长速率；有效分蘖临界叶龄至拔节阶段，无效分蘖发生少，叶面积指数、光合势、群体生长速率低；拔节以后，具有良好的群体质量，叶面积增长较快，群体光合势和生长速率加大。董桂春等[30]认为，不同氮素籽粒生产效率（NUEg）类型籼稻品种间生物产量差异不大；但高NUEg 类型籼稻品种抽穗期干物质积累量较小，抽穗后干物质生产量大且占生物产量的比例高，其成熟期的根重、叶重和茎鞘重占全株干重的比例越小，穗干重占全株干重的比例越大，这与单玉华等[32]的报道一致。高氮素籽粒生产效率类型籼稻品种源、库的基本特点为抽穗期的叶面积系数较小、灌浆结实期叶面积下降速度慢、净同化率高、库容量大，抽穗期的单位叶面积、单位干物重和单位氮素所承担（形成）的库容量大[31]。单玉华等[32]在群体水培条件下的研究表明，随库容量的增大，稻株抽穗期及成熟期的吸氮量均显著提高，且抽穗后的吸氮量随库容量增大而增加，氮素的物质生产效率、籽粒生产效率及氮素收获指数均显著提高。董明辉等[33]在大田高产栽培条件下的研究认为，株总吸氮量与产量呈显著正相关（$r = 0.549\ 7^*$）；氮经济产量生产力随着水稻品种生育期延长与作物品种产量的提高而逐渐提高，提高水稻品种基因型的氮生物产量生产力、收获指数及氮素收获系数，可显著提高品种的氮经济产量生产力与作物产量。吴文革等[34]研究表明，超级稻物质生产与积累优势始于拔节期，并随着生育进程而扩大，抽穗以后的干物质量积累优势明显；生育中、后期氮素吸收利用能力的提高促进了抽穗和灌浆结实期植株特别是叶片含氮率的提高。

三、生理代谢与氮素高效利用关系

水稻氮素利用效率不仅涉及植物体内碳水化合物代谢、营养信号传导、蛋白质合成和降解等生理生化反应，还与生物活性物质的代谢反馈调节有关[28]。张云桥[19]等认为，高氮效品种的叶绿素含量较低，而光合速率则下降不明显；较多研究认为，氮素生理利用效率与光合作用有关，光合作用的降低伴随着氮代谢的降低；碳代谢与氮代谢间存在互作，氮利用效率高的水稻基因型，其单位叶绿素和单位氮素的光合速率均高[29,35-36]。杨肖娥等[29]的研究还表明，在低氮条件下产量较高的品种吸收利用土壤中氮素能力较强，生理学特征为，地上部干物质生产量和功能叶氮、碳同化代谢关键酶，即硝酸还原酶、谷氨酸合成酶、RuBP羧化酶的活力均较高。此外，N-高效品种RuBP羧化酶活力以及其水平受氮素的提高效应较明显。这些特性均可以作为筛选和鉴别N-高效作物基因型的生理生化指标。曾建敏等[37]的研究结果表明，在幼穗分化期，氮高效利用基因型水稻的谷氨酰胺合成酶活性高，而可溶性蛋白含量相对较低，谷氨酰胺合成酶活性与收获时生物产量呈显著或极显著正相关；氮肥偏生产力、农学利用率及氮生理利用率分别与谷氨酰胺合成酶活性呈显著正相关，而与可溶性蛋白含量呈显著负相关。程建峰等[38]研究指出，灌浆期较高的穗颈伤流游离氨基酸含量是高氮收割指数水稻氮代谢的主要生理特征。

四、植株性状与氮素高效利用关系

江立庚等[11]以南方籼型水稻品种为试验材料进行大田试验，认为基因型生育期对其氮素吸收与利用效率产生重要影响；生育期较长的基因型其氮素吸收效率、稻谷和干物质生产效率以及农艺效率较高。Samonte等[39]则认为，生育期太长反而降低氮素的稻谷生产效率；而 Datta 等[8]观察到生育期中等的水稻材料，其稻谷生产效率高。魏海燕等[15]以 12 个粳稻品种为材料的研究表明，不同氮利用效率类型水稻群体茎蘖数没有鲜明的特征差异，但氮高效利用型水稻的茎蘖成穗率显著高于氮低效类型。作者等[13]研究认为，杂交中稻的氮肥利用率存在显著的基因型差异，在高产正常施氮水平条件下，杂交中稻氮高效利用与高产并重组合的植株主要形态特征是：分蘖力强，齐穗期粒叶比小，倒 3 叶长而窄，结实率、千粒重、生物产量和收割指数高，对氮吸收利用率和氮农学利用率的决定系数分别为 93.99% 和 95.82%，可作为杂交后代及组合鉴定时田间选择的参考指标。张云桥[19]等以 90 个不同类型水稻品种为材料的研究表明，株高、叶色和叶绿素含量可作为预测水稻品种氮利用效率的指标；朴钟泽等[40]探讨了 9 个不同生态类型水稻品种的氮素利用效率差异、稻谷产量及氮素利用效率相关性状之间的相关关系，该研究表明，在施氮和未施氮两种条件下，收获期生理氮素利用效率、氮素吸收总量和氮素转移率均呈显著的正相关，且与稻谷产量、穗数、结实率和收获指数呈显著的正相关。氮素稻谷生产效率高的基因型，其成熟稻草和籽粒的氮浓度低，而氮素收割指数高[41]。

第三节　提高水稻氮素利用效率的主要途径

一、氮肥种类与平衡施肥

水稻生产最常用的氮肥种类包括尿素、碳铵、硫铵和磷铵。只要使用得当，应用这些氮肥单位氮量对稻谷的增产效果差异不大[42]。因此，生产上对肥料种类的选择主要看其施用后氮素是否容易挥发而造成氮素损失及其氨气对水稻植株的伤害。其中尿素施用后氨挥发量相对较少，既能作底肥，又可作面肥、追肥等，在水稻生产上应用最为普遍。施肥时间距水稻需肥时间越近，氮的损失越低。

缓释肥作为基肥施用后，根据水稻不同生育阶段对氮素的需要适量地提供养分，进而减少氮的损失，并有明显的增产效果[43]。目前生产上试用的缓释肥主要是硫包尿素，其他还有钙镁磷肥包衣碳铵、尿素甲醛等[43-44]。这些形态的缓释肥能明显起到提高氮肥利用效率的作用，但由于生产成本过高而制约了它们在水稻大面积生产中的推广应用。

氮、磷、钾是水稻需求量最大的营养元素，由于氮肥施用对产量的增产效果更直观，生产上普遍存在重施氮肥轻施磷钾的现象，致使许多稻田土壤磷、钾及某些中量和微量营养元素缺乏。在这些稻田补充施用适量的磷、钾肥和其他必要的中微量营养元素，通过平衡施用，不仅能进一步提高水稻单产，还可提高氮肥利用效率[44]。

二、施肥方法与肥水运筹

氮肥深施不仅可减少氨的挥发，还能有效地提高水稻的氮肥利用率，而且点状深施比条状深施效果好[43]。朱兆良等[44]认为，综合考虑氮素的损失、作物对氮的吸收和劳动力消耗等因素，氮肥深施的深度以6~10cm为宜；超大粒尿素采用深施的方法，其适宜氮素施用量是传统方法适用量的76%~93%。由于氮肥深施只能作基肥才具有生产适用性，若用缓释肥深施，可利用减少施肥次数的人工费弥补缓释肥价格过高之不足。

我国水稻生产在氮肥施用时期上重前期轻后期，一般基蘖肥占总施氮量的55%~100%。前期施氮过多会促使分蘖多发，最高苗过多，成穗率下降，过多的无效分蘖浪费了氮肥；以及前期秧苗根系发生少，对氮肥的需求量少[26-27,29]，必然造成氨的挥发损失等不利影响。丁艳锋等[45]研究认为，增施氮素基、蘖肥，虽然有利于拔节前氮素基、蘖肥利用率的提高，但不利于整个生育期的氮素基、蘖肥利用率和总氮肥利用率的提高。氮素基、蘖肥用量适宜，相对吸氮速率平稳减小，各生育阶段吸氮比例协调，氮素利用率和产谷效率协同提高是高产的重要条件。万靓军等[46]的研究表明，氮肥运筹对常优1号产量影响极大，基蘖肥与穗肥施氮比例为60:40，穗肥以叶龄余数4、2叶等量施氮时，产量最高；产量与总吸氮量、氮肥农学利用率、氮肥表观利用率、生理利用率呈极显著正相关关系。江立庚等[47]研究认为，在相同施氮量条件下提高穗肥比率，氮素积累量及其回收效率和运转效率增加。凌启鸿等[48]、蒋彭炎等[49]提出在早发基础上，当全田总苗数达到高产计划穗数的80%左右时开始灌深水或搁田控制后期无效分蘖的有效方法，可使成穗率提高到90%~95%，促进大穗的形成，较好地协调了穗数与穗大的矛盾，进而增加库容达到增产的目标[50]，即有效提高了氮肥利用率。曾勇军等[51]认为，施氮有利于增加叶片叶绿素含量以及茎、叶、穗中的氮素含量，提高叶面积指数，促进齐穗期以前特别是分蘖盛期至齐穗期的干物质生产和氮素积累；施氮量增加，分配到茎和叶中氮素的量及比例增加，干物质生产效率和稻谷生产效率下降[51-52]。周江明等[53]指出，与淹水灌溉相比，湿润灌溉技术能使晚稻产量提高，土壤氮残留量增加，氮肥农学利用率、吸收利用率、生理利用率分别提高，且增幅随着土壤背景氮的上升而提高；施氮方式上，以氮素基肥:追肥为50:50的效果最佳。作者推测，通过增加水稻本田栽秧基本苗数，适当减少基、蘖肥施氮量，在产量水平持平的前提下能提高氮肥利用率。

综合以上研究结果，依据品种生长发育特性，严格控制分蘖肥的施用时间和施用量，通过搁田和合理的穗肥施用比例，在有效抑制无效分蘖发生和生长的同时增加水稻拔节后的物质生产和积累量，将是提高水稻氮素利用效率的一条有效途径。

三、氮肥精准施用技术

氮肥的精准施用包括计算机决策支持系统指导施肥和实地氮肥管理技术两个方面。前者有水稻管理系统[54]、氮素管理模式[55]和实地施肥管理模式[56]三种。它们的共同持点是根据土壤养分供给状况、气候条件、施肥水平、目标产量及水稻不同生长时期的营养状况等，通过计算机模拟为稻农提出更为经济有效的施肥推荐。虽然其具有较好的增产增收效果[57]，但受条件限制很难在水稻大面积生产上推广应用。下面着重对实地氮肥管理技术进行讨论。

水稻实地氮肥管理技术是以氮肥管理为中心，多元素配合的水稻优质高产高效施肥模式。该技术依据土壤养分的有效供给量，结合当地土壤和气候特征以及品种特性确定水稻的目标产量，采用施肥决策支持系统确定水稻对氮的需求量和主要生育阶段的施氮比例；在水稻主要生育期用快速叶绿素测定仪（SPAD）或叶色卡（LCC）观测叶片氮素状况并依据指导施肥，从而最大限度地提高氮肥吸收利用率。在东南亚应用该模式可以使水稻增产11%，同时可较大幅度地提高氮肥吸收利用率[58-59]。近年，我国南方稻区开展了类似的试验示范，并取得较大进展。刘立军等[60-61]的研究证明，采用实地氮肥管理在不降低水稻产量的前提下，对氮、磷、钾的吸收高峰均出现在穗分化至抽穗期，此阶段氮、磷、钾的吸收量约占最终总吸收量比例均明显高于农民习惯施肥方法。

确定诊断水稻氮素营养状况的指示叶是实地氮肥管理的首要目标。诊断水稻氮素营养丰缺状况的方法很多，其中通过测定水稻叶片或植株全氮含量被认为是比较准确的方法。但这种方法需要在实验室分析，因而具有滞后性[1]。沈掌泉等[62]利用作物缺氮时下部叶片氮素向上部叶片转运的植物营养原理，首先提出一种利用上下部叶片光谱特性比值来诊断作物氮素营养的方法。叶绿素计 SPAD 值用来诊断水稻氮素营养状况具有快速、简便和无损的特点，但其诊断精度受水稻品种、生育时期、测定叶位、测定叶片的点位、生态环境的影响[63]。在使用叶绿素计 SPAD 值测定叶位的选泽上，存在两种分歧：一是选择最上部全展叶作为测定叶片[64-65]，二是认为下位叶比顶 1 叶更好[66-67]。江立根等[68]、李刚华等[69]认为，以某一特定叶片的 SPAD 值或以叶色差的大小来诊断水稻氮素营养状况和推荐水稻穗肥施用时，顶 3 叶是较为理想的指示叶或参照叶。但王绍华等[70-71]则认为，用顶 4 叶与顶 3 叶的叶色差诊断水稻氮素营养状况具有普适性，提出在有效分蘖临界叶龄期、倒 2 叶出生期和抽穗期顶 4 叶与顶 3 叶叶色相近为高产水稻的标志。当土壤供氮不能满足库需氮时，顶 4 叶叶色浅于顶 3 叶，粳稻植株含氮量 27g/kg，DW 和籼稻植株含氮量 25g/kg，DW 可作为水稻氮素丰缺的临界指标。

在根据 SPAD 值确定高效施氮量方面，作者等[72]的研究表明，粒肥施用效果与齐穗期植株营养水平关系密切，齐穗期剑叶 SPAD 值、叶片含氮量和群体单位面积的总颖花量 3 个因子决定粒肥高效施用量。建立了根据齐穗期剑叶 SPAD 值（x）预测粒肥的高效施氮量（y，kg/hm^2）的回归方程：$y = -30.798\,0x + 1\,340.9$，$R^2 = 0.911\,4$；并指出当齐穗期剑叶的 SPAD 值高于 43.5 时，植株营养充足，不需施粒肥，此为临界的苗情诊断指标。在 SPAD 值指导的氮肥管理模式中，从移栽后 15~20d 开始，直至开花灌浆期每周测最上一片全展叶片的 SPAD 值，当 SPAD 值低于某一给定的阈值时，追施氮肥 N 35~40kg/hm^2；SPAD 阈值为 35 适宜于大多数热带现代籼稻品种，如果无氮区对照的产量达 4t/hm^2 时，则不需施用基肥[1]。Hussain 等[73]采用 SPAD 足量指数（施肥处理区测得的 SPAD 值占足量氮肥处理区 SPAD 值的百分数）代替 SPAD 阈值指导施肥，当 SPAD 足量指数低于 90% 时，追施氮 30kg/hm^2。由于 SPAD 测定仪价格偏高而限制了其推广应用，许多国家尝试采用叶色卡（LCC）指导施肥[74]。虽然 LCC 不如 SPAD 能精确估测水稻叶片的含氮状况，但可以对特定品种和当地生长条件下应用 SPAD 对 LCC 进行校正，给出适宜的临界叶色来指导施肥。

第四节 提高水稻氮素效率的研究重点

氮素吸收和利用是一个十分复杂的生物学过程，尽管前人已做了相当多的研究工作，但需要研究的问题仍然很多。综观已有的研究进展和存在的问题，作者认为今后的研究应以提高氮素利用效率为中心，并按以下方面开展工作。

一、建立水稻氮素效率间接评价的有效方法

目前，国内外关于水稻氮效率的评价方法较多（表 1-1），由于不同方法反映了氮肥利用效率的不同侧面，其中有的评价方法还存在一定缺陷。采用差减法，如氮农学利用率、氮吸收利用率和氮生理利用率 3 项评价指标，

其结果受供试土壤基础肥力和施氮水平影响较大，一般氮利用效率随着供试土壤基础肥力的提高和施氮量的增加而显著降低，其结果仅能反映某一品种在试验特定条件下氮素效率；偏氮肥生产力没有考虑到试验土壤地力对稻谷产量的作用；氮收割指数和氮素运转效率2项评价指标，虽然较好地反映了氮素的分配问题，但我们实际更关心的是稻谷的生产效率。与此同时，研究者们也研究提出了一些水稻氮素高效利用的鉴定指标[25-27,29,37-38]，如测穗颈伤流游离氨基酸含量、幼穗分化期谷氨酰胺合成酶活性、RuBP羧化酶的活力和拔节期根系总吸收面积等指标，主要在实验室分析完成，在大田选种上的可操作性不强，且在时效上滞后。因此，有必要研究创新水稻氮高效利用评价方法。

表1-1　国内外水稻氮肥利用效率的主要评价指标

分类	评价指标	计算公式	单位
I	氮农学利用率	$(GY_{+N}-GY_{-N})/FN$	Grain kg/kg N
	氮效率	$GY_{+N}/SNS+FN$	Grain kg/kg N
II	氮吸收利用率	$(TNH_{+N}-TNH_{-N})/FN\times100$	%
	氮吸收效率	$TNH_{+N}/SNS+FN\times100$	%
III	氮素干物质生产效率	TM_{+N}/TNH_{+N}	Dry matter kg/kg N
	氮素稻谷生产效率	GY_{+N}/TNH_{+N}	Grain kg/kg N
IV	氮生理利用率	$(GY_{+N}-GY_{-N})/(TNH_{+N}-TNH_{-N})$	Grain kg/kg N
V	氮肥偏生产力	GY_{+N}/FN	Grain kg/kg N
VI	氮素运转效率	$(TNH_{+N}-TNFH_{+N})/TNFH_{+N}\times100$	%
VII	氮素收获指数	$TNG_{+N}/TNH_{+N}\times100$	%

注：TNH_{+N}，成熟期施氮区地上部植株氮积累总量；TNH_{-N}，成熟期未施氮区地上部植株氮积累总量；FN，氮肥施用量；GY_{+N}，施氮区籽粒产量；GY_{-N}，未施氮区籽粒产量；TM_{+N}，施氮区地上部植株干物质总量；$TNFH_{+N}$，齐穗期施氮区地上部植株氮积累总量；TNG_{+N}，施氮区籽粒氮积累总量；SNS，土壤氮供应量。

我们近几年的研究结果表明，分别在每公顷施氮150kg和0两种施氮水平下，虽然施氮条件下16个组合间茎叶含氮量、籽粒含氮量、籽粒产量的变异幅度分别比未施氮处理高，平均值也分别比未施氮处理显著增加137.32%、99.97%和92.59%，但氮素稻谷生产效率施氮处理16个组合平均值比未施氮处理仅低7.69%。表明增施氮肥对提高组合间的茎叶含氮量、籽粒含氮量和籽粒产量有显著作用，而氮素稻谷生产效率则略有下降。由于氮素稻谷生产效率在不同施氮水平条件下表现相对稳定，而且施氮条件下氮素稻谷生产效率越高的组合，在未施氮条件下的表现也越高（二者的相关系数 $r = 0.760\ 7^{**}$）。我们同时发现，两种施氮条件下影响氮素利用率的植株性状不尽相同。在众多性状中，收割指数与氮素稻谷生产效率相关程度最高，两种施氮水平下相关系数分别为 $0.839\ 5^{**}$、$0.747\ 3^{**}$，而且表现较稳定。为此，我们认为可以将氮素稻谷生产效率［氮素稻谷生产效率（kg Grain/kgN）= 稻谷产量/成熟期地上部植株含氮总量］作为水稻氮素利用评价指标，而且作为提高水稻氮素效率的遗传改良目标。此方法优势在于，一是综合了以往研究者氮利用评价方法优点；二是把氮素利用率反映到稻谷产量上，将氮素利用率与水稻产量紧密衔接，更符合生产实际；三是有利于选育氮素高效利用品种。因为，我国水稻优质高产育种仍以田间选育为主，育种家需要从众多育种材料中直观快速选出氮素高效利用材料的方法，以提高工作效率。氮素稻谷生产效率是以收割指数作为预测的关键因子，该方法需要开展氮素稻谷生产效率与收割指数、收割指数与水稻植株农艺性相关性研究，寻找出 1~2 个与收割指数密切相关植株外观性状，作为水稻育种家田间选择氮素高效利用品种指标，以进一步简化氮素高效利用评价方法。

二、突出水稻氮素效率的遗传规律与品种选育工作

关于水稻氮素利用的遗传改良研究，目前主要集中于氮素利用高效基因的筛选及其干物质等性状的配合力等方面。尽管方萍等[14]已经在水稻第 2、第 5、第 6 和第 12 号染色体上分别测到与 NH_4-N、NO_3-N 吸收能力和稻苗生理利用效率相关的数量性状位点，但在有关机理尚未完全探明之前，水稻氮利用效率的改良也很难取得突破性进展。目前，水稻氮素效率的遗传规律与品种选育，应重点开展以下研究工作。

（1）以氮素稻谷生产效率为指标，在低氮条件下，探明各稻作区代表性品种（组合）、骨干不育系及恢复系的氮效率（差异）状况；研究氮素稻谷生产效率的遗传力、配合力及其环境互作、杂种优势利用等遗传规律；进一步明确氮素稻谷生产效率与氮素生理利用指标、植株形态特征、有关产量性状等的相互关系，为高效氮效率品种选育提供理论及材料基础。

（2）深入研究控制氮素利用效率基因数目和位点与其他基因（性状）的关系（独立或连锁）及高效基因的表达，为分子标记与基因克隆提供科学依据。

（3）协调氮素吸收能力与氮生理利用率的相互关系。作者在氮肥高效利用基因型筛选工作中发现，氮素吸收能力强的品种，往往其氮生理利用率不

高，能否在现有氮素吸收能力基础上提高氮素利用效率，是一个有待解决的重要问题。氮素吸收和氮素利用在生理上是相互作用的。一般而言，氮素吸收能力强的品种根系发达、活力强，地上部生长表现为分蘖力强，苗峰高，成穗率低，群体每穗着粒数少，齐穗期粒叶比低（库小源足），稻谷收割指数低，最终氮素稻谷生产率不高。反之，氮素吸收能力弱的品种根系不发达、活力弱，地上部生长表现为分蘖力弱，苗峰不高，成穗率高，群体每穗着粒数多，齐穗期粒叶比高（库大源小），稻谷收割指数高，最终氮素稻谷生产率较高。因此，要将氮素高效吸收和高效利用综合在同一遗传背景中，从理论上讲可能性极小。因此，培育吸氮能力中上的重穗型品种，即培育氮素高效吸收和高效利用相对结合的品种将是近期的研究重点，并以收割指数作为氮素稻谷生产效率的间接选择指标。由于结实率对收割指数的影响较大，在应用收割指数预测氮素稻谷生产效率时应满足两个条件，一是灌浆结实期稻株生长正常，特别是没有受极端气候的危害；二是取样群体平均有效穗数的整穴作为测定对象。在生产上若要筛选氮素利用率高，同时产量又要高的品种，则在品种比较试验中选择收割指数和产量均高的品种即可。

三、协调氮素高效吸收与高效利用矛盾的栽培策略

由于氮素高效吸收与高效利用是一对矛盾，而且通过遗传育种将氮素高效吸收与高效利用集中体现于同一个品种上尚有一定难度。但利用栽培途径可使矛盾得到一定程度协调。

对氮高效吸收、利用率不高的品种，一是适当减少施氮量尤其是基蘖肥施用量，降低苗峰，增施穗粒肥促大穗，提高粒叶比和稻谷收割指数；二是采取稀植强化栽培，适当降低苗峰，较大幅度提高群体每穗着粒数，进而实现氮素高效吸收与高效利用的相对统一。对氮素吸收率不高、利用率较高的品种，可通过适当增加施氮量和重底早追的施氮法，在提高对氮素的吸收效率基础上稳定氮素利用率，以达到提高氮肥施用效率的目的。在品种的合理布局上，应根据各地水稻生产的施氮水平确定相应的推广品种。如长江中下游地区施氮水平高达 $225\sim270kg/hm^2$，宜推广氮素吸收率不高、利用率较高的品种；长江上游地区施氮水平较低，仅 $120\sim180kg/hm^2$，以推广氮高效吸收、利用率不高的品种为佳。

四、深化以叶色为基础的高效定量施氮技术研究

协调氮素供应与水稻对氮素的需求有两种策略：一是对氮素供应变化"缓冲"能力强的品种；二是根据水稻对氮的需求调节施肥方式。由于水稻吸

氮速度很快，稻田中氮素浓度很难维持在水稻对氮素的需求水平上。因此，根据水稻对氮素的需求，采取分次施肥方法是提高氮素利用效率的有效手段。先期研究形成的计算机决策支持系统指导施肥和实地氮肥管理技术，虽然能准确地指导施肥，但因受实施条件的限制，很难在大面积生产中推广。目前大面积生产中推广的控制基蘖肥的施用量、合理的穗粒肥施用比例，在一定成度上能有效地提高水稻氮素利用效率，但仍不够准确。使用叶绿素计 SPAD 值或叶色卡（LCC）实时诊断水稻氮素营养状况，并根据给定的阈值、足量指数指导施肥，已取得一定进展。但其诊断精度受水稻品种、生育时期、稻田土壤类型影响较大。因此，有待进一步开展多品种在多种环境条件下不同生育时期 SPAD 或 LCC 读数值与高效施氮量的定量关系研究。具体方法是：以多个水稻叶色有代表性的品种为材料，分别在当地有代表性的土壤类型稻田，通过不同基、蘖肥施氮量以塑造主要施肥期当时植株营养状况的差异。在此基础上，分别设氮肥施用量处理，以建立水稻主要生育期氮肥高效施用量与施肥当时叶片 SPAD 或 LCC 读数值关系的综合预测模型。

结论：本章综合评述了国内外有关水稻基因型、根系生长、物质积累、生理代谢、植株性状与氮素利用效率关系的研究进展。指出水稻发根力强、根系发达的品种有利于提高对土壤氮素的吸收能力；分蘖力强，齐穗期粒叶比大，抽穗后干物质积累量大，库容量大，结实率、千粒重、生物产量和收割指数高的品种对氮素的利用效率高；其生理学特征表现为硝酸还原酶、谷氨酸合成酶和 RuBP 羧化酶的活性高。总结了从氮肥种类与平衡施肥、施肥方法与肥水运筹、氮肥精准施用技术方面提高稻田氮肥利用率的有效途径。提出了提高水稻氮效率的研究重点，即建立水稻氮素效率间接评价的有效方法、突出水稻氮素效率的遗传规律与品种选育工作、协调氮素高效吸收与高效利用矛盾的栽培策略和深化以叶色为基础的高效定量施氮技术研究 4 个方面。

参考文献

[1] 彭少兵，黄见良，钟旭华，等．提高中国稻田氮肥利用率的研究策略 [J]．中国农业科学，2002，35（9）：1095-1103．

[2] 刘立军，王志琴，桑大志，等．氮肥管理对稻谷产量和品质的影响 [J]．扬州大学学报（农业与生命科学版），2002，23（3）：46-51．

[3] 叶全宝，张洪程，魏海燕，等．不同土壤及氮肥条件下水稻氮利用效率和增产效应研究 [J]．作物学报，2005，31（11）：1422-1428．

[4] FAO. Statistical Databases [DB/OL]. Rome：Food and Agriculture Organi-

zation（FAO）of the United Nation，2005. Website：http：//www.fao. org.

［5］　NOVOA R，LOOMIS R S. Nitrogen and plant production ［J］. Plant Soil，1981，58：177-204.

［6］　BROADBENT F E，de DATTA S K，LAURELES E V. Measurement of nitrogen utilization efficiency in rice genotype ［J］. Agron. J.，1987，79：786-791.

［7］　de DATTA S K，BROADBENT F E. Methodology for evaluating nitrogen utilization efficiency by rice genotypes ［J］. Agron. J.，1988，80：793-798.

［8］　de DATTA S K，BROADBENT F E. Nitrogen-use efficiency of 24 rice genotypes on an deficient soil ［J］. Field Crops Res.，1990，23：81-92.

［9］　de DATTA S K，BROADBENT F E. Development changes related to nitrogen-use efficiency in rice ［J］. Field Crops Res.，1993，34：47-56.

［10］　TIROL-PADRE A，LADHA J K，SINGH U. Grain yield performance of rice genotypes at suboptimal levels of soil N as affected by N uptake and utilization efficiency ［J］. Field Crops Res.，1996，46：127-143.

［11］　江立庚，戴廷波，韦善清，等 . 南方水稻氮素吸收与利用效率的基因型差异及评价 ［J］. 植物生态学报，2003，27（4）：466-471.

［12］　陈范骏，米国华，刘向生，等 . 玉米氮效率性状的配合力分析 ［J］. 中国农业科学，2003，36（2）：134-139.

［13］　徐富贤，张林，万绪奎，等 . 杂交中稻氮肥农学利用率与植株地上部农艺性状关系研究 ［J］. 杂交水稻，2008，23（6）：58-64.

［14］　方萍，陶勤南，吴平 . 水稻苗期根系对 NH_4-N 和 NO_3-N 吸收利用效率的 QTL 定位 ［J］. 植物营养与肥料学报，2001，7（2）：159-165.

［15］　魏海燕，张洪程，戴其根，等 . 不同水稻氮利用效率基因型的物质生产与积累特性 ［J］. 作物学报，2007，33（11）：1802-1809.

［16］　李家洋，钱前 . 水稻分蘖的分子机理研究 ［J］. 中国科学院院刊，2003，18（4）：274-276.

［17］　LI X Y，QIAN Q，FU Z M，et al. Control of tillering in rice ［J］. Nature, 2003, 422: 618-62.

[18] ISHIKAWA S, MAEKAWA M, ARITE T, *et al*. Suppression of tiller bud activity in tillering dwarf mutants of rice [J]. Plant Cell Physiol., 2005, 46: 79-86.

[19] 张云桥, 吴荣生, 蒋宁, 等. 水稻氮素利用效率与品种类型的关系 [J]. 植物生理学通讯, 1989, 25 (2): 45-47.

[20] 单玉华, 王余龙, 山本由德, 等. 籼稻氮素利用效率的基因型差异 [J]. 江苏农业研究, 2001, 22 (1): 12-15.

[21] 单玉华, 王余龙, 山本由德, 等. 不同水稻品种类型氮吸收利用效率的差异性研究 [J]. 扬州大学学报 (自然科学版), 2001, 4 (3): 44-47.

[22] MARSCHNER H, KIRKBY E A, CAKMAK T. Effect of mineral nutritional stutus on shoot-root partitioning of photoassilates and cycling of mineral nutrients [J]. J. Exp. Bot., 1996, 47: 1255-1263.

[23] 江立庚, 曹卫星. 水稻氮利用效率的生理机理与途径 [J]. 中国水稻科学, 2002, 16 (3): 261-264.

[24] MARSHNER H, ROMHELD V, CAKMAK I. Mineral nutrition of higher plants [M]. Londen: Academic Press, 1995: 270-274.

[25] CASSMAN K G, DOBRMANN A, WALTERS D T. Agroecosystems, nitrogen-use efficiency, and nitrogen management [J]. Ambio, 2002, 31 (2): 132-140.

[26] 程建峰, 戴廷波, 荆奇, 等. 不同水稻基因型的根系形态生理特性与高效氮素吸收 [J]. 土壤学报, 2007, 44 (2): 266-272.

[27] LADHA J K, KIRK G J D, BENNETT J. Opportunities for increased nitrogen-use efficiency from improved lowland rice germplasm [J]. Field Crop Res., 1998, 56: 41-71.

[28] CHEN Q S, YI K K, HUANG G, *et al*. Cloning and expression pattern analysis of nitrogen starvation-induced genes in rice [J]. Acta Bot. Sin., 2003, 45 (8): 974-980.

[29] 杨肖娥, 孙曦. 不同水稻品种对低氮反应的品种差异及其机制的研究 [J]. 土壤学报, 1992, 29 (1): 73-79.

[30] 董桂春, 王余龙, 张传胜, 等. 氮素籽粒生产效率不同的籼稻品种物质生产和分配的基本特点 [J]. 作物学报, 2007, 33 (1): 137-142.

［31］ 董桂春，王余龙，张岳芳，等．影响常规籼稻品种氮素籽粒生产效率的主要源库指标［J］．作物学报，2007，33（1）：43-49.

［32］ 单玉华，王海候，龙银成，等．水稻不同库容品系的氮素吸收利用差异［J］．扬州大学学报（农业与生命科学版），2004，25（1）：41-45.

［33］ 董明辉，张洪程，戴其根，等．不同水稻品种的氮素吸收与利用研究［J］．扬州大学学报（农业与生命科学版），2002，23（4）：43-47.

［34］ 吴文革，张洪程，陈烨，等．超级中籼杂交水稻氮素积累利用特性与物质生产［J］．作物学报，2008，34（6）：1060-1068.

［35］ 　WU P，TAO Q N. Genotype response and selection pressure on nitrogen-use efficiency in rice under different regimes［J］．J. Plant Nutr. ，1995，18（3）：487-500.

［36］ KRAPP A，SALIBA-COLOMBANI V，DANIEL-VEDELE F. Analysis of C and N metabolisms and of C/N interactions using quantitative genetics［J］．Photosynth. Res. ，2005，83：251-263.

［37］ 曾建敏，崔克辉，黄见良，等．水稻生理生化特性对氮肥的反应及与氮利用效率的关系［J］．作物学报，2007，33（7）：1168-1176.

［38］ 程建峰，戴廷波，曹卫星，等．不同氮收割指数基因型的氮代谢特征［J］．作物学报，2007，33（3）：497-502.

［39］ SAMONTE S O P B，WILSON L T，MEDLEY J C，*et al*. Nitrogen utilization efficiency：Relationship with grain yield，grain protein，and yield-related traits in rice［J］．Agron. J. ，2006，98：168-176.

［40］ 朴钟泽，韩龙植，高熙宗．水稻基因型的氮素利用率差异［J］．中国水稻科学，2003，17（3）：233-238.

［41］ KOUTROUBAS S D，NTANOS D A. Genotypic differences for grain yield and nitrogen utilization in Indica and Japonica rice under Mediterranean conditions［J］．Field Crops Res. ，2003，83：251-260.

［42］ MIKKELSEN D S，JAYAWEERA R G，ROLSTON D E. Nitrogen fertilization practices of lowland rice culture［A］．Bacon P E（ed. ）．Nitrogen fertilization in the environment［M］．Marcel Dekker，Inc. ：New York，USA，1995：171-223.

［43］ De DATTA S K. Improving nitrogen fertilizer efficiency in lowland rice in tropical Asia [J]. Fertilizer Res. , 1986 (9)：171-186.

[44] ZHU Z L. Fate and management of fertilizer nitrogen in agro-ecosystems [A]. Zhu Z L, Wen Q, Freney J R (eds.). Nitrogen in soils of China [M]. Dordrecht, The Netherlands：Kluwer Academic Publishers, 1997：239-279.

[45] 丁艳锋, 刘胜环, 王绍华, 等. 氮素基、蘖肥用量对水稻氮素吸收与利用的影响 [J]. 作物学报, 2004, 30 (8)：762-767.

[46] 万靓军, 张洪程, 霍中洋, 等. 氮肥运筹对超级杂交粳稻产量、品质及氮素利用率的影响 [J]. 作物学报, 2007, 33 (2)：175-182.

[47] 江立庚, 曹卫星, 甘秀芹, 等. 不同氮肥管理下氮素吸收利用及对籽粒产量和品质的影响 [J]. 中国农业科学, 2004, 37 (4)：22-28.

[48] 凌启鸿, 苏祖芳, 张海泉. 水稻成穗率与群体质量的关系及其影响因素的研究 [J]. 作物学报, 1995, 21 (4)：463-469.

[49] 蒋彭炎, 洪晓富, 冯来定, 等. 水稻中期群体成穗率与后期群体光合效率的关系 [J]. 中国农业科学, 1994, 27 (6)：8-14.

[50] 蒋彭炎, 冯来定, 史济林, 等. 三高一稳栽培法的理论与技术 [J]. 山东农业大学学报, 1992, 23 (增刊)：18-24.

[51] 曾勇军, 石庆华, 潘晓华, 等. 施氮量对高产早稻氮素利用特征及产量形成的影响 [J]. 作物学报, 2008, 34 (8)：1409-1416.

[52] 晏娟, 尹斌, 张绍林, 等. 不同施氮量对水稻氮素吸收与分配的影响 [J]. 植物营养与肥料学报, 2008, 14 (5)：835-839.

[53] 周江明, 姜家彪, 钱小妹, 等. 不同肥力稻田晚稻水氮耦合效应研究 [J]. 植物营养与肥料学报, 2008, 14 (1)：28-35.

[54] ANGUS J F, WILLIAMS R L, DURKIN C O. MANAGE RICE：Decision support for tactical crop management [A]. Ishii R, Horie T (eds.). Crop Research in Asia：Achievements and Perspective [C]. Proc. of the 2nd Asian Crop Sci. Conference, 21-23 August, 1995. Fukui, Japan., 1996：274-279.

[55] TEN BERGE H F M, THIYAGARAJAN T M, DRENTH D P, *et al*. Numerical optimization of nitrogen application to rice. Part I Description of MANAGE-N [J]. Field Crops. Res. , 1997, 51：29-42.

[56] DOBERMANA A, CASSMAN K G, PENG S, *et al*. Precision nutrient

management in intensive irrigated rice systems [A]. Proceeding of the international symposium on maximizing, sustainable rice yields through improved soil and environmental mangagement [C]. Bangkok: Khon Kaen, Thailand. Dept. of Agric., Soil and Fert. Soc. of Thailand, 1996: 133-154.

[57] TEN BERGE H F M, SHI Q, ZHENG Z, et al. Numerical optimization of nitrogen application to rice. Part II Field evaluations [J]. Field Crops Res., 1997, 51: 43-54.

[58] DOBERMANN A, WITT C, DAWE D. Site-specific nutrient management for intensive rice cropping systems in Asia [J]. Field Crops Res., 2002, 74: 37-66.

[59] DOBERMANN A, WITT C. The evolution of site-specific nutrient management in irrigated rice systems of Asia [A]. Dobermann A, Witt C. Increasing productivity of intensive rice systems through site-specific nutrient management [C]. Los Banos, Philippines: International Rice Research Institute, 2004: 75-100.

[60] 刘立军, 徐伟, 桑大志, 等. 实地氮肥管理提高水稻氮肥利用效率 [J]. 作物学报, 2006, 32 (7): 987-994.

[61] 刘立军, 徐伟, 吴长付, 等. 实地氮肥管理下的水稻生长发育和养分吸收特性 [J]. 中国水稻科学, 2007, 21 (2): 167-173.

[62] 沈掌泉, 王珂, 朱君艳. 叶绿素计诊断不同水稻品种氮素营养水平的研究初步 [J]. 科技通报, 2002, 18 (3): 173-176.

[63] 李刚华, 丁艳锋, 薛利红, 等. 利用叶绿素计 (SPAD-502) 诊断水稻氮素营养和推存追肥的研究进展 [J]. 植物营养与肥科学报, 2005, 11 (3): 412-416.

[64] BALASUBRAMANIAN A C. Adaptation of the chlorophyll meter (SPAD) technology for real-time N management in rice: a review [J]. Intern. Rice Res. Not., 2000, 25 (1): 4-8.

[65] TURNER F T, JUND M F. Chloropyll meter to predict nitrogen topdress requirement for scmidwarf rice [J]. Agron. J., 1991, 83: 926-928.

[66] FOLLETT R H, FOLLETT R F. Use of a chlorophyll meter to evaluate the nitrogen status of dryland winter [J]. Commun. Soil Sci. Plant Anal., 1992, 23: 687-697.

[67] WOOD C W, REEVES D W, DUFFIELD R R, et al. Field

chlorophyll measurement for evaluation of corn nitrogen status ［J］. J. Plant Nutr., 1992, 15：487-500.

［68］ 江立庚, 曹卫星, 姜东, 等. 水稻叶氮量等生理参数的叶位分布特点及其与氮素营养诊断的关系 ［J］. 作物学报, 2004, 30 (8)：745-750.

［69］ 李华刚, 薛利红, 尤娟, 等. 水稻氮素和叶绿素 SPAD 叶位分布特点及氮素诊断的叶位选择 ［J］. 中国农业科学, 2007, 40 (6)：1127-1134.

［70］ 王绍华, 曹卫星, 王强盛, 等. 水稻叶色分布特点与氮素营养诊断 ［J］. 中国农业科学, 2002, 35 (12)：1461-1466.

［71］ 王绍华, 吉志军, 刘胜环, 等. 水稻氮素供需差与不同叶位叶片氮转运和衰老的关系 ［J］. 中国农业科学, 2003, 36 (11)：1261-1265.

［72］ 徐富贤, 熊洪, 朱永川, 等. 杂交中稻粒肥高效施用量与齐穗期 SPAD 值关系研究 ［J］. 作物学报, 2007, 33 (3)：449-454.

［73］ HUSSAIN F, BRONSON K F, SINGH Y, *et al.* Use of chlorophyll meter sufficiency indices for nitrogen management of irrigated rice in Asia ［J］. Agron. J., 2000, 92：875-879.

［74］ BALASUBRAMANIAN V, MORALES A C, CRUZ R T, ABDUL-RACHMAN S. On-farm adaptation of knowledge-intensive nitrogen management technologies for rice system ［J］. Nutr. Cycl. Agroecosyst., 1999 (53)：59-69.

第二章 氮肥利用效率与水稻植株性状关系

在水稻育种实践中，明确氮素高效利用基因型的地上部形态特征尤为重要，而目前这方面的研究极少；虽然有关库源结构、植株形态与产量关系的研究较多，但同时考虑植株形态对产量和氮高效利用影响方面的文献几乎没有。为此，作者以4个不育系（600A、冈46A、II-32A、金23A）和4个恢复系（7329、7318、7361、7315）配组获得的16个杂交中稻组合为材料，3月10日播种，地膜育秧，4.5叶移栽，每钵栽4穴，每穴双株。设施氮处理（每钵施尿素4g，相当于每公顷施纯氮150kg，其中底肥75%，蘖肥25%）和不施氮（CK）两个处理，各处理重复4钵，每钵均施过磷酸钙8g、硫酸钾2g作底肥，裂区设计，以施氮为主处理，品种为副处理，其他肥水管理同大田生产。考查性状如下。

最高苗（苗/钵）：X_1，移栽后30d起，每周调查1次所有盆钵的总苗数，直到总苗数下降为止。

用日本MINOLTA生产的SPAD-502型叶绿素计，每钵选取10个茎分别测定顶部5片叶上部1/3处、中部和下部1/3处的SPAD值，取平均值作为该钵的SPAD值读数：X_2（最高苗期）、X_3（拔节期）、X_4（齐穗期）、X_5（蜡熟期）。

齐穗期取1个重复分穴在室内测每个茎的株高（cm）：X_6；用干物重法测粒叶比（粒/g）：X_7；同时测顶部3叶叶长（cm）：X_8（剑叶）、X_9（倒2叶）、X_{10}（倒3叶）；顶部3叶叶宽（cm）：X_{11}（剑叶）、X_{12}（倒2叶）、X_{13}（倒3叶）。

成熟期将剩余的3个重复每钵单收，采用常规方法分别测干物重（g/钵）：X_{14}（茎叶）、X_{15}（枝梗）、X_{16}（茎鞘叶枝），籽粒产量（g/钵）：X_{17}，生物产量（g/钵）：X_{18}，收割指数：X_{19}，着粒数（粒/穗）：X_{20}，结实率（%）：X_{21}，千粒重（g）：X_{22}，有效穗（穗/钵）：X_{23}，成穗率（%）：X_{24}。然后将分钵单收的籽粒和茎叶样品测定含氮率，并据此计算出每钵籽粒和茎叶的氮含量。最后按下述方法计算氮肥利用率各项指标。

氮吸收利用率（%）=（施氮处理地上部植株氮积累量-未施氮处理地上部植株氮积累量）/施氮量×100

氮生理利用率（kg Grain/kg N）=（施氮处理籽粒产量-未施氮处理籽粒产量）/（施氮处理地上部植株氮积累量-未施氮处理地上部植株氮积累量）

氮农学利用率（kg Grain/kg N）=（施氮处理籽粒产量-未施氮处理籽粒产量）/施氮量

氮偏生产力（kg Grain/kg N）=施氮处理籽粒产量/施氮量

利用以上试验资料，分别研究了氮肥农学利用率与杂交组合间植株形态特征关系、氮素稻谷生产效率与组合间植株性状关系和杂交中稻氮肥高效利用与高产组合的植株形态特征。

第一节　氮肥农学利用率与杂交组合间植株形态特征关系

一、16 个杂交组合的氮肥农学利用率比较

从试验结果表 2-1 看出，16 个杂交组合分别在施氮和不施氮 2 个处理情况下，组合间的籽粒产量、产量差值、氮肥农学利用率差异达显著或极显著水平，其中氮肥农学利用率变幅 $12.16 \sim 30.18 \mathrm{g} \cdot \mathrm{gN}^{-1}$，最高值是最低值的 2.48 倍。较高的 2 个组合是 600A/7315、600A/7361，分别为 $30.18 \mathrm{g} \cdot \mathrm{gN}^{-1}$ 和 $26.93 \mathrm{g} \cdot \mathrm{gN}^{-1}$，较低的 2 个组合是金 23A/7329、冈 46A/7361，分别为 $12.70 \mathrm{g} \cdot \mathrm{gN}^{-1}$ 和 $12.16 \mathrm{g} \cdot \mathrm{gN}^{-1}$。以上结果表明，杂交中稻的氮肥农学利用率同样存在基因型差异，与先期采用常规稻为材料的试验结果一致。

进一步回归分析结果可见，组合间氮肥农学利用率与施氮处理籽粒产量呈极显著正相关（图 2-1），与未施氮处理籽粒产量呈极显著负相关（图 2-2）。这就启示我们，在施氮水平较高条件下，产量较高的组合和在低施氮或不施氮条件下产量较低的组合，其氮肥农学利用率较高；同时也说明，在正常施氮条件下，高产组合与氮肥高效利用率组合是统一的，可作为杂交水稻选择氮素高效利用率组合的间接依据之一。

表 2-1　16 个杂交中稻组合的氮肥农学利用率比较

组合	籽粒产量（g·pot⁻¹）			氮肥农学利用率（g·gN⁻¹）
	施氮	无氮	施氮-无氮	
600A/7315	94.83a	38.93CDE	55.90A	30.18A
600A/7361	91.17ab	41.28CDE	49.89AB	26.93AB
600A/7329	87.60abc	43.30BCDE	44.30ABC	23.92ABC
600A/7318	80.06abc	36.37DE	43.69ABC	23.59ABC
II-32A/7361	81.47abc	37.81CDE	43.66ABC	23.57ABC
Gang46A/7315	81.04abc	37.77CDE	43.27ABC	23.36ABC
Jing23A/7361	91.58ab	49.86ABC	41.72ABC	22.53ABC
II-32A/7318	76.42bc	35.11E	41.31ABC	22.31ABC
Gang46A/7329	74.88c	34.50E	40.38ABC	21.80ABC
Gang46A/7318	79.40bc	40.12CDE	39.28ABC	21.21ABC
II-32A/7315	76.45bc	37.34CDE	39.11ABC	21.12ABC
II-32A/7329	73.96c	37.71CDE	36.25ABC	19.58ABC
Jing23A/7315	86.34abc	54.33AB	32.01ABC	17.28ABC
Jing23A/7318	76.61bc	46.13ABCDE	30.48BC	16.46BC
Jing23A/7329	72.70c	49.18ABCD	23.52C	12.70C
Gang46A/7361	80.20abc	57.68A	22.52C	12.16C
CV（%）	8.35	16.69	22.32	22.31
平均值	81.54	42.34	39.20	21.17
方差分析 F 值	2.291*	5.825**	2.715**	2.715**

**：差异极显著（P<0.01），*：差异显著（P<0.05）。

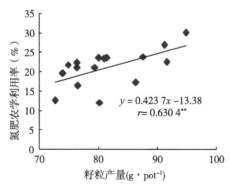

$y = 0.423\,7x - 13.38$
$r = 0.630\,4^{**}$

图 2-1　施氮条件下氮肥农学利用率
与籽粒产量关系

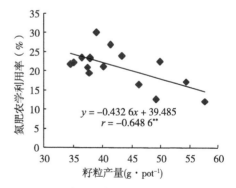

$y = -0.432\,6x + 39.485$
$r = -0.648\,6^{**}$

图 2-2　未施氮条件下氮肥农学利用率
与籽粒产量关系

二、影响氮肥农学利用率的植株形态因子分析

从表 2-2 可见，在施氮条件下，除拔节期 SPAD 值（X_3）和蜡熟期 SPAD 值（X_5）在 16 个组合间差异不显著外，其他 22 个性状组合间差异均达显著或极显著水平；在未施氮情况下，除最高苗（X_1）、拔节期 SPAD 值（X_3）、蜡熟期 SPAD 值（X_5）、成熟期枝梗重（X_{15}）和收割指数（X_{19}）5 个性状在 16 个组合间差异不显著外，其他 19 个性状组合间差异均达显著或极显著水平。表明杂交水稻地上部多数形态特征存在基因型差异，可进一步与氮肥农学利用率进行逐步回归分析，以筛选影响氮肥农学利用率的重要因子。考虑到在杂交水稻育种实践中，需要测优的杂交 F_1 代组合较多，因人力、物力、财力所限，一般只在高氮条件下开展高产组合筛选试验，为了便于高产组合与氮肥高效利用组合筛选工作的同时进行，本文特对施氮条件下组合间差异显著的 22 个性状与氮肥农学利用率间进行逐步回归分析。

表 2-2　16 个杂交组合在两个施氮处理下的 24 个植株性状比较*

性状	施氮				未施氮			
	最小值	最大值	平均值	F 值	最小值	最大值	平均值	F 值
X_1	41.75	61.25	51.64	6.94**	24.75	34.00	29.66	1.32[NS]
X_2	28.70	42.23	33.45	7.82**	21.80	28.48	24.58	2.88**
X_3	30.43	35.65	33.30	1.02[NS]	25.90	30.53	27.25	0.85[NS]
X_4	31.08	36.98	34.48	4.91**	29.10	35.25	32.35	5.27**
X_5	20.63	25.17	23.41	0.63[NS]	19.47	25.27	22.65	0.79[NS]
X_6	105.72	127.39	112.18	5.73**	76.00	95.80	86.66	3.62**
X_7	137.10	200.49	172.13	2.33*	176.01	240.68	202.40	2.09*
X_8	24.06	30.86	26.89	3.95**	20.62	27.63	24.57	2.57*
X_9	35.93	44.05	39.05	4.62**	29.63	41.43	34.97	2.18*
X_{10}	34.51	48.69	43.05	4.27**	33.50	42.33	36.81	2.41*
X_{11}	1.47	1.99	1.65	3.28**	1.06	1.64	1.25	3.64**
X_{12}	1.25	1.70	1.46	3.79**	0.95	1.42	1.10	2.67*
X_{13}	1.24	1.66	1.43	2.45*	0.90	1.38	1.05	3.13**
X_{14}	58.48	76.92	68.04	3.37**	23.10	40.62	30.26	3.05**
X_{15}	3.67	4.72	4.17	2.30*	1.90	2.82	2.34	1.76[NS]
X_{16}	62.62	81.10	72.21	3.54**	25.00	43.42	32.60	3.11**
X_{17}	72.70	94.83	81.54	2.20*	34.50	57.68	42.34	5.83**
X_{18}	137.67	171.42	153.76	2.48*	61.58	101.10	74.94	6.33**
X_{19}	0.49	0.58	0.53	2.86**	0.51	0.62	0.56	1.87[NS]

（续表）

性状	施氮				未施氮			
	最小值	最大值	平均值	F 值	最小值	最大值	平均值	F 值
X_{20}	109.24	164.38	130.79	12.35**	94.74	149.89	114.70	9.26**
X_{21}	79.56	93.43	87.49	7.38**	75.31	94.29	86.97	10.67**
X_{22}	25.31	31.72	28.88	38.59**	25.95	32.1	28.98	41.76**
X_{23}	19.67	31.00	24.79	4.79**	11.33	17.67	14.21	2.03*
X_{24}	0.39	0.60	0.49	2.39*	0.40	0.62	0.50	2.40*

**：差异极显著（$P<0.01$），*：差异显著（$P<0.05$），NS：差异不显著。

通过逐步回归分析，在22个形态因子中筛选出了5个对氮肥农学利用率有显著作用的重要性状，回归方程决定系数高达89.53%（表2-3），5个性状对氮肥农学利用率的偏相关系数达显著或极显著水平（表2-4）。即组合的最高苗（X_1）、株高（X_6）、生物产量（X_{18}）和结实率（X_{21}）4个因子对氮肥农学利用率有显著正效应，而倒3叶宽（X_{13}）则起显著负效应。究其原因，16个组合在施氮条件下均分别比未施氮情况增产，在两种施氮处理下产量差距越大的组合氮肥农学利用率越高（表2-1），即提高施肥条件下产量和降低未施氮条件下的产量均可提高氮肥农学利用率（图2-1、图2-2）。再从相关分析结果（表2-5）看出如下结论。

（1）施氮条件下最高苗数多的组合，其有效穗数也越多，但着粒数显著下降，最终对产量的增产作用不显著，但施氮条件下最高苗数多的组合在未施氮情况下因着粒数显著降低而产量较低。即分蘖力强的组合在施肥条件下不增产，因未施氮条件下产量低而提高了氮肥农学利用率。

（2）施氮条件下组合间株高对产量没有增产作用，但在施氮条件下株高越高的组合在未施氮情况下因有效穗极显著下降而产量降低。即株高越高的组合施肥条件下不增产，因未施氮条件下产量低而提高了氮肥农学利用率。

（3）施氮条件下倒3叶越宽的组合因有效穗极显著降低而产量下降，但在未施氮情况下却因结实率的提高而高产。即倒3叶越宽的组合因在施氮条件下减产，同时在未施氮情况下又增产而降低了氮肥农学利用率。

（4）施氮条件下生物产量越高的组合因有效穗的极显著增加而产量较高，但在未施氮条件下对产量影响不显著，因而提高了氮肥农学利用率。

（5）施氮条件下结实率越高的组合有效穗也越多，对其他穗部性状影响不显著，而产量较高，虽然在未施氮条件下其结实率仍然较高，但千粒重显著下降，对产量的作用不明显。即结实率越高的组合在未施氮条件下对产量没有显著影响，因在施氮条件下产量较高而提高了氮肥农学利用率。

表 2-3　氮肥农学利用率与施氮条件下主要植株性状间的回归分析

回归方程	r	R^2	F 值	P
$Y=-75.890\ 1+0.335\ 9X_1+0.449\ 2X_6-15.859\ 5X_{13}$ $+0.199\ 9X_{18}+0.345\ 4X_{21}$	0.946 2	0.895 3	17.102 0	0.000 1

表 2-4　氮肥农学利用率 (y) 及其相关因子 (x) 偏相关的显著性测验

偏相关项目	偏相关系数	t 值	显著水平
最高苗和农学利用率	0.658 26	2.765 20	0.018 38
株高和农学利用率	0.656 62	2.753 06	0.018 79
倒 3 叶宽和农学利用率	-0.706 53	3.157 15	0.009 13
生物产量和农学利用率	0.701 50	3.112 70	0.009 88
结实率和农学利用率	0.607 96	2.421 43	0.033 92

表 2-5　施氮条件下影响氮肥农学利用率的关键因子与组合产量及产量组分的相关系数

因子	施氮					未施氮				
	有效穗 X_{23}	着粒数 X_{20}	结实率 X_{21}	千粒重 X_{22}	产量 X_{17}	有效穗 X_{23}	着粒数 X_{20}	结实率 X_{21}	千粒重 X_{22}	产量 X_{17}
X_1	0.527 6*	-0.499 2*	-0.375 5	0.269 8	0.202 2	0.121 7	-0.497 3*	-0.348 4	0.194 9	-0.599 0*
X_6	-0.302 6	0.257 1	-0.379 3	0.158 4	0.020 0	-0.663 3**	0.420 5	-0.334 5	0.117 0	-0.561 2*
X_{13}	-0.619 9**	0.259 2	0.386 1	0.052 0	-0.499 9*	-0.026 5	0.010 0	0.503 9*	-0.033 2	0.500 4*
X_{18}	0.733 5**	-0.379 1	-0.171 8	-0.051 0	0.789 7**	0.034 6	-0.075 5	-0.127 7	-0.070 7	-0.238 7
X_{21}	0.799 4**	-0.244 7	1.000 0	-0.224 7	0.544 9*	0.425 7	-0.154 6	0.790 8**	-0.582 5*	0.395 5

三、进一步培育更高氮肥农学利用率杂交组合的潜力

　　综上所述，杂交中稻氮肥高效利用率组合要求分蘖力强，株高较高，倒 3 叶较窄，生物产量和结实率较高。本试验的 16 个杂交组合中，600A/7315、600A/7361 两个组合的氮肥农学利用率较高，分别为 30.18g·gN^{-1} 和 26.93g·gN^{-1}，这种水平的氮肥农学利用率在我国生产上属中等水平。在水稻育种上能否进一步培育出更高氮肥农学利用率的杂交组合？其主攻目标何在？为此，将本试验中氮肥农学利用率较高和较低组合的 5 个关键因子列于表 2-6，试图通过对比探明水稻育种改良方向。从表 2-6 可见，氮肥农学利用率较高组合比较低组合的氮肥农学利用率提高了 29.77%，主要是分蘖力显著增强、倒 3 叶宽明显降低和生物产量显著提高共同作用的结果。另两个显著影响氮肥农学利用率的株高和结实率差异极小，也正是进一步提高氮肥农学利用率

的潜力所在。据此，如果要进一步培育出比 600A/7315、600A/7361 两个组合氮肥农学利用率更高的新组合，主攻目标应在保持这两个组合的分蘖力、倒 3 叶宽和生物产量前提下，重点是适当增加株高，提高结实率。从目前杂交中稻高产组合的实际看，株高多在 130cm 左右，结实率可达 95%。因此，株高、结实率分别有 8cm 和 5% 左右的提高空间。先期研究结果表明，理论上水稻基因型的氮肥利用率最高可达 64g·gN^{-1} 以上，而本研究供试组合中氮肥农学利用率最高组合仅达到理论值的 50% 左右，均说明在杂交水稻氮素高效利用育种上还有较大的增长潜力。

表 2-6　不同氮肥农学利用率组合类型的相关因子比较

	组　合	氮肥农学利用率（%）	最高苗（tillers pot^{-1}）X_1	株高（cm）X_6	倒 3 叶宽（cm）X_{13}	生物产量（g pot^{-1}）X_{18}	结实率（%）X_{21}
高	600A/7315	30.18	61.25	118.11	1.24	164.31	92.50
	600A/7361	26.93	57.50	123.58	1.47	171.42	86.77
	平　均	28.56	59.38	120.85	1.36	167.87	89.64
低	Jing23A/7329	12.70	41.45	121.27	1.66	137.67	90.24
	Gang46A/7361	12.16	44.73	123.90	1.63	148.10	89.05
	平　均	12.43	43.09	122.59	1.65	142.89	89.65
高比低±（%）		29.77	37.80	-1.41	-17.58	17.48	-0.01

结论：杂交中稻的氮肥农学利用率存在较大的基因型差异，组合间氮肥农学利用率与施氮处理籽粒产量呈极显著正相关。在高产正常施氮水平条件下，杂交中稻氮肥高效利用率组合要求最高苗数多（X_1），株高较高（X_6），倒 3 叶较窄（X_{13}），生物产量（X_{18}）和结实率（X_{21}）较高，并与氮肥农学利用率（Y）间存在极显著线性关系，回归方程为 $Y = -75.8901 + 0.3359X_1 + 0.4492X_6 - 15.8595X_{13} + 0.1999X_{18} + 0.3454X_{21}$，决定系数 89.53%，可作为杂交后代及组合鉴定时田间选择的参考指标。

第二节　氮素稻谷生产效率与杂交组合间植株性状关系

一、16 个杂交组合的氮素稻谷生产效率与植株性状表现

从试验结果（表 2-7）看出，两种施氮水平下 16 个杂交组合间的茎叶含氮量、籽粒含氮量、籽粒产量及氮素稻谷生产效率差异达显著或极显著水平。虽然施氮条件下 16 个组合间茎叶含氮量、籽粒含氮量、籽粒产量的变异幅度

分别比未施氮处理高，平均值也分别比未施氮处理显著增加 137.32%、99.97% 和 92.59%，但氮素稻谷生产效率施氮处理 16 个组合平均值比未施氮处理仅低 7.69%。表明增施氮肥对提高组合间的茎叶含氮量、籽粒含氮量和籽粒产量有显著作用，而氮素稻谷生产效率则略有下降。由于氮素稻谷生产效率在不同施氮水平条件下表现相对稳定，而且施氮条件下氮素稻谷生产效率越高的组合，在未施氮条件下的表现也越高（二者的相关系数 $r = 0.760\ 7^{**}$）。因此，可将氮素稻谷生产效率作为评价品种间氮肥利用效率的重要指标。

表 2-7　16 个杂交组合在两种施氮水平下的氮素稻谷生产率比较

组　合	施氮处理				无氮处理			
	茎叶含氮量（g/钵）	籽粒含氮量（g/钵）	籽粒产量（g/钵）	氮稻谷生产率（g Grain/g N）	茎叶含氮量（g/钵）	籽粒含氮量（g/钵）	籽粒产量（g/钵）	氮稻谷生产率（g Grain/g N）
600A/7329	3.660	8.052	87.597	7.479	1.229	3.989	43.300	8.298
600A/7318	3.093	7.418	80.060	7.617	1.133	3.625	36.373	7.645
600A/7361	3.082	8.286	91.167	8.019	1.094	3.748	41.283	8.527
600A/7315	3.028	8.952	94.827	7.916	1.051	3.592	38.930	8.386
Gang 46A/7329	3.304	7.372	74.877	7.013	1.181	3.278	34.500	7.737
Gang 46A/7318	3.166	7.510	79.400	7.437	1.306	4.117	40.123	7.399
Gang 46A/7361	3.029	7.791	80.203	7.413	1.707	5.339	57.683	8.186
Gang46A/7315	3.676	8.227	81.037	6.808	1.627	3.690	37.773	7.104
II-32A/7329	4.237	7.014	73.963	6.574	1.745	3.518	37.707	7.165
II-32A/7318	4.174	7.473	76.423	6.562	1.358	3.234	35.113	7.646
II-32A/7361	2.894	8.440	81.473	7.189	1.399	3.649	37.813	7.491
II-32A/7315	3.140	7.744	76.450	7.025	1.424	3.708	37.337	7.276
Jing 23A/7329	2.699	7.144	72.700	7.386	1.255	4.414	49.183	8.676
Jing 23A/7318	2.832	7.545	76.607	7.382	1.229	4.064	46.127	8.714
Jing23A/7361	2.629	9.050	91.577	7.841	1.549	4.258	49.860	8.586
Jing 23A/7315	2.739	7.677	86.340	8.289	1.364	4.709	54.330	8.946
CV（%）	15.21	7.63	8.35	6.78	15.73	13.92	16.73	7.73
平均值	3.211	7.856	81.544	7.372	1.353	3.933	42.340	7.986
方差分析 F 值	3.830**	2.287*	2.197*	5.362**	2.674**	4.088**	5.825**	2.510**

再从表 2-8 可见，在施氮条件下，除拔节期 SPAD 值（X_3）和蜡熟期 SPAD 值（X_5）在 16 个组合间差异不显著外，其他 22 个性状组合间差异均达显著或极显著水平；在未施氮情况下，除最高苗（X_1）、拔节期 SPAD 值（X_3）、蜡熟期 SPAD 值（X_5）和成熟期枝梗重（X_{15}）4 个性状在 16 个组合间

差异不显著外，其他 19 个性状组合间差异均达显著或极显著水平。以上结果表明，杂交水稻地上部多数形态特征存在基因型差异，可进一步将组合间差异显著的植株性状与氮素稻谷生产效率间进行逐步回归分析，以筛选影响氮肥利用率的关键因子。

表 2-8 16 个杂交组合在两个施氮处理下的 24 个植株性状比较

性状	施氮处理				无氮处理			
	最小值	最大值	平均值	F 值	最小值	最大值	平均值	F 值
X_1	41.75	61.25	51.64	6.94**	24.75	34.00	29.66	1.32^{NS}
X_2	28.70	42.23	33.45	7.82**	21.80	28.48	24.58	2.88**
X_3	30.43	35.65	33.30	1.02^{NS}	25.90	30.53	27.25	0.85^{NS}
X_4	31.08	36.98	34.48	4.91**	29.10	35.25	32.35	5.27**
X_5	20.63	25.17	23.41	0.63^{NS}	19.47	25.27	22.65	0.79^{NS}
X_6	105.72	127.39	112.18	5.73**	76.00	95.80	86.66	3.62**
X_7	137.10	200.49	172.13	2.33*	176.01	240.68	202.40	2.09*
X_8	24.06	30.86	26.89	3.95**	20.62	27.63	24.57	2.57*
X_9	35.93	44.05	39.05	4.62**	29.63	41.43	34.97	2.18*
X_{10}	34.51	48.69	43.05	4.27**	33.50	42.33	36.81	2.41*
X_{11}	1.47	1.99	1.65	3.28**	1.06	1.64	1.25	3.64**
X_{12}	1.25	1.70	1.46	3.79**	0.95	1.42	1.10	2.67*
X_{13}	1.24	1.66	1.43	2.45*	0.90	1.38	1.05	3.13**
X_{14}	58.48	76.92	68.04	3.37**	23.10	40.62	30.26	3.05**
X_{15}	3.67	4.72	4.17	2.30*	1.90	2.82	2.34	1.76^{NS}
X_{16}	62.62	81.10	72.21	3.54**	25.00	43.42	32.60	3.11**
X_{17}	72.70	94.83	81.54	2.20*	34.50	57.68	42.34	5.83**
X_{18}	137.67	171.42	153.76	2.48*	61.58	101.10	74.94	6.33**
X_{19}	0.49	0.58	0.53	2.86**	0.51	0.62	0.56	7.87**
X_{20}	109.24	164.38	130.79	12.35**	94.74	149.89	114.70	9.26**
X_{21}	79.56	93.43	87.49	7.38**	75.31	94.29	86.97	10.67**
X_{22}	25.31	31.72	28.88	38.59**	25.95	32.1	28.98	41.76**
X_{23}	19.67	31.00	24.79	4.79**	11.33	17.67	14.21	2.03*
X_{24}	0.39	0.60	0.49	2.39*	0.40	0.62	0.50	2.40*

**：差异极显著（$P<0.01$），*：差异显著（$P<0.05$），NS：差异不显著。

二、影响杂交组合氮素稻谷生产效率的关键植株性状分析

逐步回归分析结果表明，杂交中稻组合间氮素稻谷生产效率与植株性状间

呈极显著线性关系，决定系数高达 95.98% ~ 98.06%（表 2-9）。从偏相关系数的显著性检验结果看，施氮条件下最高苗（X_1）、成熟期茎鞘叶干重（X_{14}）、收割指数（X_{19}）、有效穗（X_{23}）、成穗率（X_{24}）5 个性状达显著或极显著水平，未施氮条件下倒 3 叶长（X_{10}）、剑叶叶宽（X_{11}）、收割指数（X_{19}）、着粒数（X_{20}）、有效穗（X_{23}）、成穗率（X_{24}）6 个性状达显著或极显著水平（表 2-10）。其中收割指数（X_{19}）、有效穗（X_{23}）、成穗率（X_{24}）3 个性状，在两种施氮水平下对氮素稻谷生产效率的偏相关系数均达极显著水平，说明这 3 个性状是影响氮素稻谷生产效率的关键因子。

表 2-9　氮素稻谷生产效率（Y）与植株性状（X）的回归分析

处　理	回归方程	R^2	F	P	n
施氮	$Y = 0.632\ 4 - 0.127\ 7X_1 - 0.005\ 8X_7 + 0.043\ 5X_{14}$ $+ 20.782\ 2X_{19} + 0.237\ 5X_{23} - 11.251\ 2X_{24}$	0.959 8	35.765 6	0.000 0	16
无　氮	$Y = -4.802\ 7 + 0.090\ 3X_{10} - 1.406\ 7X_{11} + 6.863\ 6X_{19}$ $+ 0.021\ 1X_{20} + 0.219\ 3X_{23} + 3.629\ 1X_{24}$	0.980 6	75.680 2	0.000 0	16

就氮素稻谷生产效率与主要植株性状间的相关程度而言，收割指数（X_{19}）表现最高，施氮处理和非施氮处理相关系数分别为 0.839 5、0.747 3（表 2-10）。这是因为，收割指数 = 籽粒产量/成熟期地上部干物质重，氮素稻谷生产效率 = 籽粒产量/（成熟期地上部干物质重×含氮率），两者分子相同，分母不同，收割指数和氮素稻谷生产效率的相关性取决于植株含氮率误差。而植株含氮率在不同施氮水平间极为稳定，如表 2-11 所示，无氮处理 16 个组合茎叶含氮率平均值为施氮处理的 95.74%，无氮处理 16 个组合籽粒含氮率平均值为施氮处理的 97.92%。因此，利用收割指数预测氮素稻谷生产效率应该是较为可靠的因子。

表 2-10　氮素稻谷生产效率（Y）与相关因子（X）的相关系数及
偏相关系数的显著性测验

	施氮处理					无氮处理			
性状	相关系数	偏相关系数	t 值	显著水平	性状	相关系数	偏相关系数	t 值	显著水平
X_1	-0.260 3	-0.777 7	3.711 7	0.004 0	X_{10}	0.444 3	0.919 6	7.023 1	0.000 0
X_7	0.428 8	-0.519 7	1.824 8	0.098 0	X_{11}	0.088 0	-0.668 7	2.698 4	0.022 4
X_{14}	-0.397 4	0.646 5	2.539 2	0.029 4	X_{19}	0.747 3 **	0.831 6	4.492 1	0.001 2

（续表）

性状	施氮处理				性状	无氮处理			
	相关系数	偏相关系数	t 值	显著水平		相关系数	偏相关系数	t 值	显著水平
X_{19}	0.839 5 **	0.869 4	5.277 5	0.000 4	X_{20}	0.099 7	0.877 3	5.484 7	0.000 3
X_{23}	0.577 6 *	0.741 0	3.401 6	0.006 8	X_{23}	0.702 5 **	0.888 7	5.814 4	0.000 2
X_{24}	0.757 7 **	−0.658 0	3.621 8	0.005 5	X_{24}	0.367 9	0.793 2	3.907 7	0.002 9

表 2-11　16 个杂交中稻组合在两种施氮水平下地上部含氮率表现　（%）

组　合	施氮处理		未施氮处理	
	茎叶	籽粒	茎叶	籽粒
600A/7329	0.48	0.92	0.41	0.92
600A/7318	0.45	0.93	0.43	1.00
600A/7361	0.41	0.90	0.40	0.91
600A/7315	0.46	0.94	0.46	0.92
Gang 46A/7329	0.47	0.98	0.47	0.95
Gang 46A/7318	0.47	0.95	0.48	1.03
Gang 46A/7361	0.47	0.97	0.42	0.93
Gang46A/7315	0.48	1.01	0.56	0.98
II-32A/7329	0.57	0.95	0.51	0.93
II-32A/7318	0.60	0.98	0.44	0.92
II-32A/7361	0.42	1.04	0.44	0.97
II-32A/7315	0.50	1.01	0.49	1.00
Jing 23A/7329	0.44	0.98	0.40	0.90
Jing 23A/7318	0.45	0.98	0.41	0.88
Jing23A/7361	0.41	0.99	0.41	0.86
Jing 23A/7315	0.47	0.89	0.45	0.87
CV（%）	10.91	4.28	9.93	5.24
平均值	0.47	0.96	0.45	0.94
方差分析 F 值	2.931 **	3.897 **	3.517 **	2.477 *

结论：两种施氮水平下 16 个杂交组合间的茎叶含氮量、籽粒含氮量、籽粒产量及氮素稻谷生产效率差异达显著或极显著水平。在不同施氮水平下影响氮素利用率的植株性状不尽相同，其中收割指数、有效穗和成穗率 3 个性状，在两种施氮水平下对氮素稻谷生产效率的偏相关系数均达极显著水平。在众多性状中，收割指数与氮素稻谷生产效率相关程度最高，并在两种施氮水平下表

现较稳定，可将收割指数用为预测氮素稻谷生产效率的鉴定指标。

第三节　杂交中稻氮肥高效利用与高产组合的植株形态特征

一、杂交组合间氮肥利用率与产量和含氮量的关系

(一) 杂交中稻组合间的氮肥利用率比较

从试验结果（表2-12）看出，茎叶、籽粒的含氮率以及4个氮肥利用率指标（氮吸收利用率、氮生理利用率、氮农学利用率和氮偏生产力）在16个杂交组合间呈显著或极显著差异，方差分析 F 值2.477[*]～5.032[**]。其中，氮吸收利用率较高的组合有 600A/7315 和 II-32A/7318，接近40%；氮生理利用率较高的组合有 600A/7318、600A/7361、600A/7315、Gang 46A/7318、II-32A/7315、Jing 23A/7315，达75kg Grain/kg N 左右；氮农学利用率较高的2个组合是 600A/7315、600A/7361，分别为 30.18kg Grain/kg N 和 26.93kg Grain/kg N；Jing23A/7361、600A/7315 和 600A/7361 三个组合的氮偏生产力较高，达50kg Grain/kg N 左右。以上结果表明，杂交中稻的氮肥利用率同样存在基因型差异，与先期采用常规稻为材料的试验结果一致。

(二) 氮利用率与组合间产量和含氮量的关系

由于4个氮利用率考核指标是从不同侧面反映对氮利用率的高低，很难确定哪一个指标最好。从氮利用率各指标与组合间产量和含氮量的相关分析结果（表2-13）来看，氮生理利用率除与施氮条件下的籽粒产量有显著正相关外，与其他性状间没有显著相关性。氮偏生产力实际上就是一个产量指标，与施氮条件下的籽粒产量相关系数为1，分别与生物量和籽粒含氮量呈极显著正相关，因为没有剔除稻田土壤基础肥力对产量的影响（与未施氮条件下的产量和含氮量间的相关系数均不显著），则不能完全解释对氮肥的利用程度。氮吸收利用率和氮肥农学利用率与产量和含氮量的相关性表现基本一致，均分别与多个产量和含氮量的相关系数达显著或极显著水平，而且在施氮条件下呈正相关，在未施氮情况下则呈负相关。这就启示我们，在施氮水平较高条件下产量较高的组合，并且在低施氮或不施氮条件下产量较低的组合，其氮吸收利用率和氮农学利用率较高；同时也说明，在正常施氮条件下，高产组合与氮肥高效利用率组合是统一的。因此，可将氮吸收利用率和氮农学利用率作为杂交水稻选择氮素高效利用率组合与高产组合的重要指标。

表 2-12　16 个杂交中稻组合的氮肥利用率表现

组　合	施氮处理含氮率（%）		未施氮处理含氮率（%）		氮吸收利用率（%）	氮生理利用率（kg Grain/kg N）	氮肥农学利用率（kg Grain/kg N）	氮偏生产力（kg Grain/kg N）
	茎叶	籽粒	茎叶	籽粒				
600A/7329	0.48	0.92	0.41	0.92	35.06	67.83	23.92	47.30
600A/7318	0.45	0.93	0.43	1.00	31.06	75.64	23.59	43.23
600A/7361	0.41	0.90	0.40	0.91	35.24	77.56	26.93	49.23
600A/7315	0.46	0.94	0.46	0.92	39.62	76.41	30.18	51.20
Gang 46A/7329	0.47	0.98	0.47	0.95	33.57	65.17	21.80	40.43
Gang 46A/7318	0.47	0.95	0.48	1.03	28.37	74.79	21.21	42.87
Gang 46A/7361	0.47	0.97	0.42	0.97	20.37	65.84	12.16	43.31
Gang46A/7315	0.48	1.01	0.56	0.98	35.56	70.84	23.36	47.09
II-32A/7329	0.57	0.95	0.51	0.93	32.33	60.50	19.58	39.94
II-32A/7318	0.60	0.98	0.44	0.92	38.09	58.42	22.31	41.27
II-32A/7361	0.42	1.04	0.44	0.97	33.94	69.55	23.57	43.99
II-32A/7315	0.50	1.01	0.49	1.00	31.06	75.03	21.12	41.28
Jing 23A/7329	0.44	0.98	0.41	0.90	22.54	57.30	12.70	39.25
Jing 23A/7318	0.45	0.98	0.41	0.88	27.45	60.28	16.46	41.36
Jing23A/7361	0.41	0.99	0.41	0.86	31.71	62.96	22.53	52.78
Jing 23A/7315	0.47	0.89	0.45	0.87	23.45	74.75	17.28	46.62
CV（%）	10.91	4.28	9.93	5.24	17.70	10.22	22.31	9.30
平均值	0.47	0.96	0.45	0.94	31.21	68.30	21.17	44.45
方差分析 F 值	2.931**	3.897**	3.517**	2.477*	3.177**	5.032**	2.715**	4.548**

**：差异极显著（P<0.01），*：差异显著（P<0.05）。

表 2-13　氮肥利用率与组合间产量和含氮量的相关系数*

项目	施氮处理（g pot⁻¹）				未施氮处理（g pot⁻¹）			
	籽粒产量	生物产量	籽粒含氮量	茎叶含氮量	籽粒产量	生物产量	籽粒含氮量	茎叶含氮量
氮吸收利用率（%）	0.548 6*	0.661 5**	0.527 1*	0.500 1*	-0.777 1**	-0.739 7**	-0.843 7**	-0.289 7
氮生理利用率（kg Grain/kg N）	0.535 6*	0.442 6	0.364 5	-0.236 3	-0.163 3	-0.332 7	-0.038 1	-0.357 4
氮肥农学利用率（kg Grain/kg N）	0.610 3*	0.779 3**	0.586 1*	0.209 0	-0.648 8**	-0.699 7**	-0.680 5**	-0.448 8
氮偏生产力（kg Grain/kg N）	1.000 0**	0.793 3**	0.897 5**	-0.285 9	0.206 3	0.119 9	0.114 0	-0.138 9

*NCG：nitrogen content of grain，NCS：nitrogen content of stem-leaf。

二、影响氮肥利用率的植株形态因子分析

从表2-14可见,在施氮条件下,除拔节期SPAD值(X_3)和蜡熟期SPAD值(X_5)在16个组合间差异不显著外,其他22个性状组合间差异均达显著或极显著水平;在未施氮情况下,除最高苗(X_1)、拔节期SPAD值(X_3)、蜡熟期SPAD值(X_5)、成熟期枝梗重(X_{15})和收割指数(X_{19})5个性状在16个组合间差异不显著外,其他19个性状组合间差异均达显著或极显著水平。以上结论表明,杂交水稻地上部多数形态特征存在基因型差异,可进一步与氮肥利用率进行逐步回归分析,以筛选影响氮肥利用率的重要因子。考虑到在杂交水稻育种实践中,需要测优的杂交F_1代组合较多,因人力、物力、财力所限,一般只在高产施氮条件下开展高产组合筛选试验,为了便于高产组合与氮肥高效利用组合筛选工作的同时进行,本文特对施氮条件下组合间差异显著的22个性状分别与氮吸收利用率和氮肥农学利用率间进行逐步回归分析。

表2-14 16个杂交组合在两个施氮处理下的24个植株性状比较

性状	施氮				未施氮			
	最小值	最大值	平均值	F 值	最小值	最大值	平均值	F 值
X_1	41.75	61.25	51.64	6.94**	24.75	34.00	29.66	1.32NS
X_2	28.70	42.23	33.45	7.82**	21.80	28.48	24.58	2.88**
X_3	30.43	35.65	33.30	1.02NS	25.90	30.53	27.25	0.85NS
X_4	31.08	36.98	34.48	4.91**	29.10	35.25	32.35	5.27**
X_5	20.63	25.17	23.41	0.63NS	19.47	25.27	22.65	0.79NS
X_6	105.72	127.39	112.18	5.73**	76.00	95.80	86.66	3.62**
X_7	137.10	200.49	172.13	2.33*	176.01	240.68	202.40	2.09*
X_8	24.06	30.86	26.89	3.95**	20.62	27.63	24.57	2.57*
X_9	35.93	44.05	39.05	4.62**	29.63	41.43	34.97	2.18*
X_{10}	34.51	48.69	43.05	4.27**	33.50	42.33	36.81	2.41*
X_{11}	1.47	1.99	1.65	3.28**	1.06	1.64	1.25	3.64**
X_{12}	1.25	1.70	1.46	3.79**	0.95	1.42	1.10	2.67*
X_{13}	1.24	1.66	1.43	2.45*	0.90	1.38	1.05	3.13**
X_{14}	58.48	76.92	68.04	3.37**	23.10	40.62	30.26	3.05**
X_{15}	3.67	4.72	4.17	2.30*	1.90	2.82	2.34	1.76NS
X_{16}	62.62	81.10	72.21	3.54**	25.00	43.42	32.60	3.11**

（续表）

性状	施氮				未施氮			
	最小值	最大值	平均值	F 值	最小值	最大值	平均值	F 值
X_{17}	72.70	94.83	81.54	2.20*	34.50	57.68	42.34	5.83**
X_{18}	137.67	171.42	153.76	2.48*	61.58	101.10	74.94	6.33**
X_{19}	0.49	0.58	0.53	2.86**	0.51	0.62	0.56	1.87^{NS}
X_{20}	109.24	164.38	130.79	12.35**	94.74	149.89	114.70	9.26**
X_{21}	79.56	93.43	87.49	7.38**	75.31	94.29	86.97	10.67**
X_{22}	25.31	31.72	28.88	38.59**	25.95	32.1	28.98	41.76**
X_{23}	19.67	31.00	24.79	4.79**	11.33	17.67	14.21	2.03*
X_{24}	0.39	0.60	0.49	2.39*	0.40	0.62	0.50	2.40*

**：差异极显著（$P<0.01$），*：差异显著（$P<0.05$），NS：差异不显著。

　　逐步回归分析表明，在 22 个形态因子中分别筛选出了 8 个对氮吸收利用率和氮肥农学利用率有显著作用的重要性状，回归方程的决定系数分别高达 93.99% 和 95.82%（表 2-15）。其中，同时对氮吸收利用率和氮农学利用率 2 项指标都起重要作用（偏相关系数达显著或极显著水平）的性状有 5 个，分别是最高苗（X_1）、粒叶比（X_7）、倒 3 叶长度（X_8）、倒 3 叶宽度（X_{13}）和千粒重（X_{21}）（表 2-16）。说明用氮吸收利用率和氮肥农学利用率 2 项指标筛选氮高效利用的植株形态特征，具有较好的一致性，而且氮吸收利用率和氮肥农学利用率 2 项指标的相关程度极高（$r=0.9015^{**}$）。

　　综合分析逐步回归分析结果（表 2-15、表 2-16），认为杂交中稻氮高效利用与高产组合植株的主要形态特征是：分蘖力强，齐穗期粒叶比小，倒 3 叶长而窄，结实率、千粒重、生物产量和收割指数高。由于倒 3 叶的长度和宽度分别与倒 2 叶的长度、宽度呈极显著正相关（r 分别为 0.6375^{**}、0.9606^{**}）。因此，氮高效利用与高产组合对倒 2 叶和倒 3 叶都要求长而窄。

表 2-15　氮吸收利用率和农学利用率（Y）与施氮条件下植株性状（X）间的逐步回归分析

Y	回归方程	r	R^2	F 值	P
氮吸收利用率	$Y=-24.21+0.78X_1-0.58X_2-0.13X_7+1.02X_8-24.10X_{13}+0.32X_{16}+0.07X_{20}+0.37X_{21}$	0.969 47	0.939 87	13.676 0	0.001 2
氮农学利用率	$Y=-54.36+0.44X_1-0.23X_2+0.40X_6-0.05X_7+0.50X_8-21.19X_{13}+0.12X_{18}+0.34X_{21}$	0.978 88	0.958 20	20.058 8	0.000 4

表 2-16　氮吸收利用率和氮农学利用率（y）及其在施氮条件下

相关因子（x）的偏相关显著性测验

氮吸收利用率				氮肥农学利用率			
偏相关项目	偏相关系数	t 值	显著水平	偏相关项目	偏相关系数	t 值	显著水平
$r(y, X_1)$	0.819 06	3.777 30	0.005 41	$r(y, X_1)$	0.852 26	4.310 49	0.002 58
$r(y, X_4)$	-0.401 82	1.160 96	0.279 13	$r(y, X_2)$	-0.541 65	1.704 82	0.126 63
$r(y, X_7)$	-0.716 76	2.719 52	0.026 27	$r(y, X_6)$	0.771 63	3.209 62	0.012 43
$r(y, X_8)$	0.724 07	2.777 46	0.024 02	$r(y, X_7)$	-0.563 90	1.806 55	0.038 46
$r(y, X_{13})$	-0.820 13	3.792 34	0.005 29	$r(y, X_8)$	0.618 71	2.083 63	0.040 72
$r(y, X_{16})$	0.691 02	2.529 28	0.035 30	$r(y, X_{13})$	-0.874 36	4.767 15	0.001 41
$r(y, X_{20})$	0.544 08	1.715 67	0.124 56	$r(y, X_{18})$	0.609 81	2.035 71	0.076 18
$r(y, X_{21})$	0.680 15	2.454 78	0.039 64	$r(y, X_{21})$	0.756 75	3.062 78	0.015 52

结论：选育高氮肥利用率新品种将是近期研究的热点，但受制于氮素利用率的鉴定方法。现有氮素利用率的鉴定方法包括两个方面：一是传统的通过测植株干物重和含氮率的直接鉴定法，二是通过测植株相关生理指标的间接鉴定方法。以上评价方法的难点在于必须在实验室分析完成，直接应用于田间育种实践的可操作性不强，且在时效上十分滞后。因此，目前的工作主要停留于对育成品种的氮素利用率筛选上，迫切需要创新田间简易评价方法。

此研究结果表明，在高产正常施氮水平条件下，杂交中稻氮高效利用与高产并重组合的植株主要形态特征是：分蘖力强，齐穗期粒叶比小，倒 3 叶长而窄，结实率、千粒重、生物产量和收割指数高，其决定系数高达 94% ~ 96%，可作为杂交后代及组合鉴定时田间选择的参考依据。由于品种性状受环境影响较大，在应用以上植株性状选择氮高效利用与高产并重组合时，还要设 1 个对照品种进行比较，其选择效果才会更好。

第四节　杂交中稻氮肥农学利用率与组合间亲本关系

水稻氮肥利用效率存在显著的基因型差异，利用该种遗传潜力进行水稻品种改良，是从根本上解决水稻高产与高效矛盾的最佳途径。因此，前人对水稻氮肥利用效率的研究，主要侧重于水稻种质资源氮利用效率的比较、筛选、评价、利用以及不同氮利用效率基因型的生理生化特性、根系形态、物质生产与积累特性方面。在杂交水稻育种实践中，明确杂交组合氮素高效利用率与亲本遗传力的关系尤为重要，而目前这方面的研究极少。为此，作者以 4 个不育系与 4 个恢复系组配的 16 个杂交中稻组合为材料，在两种施氮水平下研究了杂交中稻氮肥农学利用率与组合间亲本的关系，以期为杂交中稻氮肥高效利用品种的选育提供理论与实践依据。

从试验结果表 2-17 看出，4 个不育系配制的组合间氮肥农学利用率差异达显著水平（方差分析 F 值 = 4.203*），变幅 17.24 ~ 26.16g·gN^{-1}，其中 600A 最高，金 23A 最低。而 4 个恢复系配制的组合间氮肥农学利用率差异则不显著（方差分析 F 值 = 0.535），变幅 19.50 ~ 22.99g·gN^{-1}。以上结论表明，杂交中稻组合的氮肥农学利用率主要受不育系的遗传力影响。因此，在杂交中稻氮肥高效利用组合的选育实践中，应把工作重点放在保持系的选育上，以便进一步培育出氮肥高效利用的不育系。

表 2-17　杂交组合亲本间氮肥农学利用率的差异性比较　　（g·gN^{-1}）

亲本	7329	7318	7361	7315	平均
600A	23.92	23.59	26.93	30.18	26.16a
冈 46A	21.80	21.21	12.16	23.36	19.63b
II-32A	19.58	22.31	23.57	21.12	21.65ab
金 23A	12.70	16.46	22.53	17.28	17.24b
平均	19.50a	20.89a	21.30a	22.99a	

结论：杂交中稻的氮肥农学利用率存在较大的基因型差异，杂交组合的氮肥农学利用率主要受不育系遗传率的影响，受恢复系的作用不大。培育氮肥高效利用杂交组合应从保持系着手。同时筛选出了氮肥利用率较高的不育系 600A，可供培育水稻高产与氮肥高效利用杂交组合的参考亲本之用。

参考文献

［1］　徐富贤，熊洪，谢戎，等. 水稻氮素利用效率的研究进展及其动向［J］. 植物营养与肥料学报，2009，15（5）：1215-1225.

［2］　徐富贤，张林，万绪奎，等. 杂交中稻氮肥农学利用率与植株地上部农艺性状关系研究［J］. 杂交水稻，2008（6）：58-64.

［3］　徐富贤，张林，张乃周，等. 杂交中稻氮素稻谷生产效率与组合间植株性状关系研究［J］. 中国稻米，2011（2）：19-23.

［4］　徐富贤，熊洪，张林，等. 杂交中稻氮肥高效利用与高产组合的植株形态特征研究［J］. 中国农学通报，2011（5）：58-64.

第三章 水稻氮素高效利用率品种的田间鉴定方法

第一节 水稻品种间氮肥利用效率评价指标的确定

国内外评价氮素吸收利用效率的指标较多，主要有10个方面的评价指标。根据其意义将其归纳为七大类（表1-1）。Ⅰ类是稻谷生产量与氮素投入量的比值，反映单位氮素投入的稻谷生产量，在计算氮肥投入时，既有施氮量，又考虑到了稻田土壤的供氮量（土壤供氮量为不施氮下的植株氮积累量）。Ⅱ类是植株氮积累量占氮素投入量的百分率，反映植株对投入氮素（含土壤供氮量）吸收效果。Ⅲ类是干物质生产量与植株氮积累量的比值，反映植株吸收氮后转化为生产量的效率。Ⅳ类是稻谷生产量与投入氮素的吸收量的比值，表示对施氮吸收后转化为稻谷产量的效率。Ⅴ类是稻谷产量与施氮量的比值，表示单位施氮量的稻谷产出效率。Ⅵ类是灌浆期前后氮积累量的比值，表示抽穗前植株氮积累的转化效率。Ⅶ类是籽粒氮积累量占植株全氮量的百分比，表示植株对氮的吸收量向籽粒的转化效率。在测Ⅰ、Ⅱ、Ⅳ 3类指标时，充分考虑了土壤供氮能力对植株产出量的影响；而Ⅲ、Ⅴ、Ⅵ、Ⅶ 4类指标，反映的是植株对吸收的氮素在体内的利用率，只需设施氮处理即可。

先期在利用以上指标对不同基因型的氮素利用效率进行评价研究中发现，同一品种在不同评价指标间的排序不完全一致，进一步说明不同指标反映了氮素吸收与利用的不同侧面。在对水稻进行遗传改良以提高其氮素吸收与利用效率时，应有明确的目标和重点。我们认为，提高氮素的稻谷生产效率（地上部植株单位吸氮量的稻谷生产量）应该是遗传改良的重点。因为，只有氮素的稻谷生产效率提高了，才能从根本上控制氮肥施用量和减轻施用氮肥所带来的环境污染。因此，作者特将"氮素稻谷生产效率"作为氮肥利用效率的主要参照指标，研究了齐穗后植株地上部有关参数与氮素稻谷生产效率的关系，据此提出氮素高效利用杂交中稻品种的简易鉴定参照指标。

第二节 氮素稻谷生产效率的简易评价指标

为了建立氮素稻谷生产效率的田间鉴定方法，首先需明确氮素稻谷生产效率的简易评价指标。为此，作者于 2008—2009 年分别以 18 个杂交中稻组合为材料（表 3-1），供试土壤肥力见表 3-2，在施氮与不施氮两种供氮水平下，研究了齐穗后地上部植株性状与氮素稻谷生产效率和氮收获指数的关系。试验结果如下。

表 3-1 试验材料

2008 年		2009 年	
组合	生育期（d）	组合	生育期（d）
B 优 827	149	D 优 202	149
II 优明 86	155	II 优 321	149
D 优 202	155	川农优 527	156
协优 527	150	Q 优 6 号	149
金优 527	149	II 优 498	153
冈优 188	153	准两优 1102	149
宜优 2239	153	冈优 725	144
冈优 1577	149	II 优 084	156
II 优 498	155	天龙优 540	149
Q 优 6 号	149	冈优 188	149
特优航 1 号	148	川农优 498	149
II 优 084	156	宜香优 2079	150
II 优 7 号	155	B 优 827	150
华优 75	150	特优航 1 号	145
II 优 7954	156	丰大优 2590	149
准两优 1102	149	川香优 8108	156
宜优香 1577	153	川香优 317	153
川江优 527	148	Y 两优 1 号	149

表 3-2 试验田基础土壤肥力

年份	有机质（%）	pH 值	全氮（g/kg）	有效氮（mg/kg）	全钾（g/kg）	有效钾（mg/kg）	全磷（mg/kg）	有效磷（mg/kg）
2008	2.14	6.9	1.19	165	16	205.8	543	6.81
2009	1.83	6.1	1.15	99	19	85.7	637	22.03

一、齐穗后的植株性状影响氮素利用效率的原因

从试验结果（表3-3）看出，杂交中稻齐穗后主要植株指标（X_1、X_2、X_3、X_4）和氮素利用率（Y_1、Y_2）在36个试验处理间的差异极显著（F值2.88~11.35），施氮与不施氮处理间的差异也达显著或极显著水平（t值2.24~15.27）。其中，施氮处理除叶粒比（X_1）比未施氮处理显著提高外，其余植株性状和氮素利用效率指标明显降低。两年趋势表现一致。

表3-3　2个试验处理齐穗后的植株指标与氮素利用效率

项目	2008年						2009年					
	X_1	X_2	X_3	X_4	Y_1	Y_2	X_1	X_2	X_3	X_4	Y_1	Y_2
极小值	1.02	0.33	0.35	0.51	47.32	0.64	0.89	0.11	0.18	0.47	33.92	0.52
极大值	2.69	0.68	0.71	0.70	78.23	0.89	1.95	0.39	0.58	0.65	76.06	0.78
平均值	1.69	0.54	0.53	0.62	63.85	0.75	1.40	0.29	0.41	0.58	58.41	0.70
CV (%)	23.65	16.64	16.99	7.67	13.85	7.87	21.79	24.55	24.99	8.62	21.89	9.50
F值	3.87**	2.88**	4.17**	2.91**	10.08**	6.42**	11.35**	7.40**	6.33**	12.75**	3.07**	9.16**
施氮均值	1.97	0.51	0.51	0.59	57.35	0.72	1.58	0.27	0.36	0.56	46.76	0.65
不施氮均值	1.41	0.57	0.56	0.64	70.35	0.78	1.21	0.31	0.45	0.61	70.07	0.74
施氮-不施氮	0.56	-0.06	-0.05	-0.05	-13.00	-0.06	0.37	-0.04	-0.08	-0.05	-23.32	-0.09
t值	6.47**	2.60*	2.49*	3.67**	6.27**	3.65**	5.53**	2.24*	2.73**	4.54**	15.27**	6.92**

X_1：叶粒比（cm^2/spikelet），X_2：SPAD值衰减指数，X_3：LAI衰减指数，X_4：稻谷收获指数，Y_1：氮素稻谷N生产效率，Y_2：氮收获指数。后同。

相关分析结果（表3-4）表明，植株指标与氮素利用效率间存在极显著相关性（$n=36$）。其中，反映库源结构的叶粒比（X_1）分别与氮素稻谷生产效率（Y_1）和氮收获指数（Y_2）呈极显著负相关，反映源衰减的SPAD值衰减指数（X_2）、LAI衰减指数（X_3）及物质分配状况的稻谷收获指数（X_4）分别与氮素稻谷生产效率和氮收获指数呈极显著正相关，两年结果表现一致。进一步分析看出，齐穗期叶粒比越大，表示单位颖花的光合源占有量越充足，以致齐穗期到成熟期反映叶绿素含量的SPAD值和LAI相对衰减量越少（X_1分别与X_2和X_3呈显著或极显著负相关），植株向籽粒运转的光合物质量越少，剩余在茎中的光合物质积累量越大，稻谷收获指数则越低（X_2和X_3分别与X_4呈极显著正相关）。比较稻谷收获指数（X_4=籽粒重/籽粒重+茎叶重）和氮素稻谷生产效率（Y_1=籽粒重/籽粒重×含氮率+茎叶重×含氮率）的计算公式，二者分子相同，不同之处是后者分母要乘以含氮率，以至二者间存在极显著正

相关；再比较 Y_1 和氮收获指数（Y_2 = 籽粒重×含氮率/籽粒重×含氮率+茎叶重×含氮率）的计算公式，二者分母相同，不同之处在于后者分子要乘以含氮率，所以二者间也呈极显著正相关（2008 年和 2009 年的相关系数分别为 0.829 2、0.798 0）。这就是为什么植株指标与氮素利用效率有关的原因所在。

表 3-4 植株性状及氮素利用效率间的相关系数

性状	2008 年				2009 年			
	X_1	X_2	X_3	X_4	X_1	X_2	X_3	X_4
X_1		-0.475 8**	-0.391 1*	-0.542 9**		-0.694 8**	-0.714 1**	-0.789 3**
X_2			0.655 0**	0.571 6**			0.660 4**	0.673 9**
X_3				0.498 6**				0.538 5**
Y_1	-0.704 0**	0.643 9**	0.552 9**	0.801 9**	-0.717 6**	0.507 7**	0.584 4**	0.740 6**
Y_2	-0.597 9**	0.698 2**	0.575 1**	0.783 5**	-0.745 5**	0.565 3**	0.598 7**	0.802 9**

二、预测氮肥利用效率的植株性状筛选

多元逐步回归分析结果（表 3-5）可见，氮素利用率（Y_1、Y_2）与齐穗后植株性状（X_1、X_2、X_3、X_4）间存在极显著线性关系。从 4 个植株指标对 2 个氮素利用率的作用程度看，在年度间和不同氮素利用率指标间的入选植株指标有一定差异，如 X_3 在 2008 年两个回归方程和 2009 年 Y_1 回归方程中都落选，X_1 和 X_2 则未能进入 2009 年 Y_2 回归方程，但在两年合计表现为 4 个植株指标均入选相应的回归方程。表明这 4 个指标对氮肥利用效率均有较大影响，难以取舍。若同时利用以上 4 个植株指标预测氮素利用效率，固然有较高的准确性，但在实际操作上的时效性并不比现行方法（直接测植株干物重及含氮量）高。因此，实用性不强。比较这 4 个指标在氮素利用率预测中的适用性，齐穗期测叶粒比在时间上偏早，其准确率受制于长达 1 个多月的灌浆期气候变化，近而对籽粒结实和氮素利用率的影响较大；LAI 衰减指数需同时测齐穗期与成熟期 LAI，由于齐穗期与成熟期测定的是不同植株，容易产生植株选择上的可比性差异和测定误差；SPAD 值衰减指数前后两次为同一植株，不仅可比性强，而且简便易行；稻谷收获指数与现行直接测植株干物重及含氮量的方法相比，仅减少了测植株含氮率环节，相当于直接检测，方便可靠。再从这 4 个指标对氮素稻谷生产效率（Y_1）和氮收获指数（Y_2）回归方程的决定系数看，稻谷收获指数最高，SPAD 值衰减指数略比其他两个指标高（表 3-6）。

综上所述，从准确性和可操作性考虑，我们认为稻谷收获指数和 SPAD 值衰减指数均可作为单因素预测氮素利用率的重要指标。其中，稻谷收获指数可用于成型组合的品比鉴定，SPAD 值衰减指数更适合作为育种众多低代材料的初步检测。

表 3-5　氮素利用效率与齐穗后的植株指标的多元逐步回归分析

年度	回归方程	R^2	F 值	偏相关系数	t 检验值	显著水平
2008	$Y_1 = -11.77 + 20.22X_1 + 111.42X_2$ $+ 75.47X_4{}^2 - 53.34X_1 \times X_2$	0.815 4	34.240 3**	$r(y, X_1) = 0.330\,53$	1.949 9	0.049 9
				$r(y, X_2) = 0.489\,3$	3.123 4	0.003 8
				$r(y, X_4{}^2) = 0.647\,9$	4.735 3	0.000 0
				$r(y, X_1 \times X_2) = -0.438\,3$	2.715 0	0.01 06
	$Y_2 = -0.51 + 1.17X_1 + 0.17X_2$ $- 0.09X_1{}^2 + 2.56X_4{}^2 - 1.48X_1$ $\times X_4$	0.828 5	28.983 0**	$r(y, X_1)\ 0.518\,94$	3.325 1	0.002 3
				$r(y, X_2) = 0.429\,7$	2.606 6	0.013 9
				$r(y, X_1{}^2) = -0.386\,1$	2.292 4	0.028 8
				$r(y, X_4{}^2) = 0.658\,6$	4.793 6	0.000 0
				$r(y, X_1 \times X_4) = -0.571\,7$	3.816 7	0.000 6
2009	$Y_1 = -64.35 + 451.75X_2 + 142.17X_4$ $- 715.75X_2{}^2 - 69.61X_1 \times X_2$	0.691 9	17.402 2**	$r(y, X_2) = 0.530\,99$	3.488 9	0.001 4
				$r(y, X_4) = 0.528\,3$	3.464 6	0.001 5
				$r(y, X_2{}^2) = -0.497\,0$	3.188 7	0.003 2
				$r(y, X_1 \times X_2) = -0.470\,4$	2.968 4	0.005 6
	$Y_2 = 0.12 + 0.15X_3 + 0.89X_4$	0.683 6	35.640 7**	$r(y, X_3) = 0.331\,1$	2.015 8	0.051 8
				$r(y, X_4) = 0.711\,9$	5.823 0	0.000 0
合计	$Y_1 = 7.81 + 82.79X_2 + 79.33X_3{}^2$ $+ 99.24X_4{}^2 - 16.26X_1 \times X_2 -$ $121.50X_2 \times X_3$	0.682 2	28.342 2**	$r(y, X_2) = 0.299\,8$	2.553 4	0.013 0
				$r(y, X_3{}^2) = 0.311\,2$	2.659 9	0.009 8
				$r(y, X_4{}^2) = 0.530\,0$	5.077 8	0.000 0
				$r(y, X_1 \times X_2) = -0.342\,3$	2.959 2	0.004 3
				$r(y, X_2 \times X_3) = -0.243\,6$	2.040 6	0.045 2
	$Y_2 = 0.43 + 0.19X_3 + 0.11X_2{}^2$ $+ 0.60X_4{}^2 - 0.06X_1 \times X_3$	0.752 3	50.875 6**	$r(y, X_3) = 0.334\,4$	2.904 2	0.005 0
				$r(y, X_2{}^2) = 0.242\,7$	2.047 4	0.044 5
				$r(y, X_4{}^2) = 0.577\,9$	5.795 8	0.000 0
				$r(y, X_1 \times X_3) = -0.255\,3$	2.161 3	0.034 2

表 3-6　氮素利用效率与齐穗后的植株指标间的一元回归（两年合计）

回归方程	r	R^2	n
$Y_1 = -15.142x_1 + 84.492$	-0.5132^{**}	0.2634	72
$Y_1 = 37.294x_2 + 45.552$	0.6189^{**}	0.3830	72
$Y_1 = 57.582x_3 + 34.077$	0.5919^{**}	0.3503	72
$Y_1 = 168.66x_4 - 40.248$	0.7725^{**}	0.5968	72
$Y_2 = -0.0707x_1 + 0.8335$	-0.3947^{**}	0.1558	72
$Y_2 = 0.3008x_2 + 0.5988$	0.6920^{**}	0.4788	72
$Y_2 = 0.3981x_3 + 0.5374$	0.6740^{**}	0.4543	72
$Y_2 = 1.0866x_4 + 0.0713$	0.8197^{**}	0.6719	72

三、不同氮素利用率杂交组合的植株指标表现与组合类型

为了探明氮素高效利用组合的相关植株指标，根据氮素稻谷生产效率（Y_1）和氮收获指数（Y_2）各杂交组合间的极差值，分别统计出氮素利用率较高组合和较低组合，并将这两类组合相应的植株指标、产量及穗部性状的平均值列于表 3-7。从表 3-7 看出，与氮素利用率较低组合相比，高利用率组合的叶粒比较小，SPAD 值衰减指数、LAI 衰减指数、稻谷收获指数较高，有效穗数相近，两种施氮水平下表现一致。而穗部性状及产量的表现则没有规律性。因此，两种施氮水平下氮高效利用类组合的植株指标为：叶粒比 1.25～1.58cm²/spikelet，SPAD 值衰减指数 0.48～0.49、LAI 衰减指数 0.50～0.57、稻谷收获指数 0.63～0.64，有效穗 185.10 万～230.03 万/hm²。可作为选育或筛选氮高效利用杂交中稻组合的参考依据。

利用表 3-7 的高、低氮素利用率组合统计结果，进一步将供试的杂交中稻组合分为了 A、B、C、D 4 种类型（表 3-8）。A 类在施氮和不施氮下的氮素利用率均较高，属氮广适应型品种，如金优 527、特优航 1 号、D 优 202、准两优 1102、宜香优 2079；B 类在施氮条件下较高、不施氮下较低，属高氮适应型品种，如宜香优 1577、天龙优 540；C 类在高氮下较低、低氮下较高，属低氮适应型品种，如冈优 1577、Ⅱ优 084、Ⅱ优 321、冈优 725、B 优 827、Ⅱ优 7 号；D 类在施氮和不施氮下的氮素利用率均较低，属氮利用率较差型品种，如协优 527、冈优 188、川香优 8108。前 3 类可作为大面积生产相应地区的推荐品种。

表 3-7　氮素利用率不同类型组合的植株指标平均值*

年份	处理	氮效	X_1	X_2	X_3	X_4	X_5	X_6	X_7	X_8	X_9	Y_1	Y_2
2008	施氮	高	1.79	0.63	0.59	0.64	245.85	179.54	79.29	29.16	9.75	63.18	0.77
		低	2.16	0.48	0.48	0.54	245.10	169.36	82.79	29.28	9.66	52.51	0.70
	不施氮	高	1.34	0.63	0.63	0.66	190.65	191.74	85.65	28.91	9.38	76.35	0.82
		低	1.49	0.50	0.51	0.61	203.70	185.00	85.65	29.89	9.49	60.84	0.72
2009	施氮	高	1.37	0.34	0.40	0.61	214.2	175.40	82.64	28.14	8.72	51.72	0.70
		低	1.75	0.20	0.31	0.51	203.85	182.15	81.21	27.27	8.75	40.80	0.60
	不施氮	高	1.15	0.33	0.51	0.62	179.55	173.90	86.71	29.61	8.96	73.04	0.75
		低	1.24	0.31	0.40	0.59	167.25	208.37	80.71	27.75	9.01	64.37	0.72
平均	施氮	高	1.58	0.49	0.50	0.63	230.03	177.47	80.97	28.65	9.24	57.45	0.74
		低	1.96	0.34	0.40	0.53	224.48	175.76	82.00	28.27	9.21	46.66	0.65
	不施氮	高	1.25	0.48	0.57	0.64	185.10	182.82	86.18	29.26	9.17	74.70	0.79
		低	1.37	0.41	0.46	0.60	185.48	196.69	83.18	28.82	9.25	62.61	0.72

*X_5：有效穗（$\times 10^4/hm^2$），X_6：穗粒数，X_7：结实率（%），X_8：千粒重（g），X_9：产量（t/hm^2）。后同。

表 3-8　杂交中稻不同氮素利用率组合类型

年份	处理	氮效率	组合数	类别	氮效率 施氮	氮效率 不施氮	组合	类型
2008	施氮	高	5	A	高	高	金优527、特优航1号	氮广适应型
		低	7	B	高	低	宜香优1577	高氮适应型
	不施氮	高	6	C	低	高	B优827、冈优1577、II优084、II优7号	低氮适应型
		低	6	D	低	低	协优527、冈优188	
2009	施氮	高	8	A	高	高	D优202、准两优1102、宜香优2079、特优航1号	氮广适应型
		低	5	B	高	低	天龙优540	高氮适应型
	不施氮	高	7	C	低	高	II优321、冈优725、B优827	低氮适应型
		低	5	D	低	低	冈优188、川香优8108	氮效率较差型

结论：齐穗期叶粒比、齐穗至成熟期 SPAD 值衰减指数与 LAI 衰减指数和成熟期稻谷收获指数 4 个指标显著影响氮素稻谷生产效率和氮收获指数，决定系数分别为 0.6822~0.8154、0.6836~0.8285，SPAD 值衰减指数和稻谷收

获指数可分别作为预测氮素稻谷生产效率和氮收获指数的简易指标。杂交中稻氮高效利用组合的植株指标参考值：叶粒比 1.25~1.58cm²/spikelet、SPAD 值衰减指数 0.48~0.49、LAI 衰减指数 0.50~0.57、稻谷收获指数 0.63~0.64、有效穗 185.10 万~230.03 万/hm²，杂交中稻品种的氮素利用率可划分为氮广适应型、高氮适应型、低氮适应型和氮利用率较差型 4 类。

第三节　杂交中稻齐穗后叶片 SPAD 值衰减对氮素稻谷生产效率的影响

提高水稻氮肥利用效率是目前研究的热点问题。其中选育高氮肥利用率新品种将是一条重要途径，但受制于氮素利用率的鉴定方法。现有氮素利用率的鉴定方法包括两个方面，一是传统的通过测植株干物重和含氮率的直接鉴定法，如氮素运转效率、氮吸收利用率、氮素稻谷生产效率、氮生理利用率、氮素收获指数等 10 种；二是通过测植株相关生理指标的间接鉴定方法，如测与氮素利用率有显著相关性的穗颈伤流液的游离氨基酸含量、幼穗分化期谷氨酰胺合成酶活性、RuBP 羧化酶的活力和拔节期根系总吸收面积等。在氮素稻谷利用效率与植株生长特性关系方面均为定性研究。以上评价方法的难点在于必须在实验室分析完成或不能定量，直接应用于田间育种实践的可操作性不强，且在时效上十分滞后。以致目前的工作主要停留于对育成品种的氮素利用率筛选上，迫切需要创新简易评价方法。在对水稻进行遗传改良以提高其氮素吸收与利用效率时，以提高氮素的干物质或稻谷生产效率应该是遗传改良的重点。因为只有氮素的生产效率提高了，才能从根本上控制氮肥施用量和减轻施用氮肥所带来的环境污染。为此，作者于 2008—2010 年分别以 18 个杂交中稻组合为材料，研究了齐穗后叶片 SPAD 值衰减与氮素稻谷生产效率的关系，以期为杂交水稻氮肥高效利用的品种选育提供理论与实践依据。

一、叶片 SPAD 值衰减指数与氮素稻谷生产效率的关系

分析结果（图 3-1）可见，氮素稻谷生产效率与齐穗至成熟的植株叶片SPAD 值衰减指数呈极显著正相关关系，3 年的结果表现一致。表明可通过测叶片 SPAD 值衰减指数，间接地判断品种间的氮素稻谷生产效率。但年度间的决定系数有较大差异，2008 年、2009 年、2010 年分别为 0.655 6、0.622 8 和0.855 3，2010 年比前两年明显高，是因为 2008 年和 2009 年测 SPAD 值和氮稻谷生产率的植株不是同一样品，反映的是群体表现。2010 年则为定穴的相同植株样品。因此，定穴检测比群体检测的准确率更高。

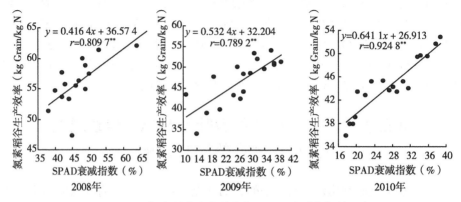

图 3-1 氮素稻谷生产效率与 SPAD 衰减指数关系

二、叶片 SPAD 值衰减指数影响氮素稻谷生产效率的原因分析

从试验结果（表3-9）可见，18个品种间的 SPAD 值、SPAD 衰减指数、地上部干物重、叶及穗含氮量、氮稻谷生产率的差异达显著或极显著水平，仅茎的含氮率差异不显著。品种间变异较大的是 SPAD 衰减指数、叶和茎的干物重，变异系数为 16.27%~25.32%；其次是成熟期 SPAD 值、穗干物重、茎含氮率、氮稻谷生产率，为 10.13%~13.20%，变异较小的是齐穗期 SPAD 值、叶和穗含氮率，仅 2.54%~7.26%。

氮素稻谷生产效率直接由植株地上部干物重及含氮率决定，叶片 SPAD 值反映的是叶绿素含量，其与叶的含氮量呈正相关（成熟期 $r=0.675\ 4^{**}$），因此会间接影响氮素稻谷生产效率。为了探明这些因素对氮素稻谷生产效率的差异性，利用表 3-9 数据对氮素稻谷生产效率进行多元逐步回归分析，分析结果表明，齐穗期和成熟期的 SPAD 值未有入选，而齐穗期至成熟期的 SPAD 值衰减指数、植株地上部干物重及含氮率与氮素稻谷生产效率间有极显著线性关系，回归方程为：$Y=79.454\ 2+0.101\ 7X_3-0.810\ 6X_4-0.277\ 7X_5+0.461\ 4X_6-2.739\ 7X_7-9.615\ 5X_8-21.838\ 3X_9$，$R^2=0.999\ 0$，$F=340.27^{**}$，$P=0.000\ 0$。各因素（$x$）对氮素稻谷生产效率（$y$）的偏相关系数达显著或极显著水平（表3-10），表明这些因素均对氮素稻谷生产效率有重要作用。从决定系数看，SPAD 值衰减指数（X_3）在考查因子中表现最高，达 85.33%。因此，利用齐穗至成熟的叶片 SPAD 值衰减指数预测氮素稻谷生产效率具有较高的可行度。究其原因，SPAD 值衰减指数越大，LAI 衰减指数也越多（图3-2），地上部干物质向穗部运转比例越高（图3-3）；在稻谷收获指数=籽粒重/籽粒重+茎叶重和氮素稻谷生产效率=籽粒重/（籽粒重×含氮率+茎叶重×含氮率）的计算公式中，二者分子相同，不同之处是后者分母要乘以含氮率，而品种间茎、叶的干物重变异明显比含氮率变异大（表3-9），与前人研究结果相符[16]，以至氮素稻谷生产效率与收获指数呈极显著正相关（图3-4）。因此，最终导致氮素稻谷生产效率与SPAD值衰减指数呈极显著正相关关系（图3-1）。

表3-9　18个品种的SPAD值、地上植株干物质重、含氮率及氮稻谷生产率（2010）

品种	SPAD值		SPAD衰减指数 X_3（%）	成熟期干物质重（g/hill）			含氮率（%）			氮稻谷生产率 Y
	齐穗期 X_1	成熟期 X_2		叶 X_4	茎 X_5	穗 X_6	叶 X_7	茎 X_8	穗 X_9	
天龙优540	39.65	32.64	17.68	9.50	20.11	24.45	2.03	0.77	1.37	35.91
渝香203	39.75	29.42	25.99	9.75	21.38	36.35	2.14	0.63	1.27	45.30
川香317	41.88	30.09	28.15	9.92	22.85	35.90	1.95	0.61	1.34	44.27
川农优527	39.49	25.29	35.96	9.13	23.33	43.40	1.73	0.64	1.34	49.49
川农优498	41.56	27.56	33.69	9.73	19.97	38.50	1.94	0.54	1.26	49.45
协优027	40.01	27.38	31.57	11.05	26.17	38.47	1.99	0.53	1.33	44.05
D香707	41.47	25.41	38.73	8.82	18.98	46.90	1.76	0.59	1.32	52.83
泸优5号	40.78	31.26	23.34	11.35	26.07	43.60	1.95	0.61	1.34	45.15
川香8108	40.68	26.70	34.37	10.50	20.00	45.58	1.67	0.60	1.36	49.60
辐优6688	40.03	27.87	30.38	12.22	27.38	45.28	1.80	0.58	1.38	45.19
宜香907	43.15	34.84	19.26	12.72	26.29	33.79	1.94	0.66	1.39	37.88
中优31	41.69	32.54	21.95	11.17	25.42	43.00	2.12	0.68	1.38	42.85
Ⅱ优838	40.86	32.75	19.85	15.22	32.02	43.12	2.04	0.68	1.33	39.07
德香4103	41.72	33.23	20.35	10.78	22.68	42.40	2.16	0.79	1.33	43.44
Z优272	39.43	28.67	27.29	9.22	19.82	38.19	2.03	0.69	1.46	43.67
蓉稻415	41.88	26.03	37.85	8.08	17.22	39.80	1.96	0.66	1.25	51.67
川香9838	40.65	33.08	18.62	13.75	27.63	38.81	2.12	0.81	1.32	37.88
冈优198	41.63	29.57	28.97	9.87	25.20	40.32	1.97	0.69	1.39	43.45
平均值	40.91	29.69	27.44	10.71	23.47	39.95	1.96	0.65	1.34	44.51
CV（%）	2.54	10.13	25.32	17.03	16.27	13.20	7.26	12.09	3.80	10.82
方差分析 F 值	6.69 **	73.09 **	36.78 **	4.79 **	2.72 **	2.43 **	1.95 *	1.61	1.88 *	6.43 **

表3-10　SPAD值、地上植株干物质重及含氮率对氮稻谷生产率的偏相关分析（2010）

偏相关项	R^2	偏相关系数	t 值	显著水平
$r(y, X_3)$	0.855 3	0.578 13	2.240 60	0.046 65
$r(y, X_4)$	0.395 3	-0.851 42	5.133 37	0.000 33
$r(y, X_5)$	0.335 6	-0.811 13	4.385 72	0.001 09
$r(y, X_6)$	0.354 4	0.982 19	16.531 99	0.000 00
$r(y, X_7)$	0.348 7	-0.576 61	2.231 77	0.047 38
$r(y, X_8)$	0.363 9	-0.846 64	5.030 89	0.000 38
$r(y, X_9)$	0.173 1	-0.938 40	8.587 64	0.000 00

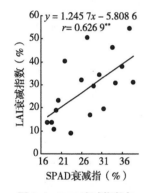

图3-2　LAI 衰减指数与
SPAD 衰减指数的关系

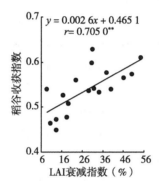

图3-3　稻谷收获指数
与 LAI 衰减指数的关系

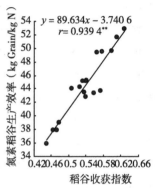

图3-4　氮素稻谷生产效
率与稻谷收获指数的关系

三、利用叶片 SPAD 值衰减指数预测氮素稻谷生产效率的准确率验证

为了验证 SPAD 值衰减指数和稻谷收获指数预测氮稻谷生产效率的可靠性，2010 年以 18 个杂交中稻组合为材料，进一步研究齐穗后叶片 SPAD 值衰减指数和稻谷收获指数与稻谷生产效率的关系。试验结果（表3-11）表明，齐穗至成熟期的叶片 SPAD 值衰减指数、稻谷收获指数和氮稻谷生产率在 18 个杂交中稻组合间的差异均达极显著水平，SPAD 值衰减指数和稻谷收获指数分别与氮稻谷生产率呈极显著正相关。从表3-12 看出，与对照 13 号组合Ⅱ优 838 相比较，从绝对值看，3 个指标都表现有相同的 14 个组合比 CK 高，3 个相同组合比 CK 低，其中，列前 3 位和后 3 位的组合顺序号完全相同。再从多重比较的差异性看，SPAD 值衰减指数、稻谷收获指数和氮稻谷生产效率比

CK 显著增加的组合分别为 11 个、11 个和 9 个。其中，SPAD 值衰减指数与氮稻谷生产效率表现比 CK 显著增加的组合中相同组合为 8 个，占氮稻谷生产效率表现比 CK 显著增加组合数的 88.89%；稻谷收获指数与氮稻谷生产效率表现比 CK 显著增加的组合中相同组合为 7 个，占氮稻谷生产效率表现比 CK 显著增加组合数的 77.78%。说明齐穗至成熟期 SPAD 值衰减指数和稻谷收获指数分别与氮稻谷生产率相关程度极高，与 18 个组合的差异表现也与氮稻谷生产率的吻合度较高。因此，利用齐穗至成熟期 SPAD 值衰减指数和稻谷收获指数作为鉴定氮稻谷生产率的间接指标可行，而且可操作性较强。

表 3-11　18 个杂交组合叶片 SPAD 值衰减指数、稻谷收获指数和氮稻谷生产率表现

品种编号及名称	SPAD 值衰减指数（%）	稻谷收获指数	氮稻谷生产率（kg Grain/kg N）
1. 天龙优 540	17.70	0.448 2	35.91
2. 渝香 203	25.92	0.540 3	45.30
3. 川香 317	28.12	0.525 5	44.27
4. 川农优 527	35.95	0.576 4	49.49
5. 川农优 498	33.67	0.563 9	49.45
6. 协优 027	31.56	0.507 6	44.05
7. D 香 707	38.72	0.627 9	52.83
8. 泸优 5 号	23.34	0.538 8	45.15
9. 川香 8108	34.36	0.598 3	49.60
10. 辐优 6688	30.37	0.532 7	45.19
11. 宜香 907	19.25	0.464 3	37.88
12. 中优 31	21.93	0.539 6	42.85
13. Ⅱ优 838	19.84	0.477 5	39.07
14. 得香 4103	20.42	0.558 6	43.44
15. Z 优 272	27.29	0.572 4	43.67
16. 蓉稻 415	37.83	0.610 3	51.67
17. 川香 9838	18.59	0.472 0	37.88
18. 冈优 198	28.96	0.535 3	43.45
组合间方差分析 F 值	36.778 **	8.045 **	6.428 **
与氮稻谷生产率的相关系数	0.924 7 **	0.939 4 **	

表 3-12　多重比较的差异显著性

SPAD 均值衰减指数（%）			收获指数			氮稻谷生产率 (kg Grain/kg N)		
品种编号	均值	显著水平	品种编号	均值	显著水平	品种编号	均值	显著水平
7	38.72*	a	7	0.627 93*	a	7	52.83*	a
16	37.83*	a	16	0.610 30*	ab	16	51.67*	a
4	35.95*	ab	9	0.598 27*	ab	9	49.60*	ab
9	34.36*	bc	4	0.576 43*	abc	4	49.49*	ab
5	33.68*	bcd	15	0.572 37*	abc	5	49.45*	ab
6	31.56*	cde	5	0.563 87*	bcd	2	45.30*	bc
10	30.37*	def	14	0.558 60*	bcd	10	45.19*	bc
18	28.96*	efg	2	0.540 27*	cd	8	45.15*	bc
3	28.12*	efg	12	0.539 60*	cd	3	44.27*	bc
15	27.29*	fg	8	0.538 43*	cd	6	44.05	bcd
2	25.92*	gh	18	0.535 33*	cd	15	43.67	bcd
8	23.34	hi	10	0.532 70*	cde	18	43.45	bcd
12	21.93	ij	3	0.525 50*	cdef	14	43.44	bcd
14	20.36	ijk	6	0.507 60*	defg	12	42.85	cd
13（CK）	19.84	ijk	13	0.477 47*	efgh	13	39.07	de
11	19.25	jk	17	0.472 00*	fgh	11	37.88	de
17	18.59	jk	11	0.464 33*	gh	17	37.88	de
1	17.70	k	1	0.448 17*	h	1	35.91	e

结论：氮素稻谷生产效率与齐穗至成熟的植株叶片 SPAD 值衰减指数呈极显著正相关关系。究其原因，SPAD 值衰减指数越大，LAI 衰减指数也越大，地上部干物质向穗部运转比例越高，以至氮素稻谷生产效率与收获指数呈极显著正相关，建立了利用 SPAD 值衰减指数预测氮素稻谷生产效率的新方法。

第四节　叶片叶绿素含量受氮素影响的敏感时期与敏感叶位

确定诊断水稻氮素营养状况的时机及指示叶是实地氮肥管理的首要目标。叶绿素计 SPAD 值用来诊断水稻氮素营养状况具有快速、简便和无损的特点，但其诊断精度受水稻品种、生育时期、测定叶位、测定叶片的点位、生态环境的影响且存在不同观点。因此，作者首次在川东南冬水田生态条件下，研究了杂交中稻本田生长期叶片叶绿素含量（SPAD 值）受氮营养影响的敏感时期及主要生育期的敏感叶位。

一、叶片叶绿素含量（SPAD 值）受氮素影响的敏感时期

从试验结果（表3-13）看出，同一品种相同氮肥处理本田不同时期间叶片的 SPAD 值差异达极显著水平（F 值达 57.66** ~147.11**），II优7号和冈优 188 施氮处理的 SPAD 值平均比 CK 高 2.93、2.79，差异极显著（F 值分别为 4.61**、2.93**），变异系数施氮处理却分别比 CK 低 6.13 和 10.03 个百分点，表明施氮能显著提高整个本田生长期叶片的叶绿素含量，但缩小了各时期间叶绿素含量的差距。施氮处理与 CK 间的叶片叶绿素含量的差距，在各个时期的表现不一致。其中栽秧后第 7~28d（分蘖期）、第 49d（最高苗期）、第 63~77d（拔节-抽穗期）和第 98~112d（籽粒灌浆结实中后期）施氮处理比 CK 的 SPAD 值显著提高，其余时期对叶片叶绿素含量的影响不显著。从施氮与 CK 叶片 SPAD 值的差值大小看，呈"两头大中间小"的态势，即分蘖初期和籽粒灌浆结实期大，其余时期较小（图3-5）。

表 3-13 本田不同时期叶片叶绿素含量（SPAD 值）变化情况

栽后 (d)	II优7号				冈优188			
	施氮	CK	施氮-CK	t 检验值	施氮	CK	施氮-CK	t 检验值
7	26.10	20.62	5.48	2.78*	27.24	16.98	10.26	7.81**
14	38.02	28.96	9.06	5.08**	36.60	26.76	9.84	8.51**
21	40.90	36.14	4.76	5.28**	37.68	33.92	3.46	4.08**
28	43.88	41.06	2.82	2.69*	40.54	38.74	1.80	2.23*
35	42.80	41.48	1.32	1.03	42.52	41.16	1.36	1.50
42	42.26	41.68	0.58	0.59	42.66	41.48	0.98	1.26
49	42.88	40.06	2.82	2.67*	42.86	40.48	2.38	2.47*
56	42.94	41.86	1.08	1.58	42.90	42.72	0.18	0.17
63	42.00	40.54	1.46	2.17	42.10	39.04	3.06	2.51*
70	41.92	39.52	2.40	2.99*	42.48	39.72	2.76	2.41*
77	41.00	37.88	3.12	2.80*	39.80	39.04	0.76	0.45
84	40.20	38.46	1.74	2.04	40.06	39.54	0.52	0.71
91	39.76	39.10	0.56	1.84	39.36	39.38	-0.02	0.03
98	36.47	34.12	2.25	2.62*	36.60	34.18	2.42	2.44*
105	32.62	28.42	4.20	4.29**	31.70	28.02	3.68	3.79**
112	25.10	18.56	6.54	13.33**	23.84	15.26	8.58	7.86**

（续表）

栽后 (d)	Ⅱ优7号				冈优188			
	施氮	CK	施氮-CK	t 检验值	施氮	CK	施氮-CK	t 检验值
均值	38.89	35.96	2.93	4.61**	38.08	35.29	2.79	2.93**
CV（%）	14.84	20.97	84.15		14.72	24.75	133.71	
F 值	57.66**	147.11**			77.89**	101.84**		

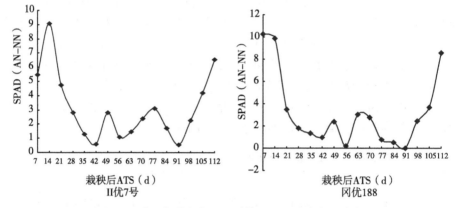

图3-5　本田期施氮与 CK 叶片 SPAD 差值变异动态

由于冬水田区水稻氮肥传统施用技术采用的是重底早追法，其中追肥（分蘖肥）的施用量对提高产量及氮肥利用率十分重要。因此，进一步测定了栽秧后第7~35d施氮与CK秧苗叶片的SPAD值变化情况。测定结果表明（图3-6），Ⅱ优7号和冈优188分别于栽秧后第9~15d、第7~15d，施氮处理与CK间的SPAD值差值较大，尤以栽秧后第9、第11d的差值更大，Ⅱ优7号和冈优188的差值分别为12.54~12.76、12.06~13.34。所以栽秧后第9~11d应为测苗确定蘖肥施氮量的最佳时期。

二、叶片叶绿素含量（SPAD值）受氮素影响的敏感叶位

试验结果（表3-14）表明，各叶位叶片的叶绿素含量（SPAD值）受氮素影响的敏感度各异，但存在一定的规律性，均表现为越下部的叶片受氮素影响的敏感度越大。18个杂交组合施氮与CK的SPAD值的平均差值，最高苗期顶1、顶2、顶3和顶4全展叶分别为1.72、2.07、2.44、3.65，齐穗期分别为0.50、1.86、3.12、5.78，两个时期表现趋势一致。因此，顶4叶是反映植株氮素状况最好的指示叶。

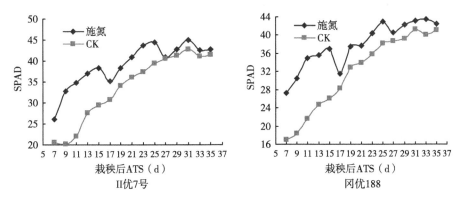

图3-6　分蘖期施氮与CK处理间叶片叶绿素含量（SPAD值）比较

从相同氮肥处理不同叶位间叶绿素含量（SPAD值）的比较而言，两个测定时期表现各异。18个杂交组合总体表现为，最高苗期施氮处理顶3与顶2差异不显著，分别比顶4、顶1极显著高，顶4比顶1极显著高；CK处理顶2与顶3差异不显著，顶4与顶1差异不显著，但顶2与顶3均分别显著高于顶4和顶1。齐穗期施氮处理顶3分别与顶4、顶1差异极显著，与顶2不显著，顶1最低；CK处理顶1、顶2、顶3间差异不显著，较高，顶4最低。

表3-14　施氮对不同叶位叶片SPAD值的影响

叶位	最高苗期				齐穗期			
	施氮	CK	施氮-CK	t测验值	施氮	CK	施氮-CK	t测验值
顶1叶	42.29cC	40.57cC	1.72cC	8.17**	39.92cC	39.42aA	0.50dD	1.73
顶2叶	44.83aA	42.76aA	2.07bcBC	7.87**	41.23abAB	39.37aA	1.86cC	5.82**
顶3叶	45.20aA	42.76aA	2.44bB	10.51**	41.73aA	38.61abAB	3.12bB	10.00**
顶4叶	44.19bB	40.54cC	3.65aA	12.00**	40.90bB	35.12cC	5.78aA	13.06**
平均	44.11bB	41.63bB	2.48bB	12.77**	40.95bB	38.13bB	2.82bB	11.90**

注：表中数据为18个杂交中稻组合的平均值；同列数据后含相同大、小写字母者分别表示在0.01和0.05水平上差异不显著，余同。

结论：本田叶片叶绿素含量（SPAD值）受氮素影响的敏感时期有分蘖期、最高苗期、拔节-抽穗期和籽粒灌浆结实中后期，施氮与CK叶片SPAD值的差值表现为分蘖初期和籽粒灌浆结实期大，其余时期较小。其中栽秧后第9~11d秧苗叶绿素含量受土壤氮素影响最为敏感，可作为测苗确定蘖肥施氮量的最佳时期。各叶位叶片的叶绿素含量（SPAD值）受氮素影响的敏感度表现为越下部的叶片受氮素影响的敏感度越大，顶4叶是反映植株氮素状况最好的指示叶。增施氮肥使最高苗期各叶位间的 SPAD 差值增大，而齐穗期则减小。

第五节　叶片 SPAD 值的田间测定操作方法

作者于 2009 年以杂交中稻天龙优 540 为材料，利用（SPAD-502）叶绿素计，研究诊断水稻氮素营养在不同时期选择穴数、茎类及每一叶位具体测定点数的差异性。试验结果如下。

一、不同时期不同叶位间的 SPAD 值差异

从试验结果（表 3-15）可见，最高苗期主茎、分蘖Ⅰ、分蘖Ⅱ、分蘖Ⅲ表现为顶 2、顶 3、顶 4 叶间差异不显著，顶 1 叶与顶 2、顶 3、顶 4 叶中至少有一叶差异显著。齐穗期时，主茎的顶 1~顶 3 叶 SPAD 值均无显著差异，顶 4 叶与其他叶位有极显著差异，而分蘖茎中顶 1~顶 4 叶位 SPAD 值均无显著差异。这就说明，在齐穗期主茎取顶 1~顶 3 叶中任一叶位及顶 4 叶位，作为测量叶，各分蘖茎取顶 1 至顶 4 叶中任一叶位作为测量叶进行测量均可具有代表性。综合考虑，最高苗期和齐穗期测顶 1 叶和顶 4 叶具有较好的代表性。

表 3-15　相同茎类不同叶位 SPAD 值比较

叶位	最高苗期				齐穗期			
	主茎	分蘖Ⅰ	分蘖Ⅱ	分蘖Ⅲ	主茎	分蘖Ⅰ	分蘖Ⅱ	分蘖Ⅲ
顶 1 叶	38.91B	39.45bc	39.70B	39.22B	40.11A	39.48a	39.14a	39.13a
顶 2 叶	41.16AB	42.99ab	41.78AB	42.09AB	40.88A	40.17a	39.60a	40.23a
顶 3 叶	45.64A	44.13a	44.59A	45.15A	41.54A	40.03a	40.51a	41.25a
顶 4 叶	44.99AB	43.36ab	42.06AB	44.59A	34.57B	38.65a	38.56a	37.82a

二、不同时期不同穴相同叶位的 SPAD 值差异

研究结果（表 3-16）表明，最高苗期，顶 2 叶位有 3 穴间差异不显著，仅有 1 穴与其余 3 穴间差异显著；顶 1 叶位、顶 3 叶位、顶 4 叶位不同穴之间平均 SPAD 值差异不显著。这就表明，在最高苗期时至少需取 2 穴以上测定顶 2 叶位 SPAD 值，而测定顶 1 叶位、顶 3 叶位、顶 4 叶位 SPAD 值时取一穴，得到的 SPAD 值即可具有代表性。齐穗期顶 1 叶位有 3 穴间差异不显著，仅有 1 穴与其余 3 穴间差异显著；顶 2 叶位~顶 4 叶位不同穴之间平均 SPAD 值差异不显著。这就表明，在齐穗期时至少需取 2 穴以上测定顶 1 叶位 SPAD 值，

而测定顶 2 叶位~顶 4 叶位 SPAD 值时取一穴，得到的 SPAD 值即可具有代表性。

综上所述，在稻田一个点位，最高苗期和齐穗期测 4 穴即可具有代表性。

表 3-16　不同穴相同叶位 SPAD 值比较

穴序	最高苗期				齐穗期			
	顶 1 叶	顶 2 叶	顶 3 叶	顶 4 叶	顶 1 叶	顶 2 叶	顶 3 叶	顶 4 叶
第 1 穴	38.85a	39.25b	44.7a	43.91a	37.15b	39.12a	40.20a	39.45a
第 2 穴	39.77a	43.04a	46.08a	44.45a	39.75ab	40.47a	40.82a	38.10a
第 3 穴	38.26a	40.84ab	43.60a	43.46a	41.15a	41.17a	40.82a	36.85a
第 4 穴	40.39a	41.89ab	45.06a	43.19a	39.80ab	40.11a	41.47a	35.21a

三、不同时期相同穴不同茎（主茎与分蘖茎）相同叶位 SPAD 值间的差异分析

从试验结果（表 3-17）看出，最高苗期相同叶位不同茎类之间 SPAD 值差异呈极显著或显著。其中，这些差异性有的存在于主茎与分蘖茎之间，有的存在于各分蘖茎之间。这就说明，最高苗期取样时同一穴内需要取主茎和至少 3 个分蘖茎进行测定，不论是顶 1 叶位~顶 4 叶位，得到的平均值才具有代表性。此结果在其他 3 个定点穴中均得到证实，在此不作赘述。齐穗期相同穴不同茎（主茎与分蘖茎）相同叶位，不管是顶 1 叶位~顶 4 叶位，相同叶位不同茎类之间 SPAD 值差异呈极显著或显著，其中，这些差异性均存在于主茎与分蘖茎之间，各分蘖茎之间差异并不显著。表明齐穗期取样时每穴内只需取一个主茎和任一分蘖茎进行测定，不论是顶 1 叶位~顶 4 叶位，得到的平均值即可具有代表性。此结果在其他 3 个定点穴中均得到证实，在此不作赘述。

表 3-17　不同茎（主茎与分蘖茎）相同叶位 SPAD 值比较（第 1 穴）

茎类	最高苗期				齐穗期			
	顶 1 叶	顶 2 叶	顶 3 叶	顶 4 叶	顶 1 叶	顶 2 叶	顶 3 叶	顶 4 叶
主茎	37.81b	37.83C	43.46B	42.18b	39.36A	41.07A	39.67a	33.33B
分蘖 I	38.90ab	38.07BC	45.49AB	44.00ab	37.08B	37.53B	40.08a	38.42A
分蘖 II	38.82ab	41.78A	43.91B	43.91ab	36.50B	39.23AB	41.22a	39.52A
分蘖 III	39.89a	39.31B	46.13A	45.57a	35.68B	38.65B	39.83a	36.13AB

四、相同叶位不同测量点间 SPAD 值的差异

研究结果表明。① 最高苗期时各点的 SPAD 分布情况及差异分析的研究结果表明（图 3-7），顶 1 叶位和顶 4 叶位的测量点间 SPAD 值无显著差异，而顶 2 叶位和顶 3 叶位的测量点间 SPAD 值存在显著或极显著差异（表 3-

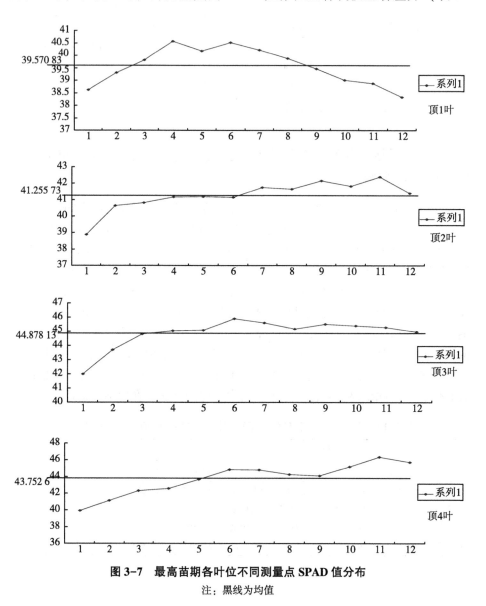

图 3-7 最高苗期各叶位不同测量点 SPAD 值分布

注：黑线为均值

18）。由图 3-8 可知，顶 2~顶 4 叶位，以第 5 测量点较稳定，且更接近均值，所以更适合作为测量位点。顶 1 叶位中，第 9 测量点更接近均值，更适合作为测量位点。② 结合图 3-8 齐穗期不同叶位 12 个测量点 SPAD 分布情况及表 3-16 的研究结果表明，不论是顶 1 叶位~顶 4 叶位，测量点间 SPAD 值均存在极显著差异，且第 1 和第 2 测量点 SPAD 值均是较低的。叶片中部的 SPAD 值均较高且不稳定，并不代表其均值，所以并不适合作为测量点。这与贾良良等的研究结果不太一样。由图 3-8 可知，顶 1~顶 3 叶位中，以第 10 测量点较稳定，且更接近均值，所以更适合作为测量位点。顶 4 叶位中，第 5 测量点更接近均值，更适合作为测量位点。

表 3-18　相同叶位不同测量点 SPAD 值比较

位点	最高苗期				齐穗期			
	顶 1 叶	顶 2 叶	顶 3 叶	顶 4 叶	顶 1 叶	顶 2 叶	顶 3 叶	顶 4 叶
1	38.63a	38.89b	42.00B	39.95a	37.39B	36.41E	37.00C	28.56C
2	39.31a	40.64ab	43.69AB	41.14a	37.59AB	38.169DE	39.01BC	32.22BC
3	39.81a	40.82ab	44.81AB	42.33a	39.54AB	40.09ABCD	41.60AB	35.89AB
4	40.58a	41.17ab	45.06AB	42.60a	39.86AB	41.52ABC	42.97A	36.78AB
5	40.18a	41.18ab	45.09AB	43.69a	39.76AB	41.57ABC	42.48A	37.46AB
6	40.53a	41.16ab	45.91A	44.84a	40.88A	42.16A	41.39AB	38.64AB
7	40.23a	41.76ab	45.61A	44.81a	40.66AB	41.85AB	41.06AB	39.94A
8	39.88a	41.66ab	45.18AB	44.24a	40.21AB	41.35ABC	41.32AB	39.90A
9	39.47a	42.16a	45.51A	44.12a	39.842AB	41.39ABC	41.05AB	39.19A
10	39.02a	41.83ab	45.41A	45.192a	39.57AB	40.19ABCD	40.77AB	39.55A
11	38.882a	42.39a	45.29AB	46.362a	38.97AB	39.20BCDE	40.92AB	39.62A
12	38.34a	41.39ab	44.98AB	70.282a	39.29AB	38.74CDE	40.392ABC	41.08A

结论：为了更准确反映叶片叶绿素状况，又尽可能减少测量时的人耗。综合以上研究结果，将测 SPAD 值的田间操作方法确定为：每个材料在同一个田间位置，选定连续测 4 穴，每穴测 1 个主茎和 3 个分蘖茎，每茎测顶 1 叶和顶 4 叶，每片叶测中部、下部 1/3 和上部 1/3，取均值。

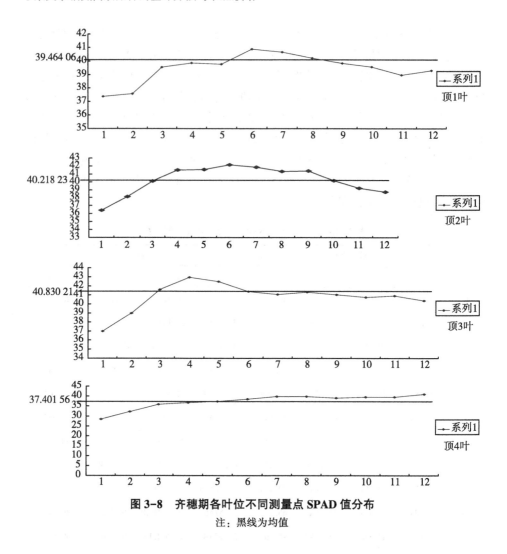

图 3-8　齐穗期各叶位不同测量点 SPAD 值分布

注：黑线为均值

第六节　利用 SPAD 值衰减指数和稻谷收获指数
鉴定氮素利用效率的应用方法

　　SPAD 值衰减指数和稻谷收获指数均可用于预测氮素利用效率，但在应用上应各有侧重。SPAD 值衰减指数方法的特点是快速简便，适宜于杂交育种低代大量材料的初步检测；稻谷收获指数法的可靠性较高，但操作上不如前者方便，更适用于少量成型组合的鉴定。由于杂交中稻组合的氮素利用率有 4 种类型，应同时在高、低两种稻田肥力下鉴定，其结果会更全面并有利于品种在示范、推广中的区域布局和因种施肥。

具体操作上，在拟测试品种中需加入当地对照品种，如区试对照种。每个品种设 3 个重复，每重复栽 30 穴。齐穗期试验的每个小区选平均有效茎数的稻株 4 穴，挂塑料牌作标记，分别于齐穗期和成熟期用日本 MINOLTA 生产的 SPAD-502 型叶绿素计。测 SPAD 值的田间操作方法确定为：每个材料每次重复在同一个田间位置，选定连续测 4 穴，每穴测 1 个主茎和 3 个分蘖茎，每茎测顶 1 叶和顶 4 叶，每片叶测中部、下部 1/3 和上部 1/3，取均值。

考虑到品种的氮素利用效率还受土壤、生态条件及栽培措施等多因素的影响，因此，不能直接根据测定数据的绝对值确定其氮素利用率的高低或分级，还应通过对测定结果进行方差分析，测定值比对照品种的氮素稻谷生产率显著增加的品种为氮高效率品种，反之为氮低效率品种。

参考文献

[1] 徐富贤，熊洪，谢戎，等．水稻氮素利用效率的研究进展及其动向 [J]．植物营养与肥料学报，2009，15（5）：1215-1225．

[2] 徐富贤，熊洪，张林，等．杂交中稻氮素利用效率的简易评价指标研究 [J]．西南农业学报，2010，23（5）：1551-1558．

[3] 徐富贤，张林，万绪奎，等．杂交中稻氮肥农学利用率与植株地上部农艺性状关系研究 [J]．杂交水稻，2008，23（6）：58-64．

[4] 徐富贤，熊洪，张林，等．杂交中稻氮肥高效利用与高产组合的植株形态特征研究 [J]．中国农学通报，2011，（5）：58-64．

[5] 徐富贤，张林，张乃周，等．杂交中稻氮素稻谷生产效率与组合间植株性状关系研究 [J]．中国稻米，2011，（2）：19-23．

[6] 张林，熊洪，徐富贤，等．杂交中稻植株性状对氮素的响应及其与氮效率的关系 [J]．中国稻米，2010，16（1）：30-35．

[7] 徐富贤，熊洪，张林，等．施氮对冬水田杂交中稻本田生长期叶片叶绿素含量的影响 [J]．杂交水稻，2012，27（2）：66-70．

[8] 郭晓艺，熊洪，徐富贤，等．杂交中稻叶片 SPAD 值的田间测定方法研究 [J]．中国稻米，2010，16（5）：16-20．

第四章　氮高效利用技术与品种库源特征关系

第一节　杂交中稻组合对冬水田不同栽培模式的适应性

近几年我国水稻生产高产典型层出不穷，但无一不是通过良种与良法配套而实现的。不同生态地区水稻高产栽培对品种的要求各异，如穗数型品种适宜于冬水田强化栽培，穗型中等偏大、分蘖力中等偏上的组合适宜于两季田的三角形强化栽培。国家和各省每年均有较多水稻新品种审定后投入生产，进行新品种的高产配套技术研究已成为栽培工作者的常态化工作。由于新品种太多，无法对所有新品种都进行其高产配套技术研究。因此，针对某一特定生态条件开展水稻品种间共性高产技术研究无疑具有费省效宏的现实意义。

四川盆地丘陵河谷地区，因夏旱及高温伏旱频繁，加之水利设施差，稻田有效灌溉面积极少，以致冬水（闲）田长期维持在 100 万~130 万 hm^2，其中年种一季杂交中稻（或再生稻）的单一粮食生产模式占90%左右。该区水稻生长季节的气候特点是前期多阴雨寡照或夏旱频繁，后期则有规律性的高温伏旱，致使水稻成穗率极低，高产适宜的叶面积指数不高，籽粒灌浆期高温逼熟，制约了这一地区水稻的产量潜力。作者先期对众多良种的因种高产技术研究认为，品种间高产栽培技术的差异主要表现在本田施肥量和栽秧密度上。目前，冬水田区水稻生产上杂交中稻本田栽培主要有高密低肥、中密中肥和低密高肥 3 种栽培模式，究竟何种栽培模式更适合本生态区尚无定论，迄今也未见水稻品种对本田不同栽培模式适应性的研究报道。因此，作者以 20 个近两年审定的不同类型杂交中稻新品种为材料，研究其对高密低肥、中密中肥和低密高肥 3 类栽培模式的互作关系，试图探明不同类型栽培模式的适宜杂交组合类型，以期为水稻高产栽培提供理论与实践依据。

一、20 个杂交组合在 3 种栽培模式下的产量及相关性状比较

从试验结果（表4-1）可见，分别在高密低肥、中密中肥和低密高肥栽

培模式下，20个杂交组合间的产量及其库源性状差异达极显著水平，品种间库源性状变异较大的有粒叶比、有效穗和穗粒数，而反映叶绿素含量的叶片SPAD值的变异最小。20个品种在3种栽培模式下的方差分析结果（表4-2）显示，栽培模式间的结实率差异不显著，而LAI、SPAD值、粒叶比、有效穗数、穗粒数和千粒重差异极显著，高密低肥与中肥中密和低密高肥相比，20个杂交组合平均值LAI分别增加7.70%和13.54%，SPAD值分别降低3.82%和6.58%，粒叶比分别下降11.31%和14.33%。有效穗分别增加3.99%和12.88%，千粒重分别增加1.52%和2.91%，穗粒数分别大幅减少9.40%和17.59%，以致库容量（颖花量×千粒重）则表现为中肥中密（10 233.6kg/hm²）>低密高肥（9 997.1kg/hm²）>高密低肥（9 835.6kg/hm²）。虽然3种栽培模式间平均结实率差异不显著，但总趋势表现为高密低肥>中肥中密>低密高肥，最终产量也表现为高密低肥>中肥中密>低密高肥。因此，如何提高中肥中密和低密高肥2种栽培模式的结实率和千粒重是发挥其产量潜力的重要途径。

表4-1　20个杂交组合在3种栽培模式下的库源性状与产量表现

性状	LAI	SPAD值	粒叶比（spikelets/cm²）	有效穗（×10⁴/hm²）	穗粒数	结实率（%）	千粒重（g）	产量（kg/hm²）
高密低肥								
最小值	5.66	39.58	0.404	161.85	136.24	69.42	24.58	6 992.7
最大值	7.29	43.12	0.768	245.97	224.32	91.24	33.81	9 498.4
平均值	6.71	41.04	0.502	191.59	175.82	81.01	29.32	8 484.4
CV（%）	7.23	2.21	15.93	10.04	12.92	7.46	8.38	7.94
F值	6.63**	6.30**	8.30**	7.34**	9.80**	7.61**	59.55**	9.95**
中密中肥								
最小值	5.20	40.81	0.464	142.25	148.57	68.86	24.11	6 734.6
最大值	7.10	44.08	0.814	219.06	246.61	86.88	33.33	8 872.7
平均值	6.23	42.68	0.566	184.24	191.83	80.89	28.88	8 314.9
CV（%）	8.43	2.13	13.36	11.17	13.53	5.70	8.29	7.20
F值	5.54**	9.54**	4.00**	4.88**	5.19**	3.09**	39.73**	5.45**
低密高肥								
最小值	5.15	41.64	0.451	132.08	141.00	69.10	24.55	6 765.8
最大值	6.53	45.74	0.722	215.71	248.96	88.97	32.03	8 737.7
平均值	5.91	43.93	0.586	170.23	208.99	79.82	28.49	7 943.1
CV（%）	5.31	2.64	11.53	12.89	13.71	7.47	7.99	6.43
F值	3.76**	10.37**	1.91**	5.47**	3.77**	4.01**	11.30**	5.05**

＊和＊＊分别表示0.05和0.01水平上显著。下同。

表4-2　20个杂交组合在3种栽培模式间的库源性状与产量比较

性状	LAI	SPAD值	粒叶比（spikelets/cm²）	有效穗（×10⁴/hm²）	穗粒数	结实率（%）	千粒重（g）	产量（kg/hm²）
高密低肥	6.71a	41.04c	0.502b	191.59a	175.81c	81.01a	29.32a	8 484.4a
中密中肥	6.23b	42.67b	0.566a	184.24b	192.33b	80.59a	28.88b	8 314.9a
低密高肥	5.91c	43.93a	0.586a	169.73c	206.74a	79.82a	28.49c	7 943.1b
F值	87.17**	364.3**	24.91**	33.00**	186.74**	0.91	14.91**	28.22**

注：在同一列中有相同字母表示在0.05水平差异不显著。下同。

就20个杂交组合间的产量差异而言（表4-3），通过欧式最短距离法聚类，将20个杂交组合的产量水平分为6类，其中Ⅰ类的1个、Ⅱ类6个和Ⅲ类的前4个，共11个杂交组合的产量变幅为8 303.7～8 977.1kg/hm²，差异不显著。以上结果表明，这11个杂交组合在这3种栽培模式下均可获得较高的产量水平，可谓冬水田地区的广适性品种。

表4-3　3种栽培模式下20个杂交组合的库源性状与产量均值分类

杂交组合	LAI	SPAD值	粒叶比（spikelets/cm²）	有效穗（×10⁴/hm²）	穗粒数	结实率（%）	千粒重（g）	产量（kg/hm²）
Ⅰ类								
川香优506	6.23cde	42.27b	0.568bcde	152.82hi	232.52a	77.72ghijk	31.56bc	8 977.1a
Ⅱ类								
天优华占	5.57fg	43.66a	0.756a	226.91a	185.27cde	84.15bcde	24.41n	8 763.9ab
绵优725	6.13e	42.42b	0.592bcd	176.83defg	204.85bc	88.29ab	26.26kl	8 737.0ab
国杂3号	6.71ab	42.23b	0.586bcd	195.24bc	203.26bcd	82.52defg	25.58lm	8 700.8ab
川香优198	6.18de	42.75b	0.545bcdef	155.46hi	215.73ab	78.14ghij	30.93cd	8 658.8ab
蓉优918	6.57abc	43.76a	0.570bcde	162.08ghi	230.36a	74.88ijk	29.77ef	8 651.8ab
内香7539	6.87a	40.97c	0.520defgh	208.96b	206.74ef	83.22cdef	26.85jk	8 631.4ab
Ⅲ类								
冈优900	6.51bcd	42.38b	0.493fgh	150.60i	215.82ab	82.38defg	30.35de	8 465.0ab
国杂1号	5.35g	43.83a	0.549bcdef	185.03cde	192.33fg	86.07abcd	31.86b	8 475.8ab
川谷优918	6.25cde	42.49b	0.539cdefg	178.84cdef	187.02cde	80.59jk	30.35de	8 399.0ab
绵优616	6.49bcde	42.51b	0.520defgh	193.20cd	175.73ef	83.35cdef	28.63gh	8 395.9ab

（续表）

杂交组合	LAI	SPAD 值	粒叶比（spikelets/cm²）	有效穗（×10⁴/hm²）	穗粒数	结实率（%）	千粒重（g）	产量（kg/hm²）
川谷优 204	6.55abcd	41.21c	0.619b	192.51cd	210.87ab	75.28hijk	25.42m	8 303.7abc
川谷优 7329	6.49bcde	43.31a	0.469gh	167.80fgh	182.64de	87.53abc	30.45de	8 250.6bcd
花香 7 号	6.50bcd	42.45b	0.534cdefg	188.58cde	183.64cde	79.82k	29.70ef	8 117.7bcd
II 优 615	6.31cde	42.28b	0.488fgh	168.29fgh	180.48ef	89.01a	29.11fg	8 098.3bcd
冈优 169	6.36bcde	41.40c	0.589bcd	173.44efg	216.16ab	80.12efgh	27.60ij	8 087.1bcd
IV类								
国杂 7 号	5.82f	43.36a	0.604bc	195.36bc	182.44de	83.42cdef	29.65ef	7 650.8cde
内香 5306	6.71ab	41.38c	0.506efgh	192.64cd	175.75ef	78.71fghi	28.43gh	7 595.8de
V类								
川谷优 399	6.29cde	42.64b	0.525defgh	184.90cde	177.35ef	81.01jk	27.98hi	7 157.5ef
VI类								
宜香 305	5.81f	43.68a	0.457h	187.51cde	175.81g	74.77ijk	33.06a	6 831.0f
F 值	12.35**	19.40**	8.50**	14.69*	232.52**	89.01**	69.38**	17.18**

二、相同杂交组合在不同栽培模式下产量性状表现的差异性

为了比较同一杂交组合在不同栽培模式间的产量差异，利用两种栽培模式间各 3 次重复产量数据，进行成对比较的 t 检验分析[1]。从分析结果（表 4-4）看出，虽然 3 种栽培模式间平均产量表现为高密低肥>中肥中密>低密高肥，由于栽培模式与杂交组合间具有显著的互作效应（F 值 2.28**）。因此，即使是平均产量最低的低密高肥模式，仍有不少杂交组合的产量分别比高密低肥和中肥中密的产量高，如川香优 198、川谷优 399、川谷优 918、宜香 305、花香 7 号、内香 5306 和内香 53067 个杂交组合在高密低肥下均分别比在中密中肥和低密高肥下增产，绵优 725、国杂 3 号、绵优 616、国杂 1 号和川谷优 7329 5 个杂交组合在高密低肥下却分别比在中密中肥或低密高肥下减产，说明 3 种栽培模式间存在各自适宜的杂交组合。而蓉优 918、川谷优 204、川香优 506 和内香 7539 则在 3 种栽培模式间的产量差异均不显著，表明这 4 个杂交组合对栽培模式具有普适性。

根据表 4-4 分析结果，分别进行两种栽培模式间的产量比较，并将增产组合和减产组合的产量及其相关性状的平均值列于表 4-5。从表 4-5 看出，在 3 种栽培模式间，高密栽培比相同杂交组合的低密栽培增产组合的有效穗数增

加 7.44% ~ 11.33%，穗粒数下降 1.8% ~ 3.97%，总颖花量增加 3.28% ~ 9.34%，结实率高 0.59% ~ 1.63%，千粒重高 1.57% ~ 3.41%，增产 9.37% ~ 16.19%；减产组的有效穗数增加 1.83% ~ 13.33%，穗粒数下降 8.47% ~ 19.03%，总颖花量减少 2.38% ~ 6.84%，结实率高 -0.59% ~ 1.58%，千粒重下降 0.61% ~ 4.02%，减产 8.47% ~ 12.46%。以上可见，无论是增产组合还是减产组合，结实率和千粒重变异较小，表现相对稳定；高密栽培增产杂交组合主要因有效穗数提高致颖花量增加而增产，减产杂交组合则主要因穗粒数明显下降致颖花量降低而减产。

表 4-4　20 个杂交组合在不同栽培模式间的产量比较

组合	产量（kg/hm²）			产量差值（kg/hm²）		
	高密低肥（HL）	中密中肥（MM）	低密高肥（LH）	HL-MM	HL-LH	MM-LH
川香优 198	9 498.4a	8 610.3b	8 424.0b	888.1*	1 074.4*	186.3
川谷优 399	9 335.5a	6 832.6c	7 464.7b	2 502.9*	1 870.8*	-632.1*
川谷优 918	9 182.0a	8 473.7b	8 200.4c	708.3*	981.6*	273.3
宜香 305	9 020.8a	6 734.6b	6 765.8b	2 286.2*	2 255*	-31.2
冈优 169	9 012.3a	8 702.6b	7 434.7b	309.7	1 577.6*	1 267.9*
冈优 900	8 942.1a	8 492.5ab	8 277.4b	449.6	664.7*	215.1
花香 7 号	8 905.7a	8 360.4b	7 540.0c	545.3*	1 365.7*	820.4*
蓉优 918	8 792.7a	8 792.0a	8 512.7a	0.7	280	279.3
川谷优 204	8 650.8a	8 306.7a	8 256.1a	344.1	394.7	50.6
天优华占	8 625.0a	8 671.0a	8 122.3b	-46.0	502.7*	548.7*
川香优 506	8 523.0a	8 858.2a	8 737.7a	-335.2	-214.7	120.5
II 优 615	8 452.7a	8 279.0ab	7 878.8b	173.7	573.9*	400.2
内香 5306	8 446.6a	7 798.8b	7 349.7b	647.8*	1 096.9*	449.1
内香 7539	8 348.2a	8 309.6a	8 402.7a	38.6	-54.5	-93.1
绵优 725	8 137.2b	8 794.5a	8 404.2ab	-657.3*	-267	390.3
国杂 7 号	8 124.2a	7 875.4a	7 193.0b	248.8	931.2*	682.4*
国杂 3 号	7 884.0b	8 872.7a	8 208.9b	-988.7*	-324.9	663.8*
绵优 616	7 638.8b	8 387.6a	7 894.5b	-748.8*	-255.7	493.1*
国杂 1 号	7 175.1c	8 691.9a	7 942.8b	-1 516.8*	-767.7*	749.1*
川谷优 7329	6 992.7c	8 453.5a	7 851.6b	-1 460.8*	-858.9*	601.9*

*表示同一杂交组合在两种栽培模式间的产量差异达 0.05 水平。

表4-5　不同栽培模式间增产杂交组合与减产杂交组合的平均值产量及其性状比较

项目	栽培模式	组合数	颖花量 （×10⁴/hm²）	有效穗 （×10⁴/hm²）	穗粒数	结实率 （%）	千粒重 （g）	产量 （kg/hm²）
	高密低肥 HL	6	3.888	205.09	189.58	77.24	30.46	9 064.8
	中密中氮 MM		3.556	184.21	193.05	76.79	29.99	7 801.7
	HL/MM（%）		109.34	111.33	98.20	100.59	101.57	116.19
	高密低肥 HL	11	3.683	191.3	192.6	78.94	29.71	8 867.8
增产组合	低密高肥 LH		3.459	172.54	200.56	76.69	28.73	7 695.5
	HL/LH（%）		106.48	110.87	96.03	102.93	103.41	115.2
	中密中氮 MM	9	3.619	191.41	189.14	83.02	28.475	8 501.9
	低密高肥 LH		3.504	178.15	196.68	81.69	27.905	7 773.5
	MM/LH（%）		103.28	107.44	96.17	101.63	102.04	109.37
	高密低肥 HL	5	3.199	193.38	165.49	86.59	29.02	7 565.6
	中密中氮 MM		3.434	189.912	180.81	87.42	29.10	8 640.0
	HL/MM（%）		93.16	101.83	91.53	99.05	99.73	87.56
	高密低肥 HL	2	2.988	180.63	155.51	87.39	31.24	7 083.9
减产组合	低密高肥 LH		3.061	159.39	192.05	86.28	31.05	7 897.2
	HL/LH（%）		97.62	113.33	80.97	101.29	100.61	89.70
	中密中氮 MM	1	3.497	197.01	177.51	77.70	27.49	6 832.6
	低密高肥 LH		3.678	176.64	208.20	76.49	28.64	7 464.7
	MM/LH（%）		95.08	111.53	85.26	101.58	95.98	91.53

三、杂交组合对栽培模式的适应性与结实率的关系

为了进一步明确适应各种栽培模式的杂交组合类型，利用表4-4中的产量差值分别与表4-1所示20个杂交组合在3种栽培模式下对应的库源性状进行回归分析，发现其中仅有结实率与产量差值关系密切，高密低肥分别与中密中肥和低密高肥的产量差值，均与相应栽培模式下的结实率呈显著或极显著负相关关系；而中密中肥与低密高肥的产量差值与相应栽培模式下的结实率相关不显著（表4-6）。从理论上说，当在两种栽培模式的产量差值为0时，表明该类杂交组合在这两种栽培模式下的产量持平。因此，利用表4-6回归方程，令 $y=0$，可解得相应的 x（结实率）临界值列入表4-6。从表4-6解得的 x 临界值看出，①在高密低肥与中密中肥栽培模式下，结实率高于82%杂交组合，高密低肥栽培模式的产量要低于中肥中密模式，这类组合适宜于中密中肥栽培

模式；反之，结实率低于 82%杂交组合，则适宜于高密低肥栽培模式。②在高密低肥与低密高肥栽培模式下，结实率高于 86%杂交组合，高密低肥栽培模式的产量要低于低密高肥栽培模式，这类组合适宜于低密高肥栽培模式；反之，结实率低于 86%杂交组合，则适宜于高密低肥栽培模式。

综上所述，结实率低于 82%的杂交组合适宜于高密低肥栽培模式，高于86%的组合适宜于中密中肥和低密高肥两种栽培模式，结实率为 82%~86%组合也适宜中密中肥栽培模式。再从表 4-5 看出，高密分别比中密和低密增产杂交组合的结实率为 76.69%~78.94%，中密比低密增产杂交组合的结实率为81.69%~83.02%；高密分别比中密和低密减产组合的结实率为 86.28%~87.42%，中密比低密减产组合的结实率为 76.49%~77.70%。与前述预测结果相符。究其原因，杂交组合结实率与穗粒数呈极显著负相关（$r=-0.4689^*$），即结实率较低的杂交组合一般为大穗型组合。在低密度栽培下因群体变小，光照条件改善，有利于促进颖花分化。因此低密度下穗粒数会明显增产。从本试验结果看，结实率较低的偏大穗杂交组合，在低密栽培下穗粒数进一步增加的潜力明显不如高结实的中小穗型组合（表 4-5）。因此，结实率低的大穗型组合依靠增加密度提高有效穗数扩大库容而高产，而结实率较高的中小穗型组合则通过降低栽培密度大幅提高穗粒数扩大库容而高产。这就是杂交组合自身结实率影响其对栽培模式的适应性的原因所在。

表 4-6 20 个杂交组合在两种栽培模式下的产量差异（y）与结实率（x）的关系

y	x	回归方程	r	n	x 临界值
HL—MM	高密低肥 HL	$y=9973.4-121.030x$	-0.7140^{**}	20	82.40
	中密中氮 MM	$y=9030.6-109.950x$	-0.5369^*	20	82.13
HL—LH	高密低肥 HL	$y=8624.4-99.785x$	-0.6992^{**}	20	86.43
	低密高肥 LH	$y=7263.0-84.205x$	-0.5815^{**}	20	86.25
MM—LH	中密中氮 MM	$y=-2251.2+32.547x$	0.4017	20	69.17
	低密高肥 LH	$y=-1168.1+19.291x$	0.2862	20	60.55

结论：产量及主要库源性状分别在 3 个栽培模式间、20 个杂交组合间及栽培模式与杂交组合间的交互作用均达极显著水平，20 个杂交组合在 3 种栽培模式的平均产量表现为高密低肥>中密中肥>低密高肥，分别筛选出了适宜 3种栽培模式和同时适宜 3 种栽培模式的杂交组合。高密低肥模式比其他两种模式增产的杂交组合因有效穗数提高致颖花量增加，而减产杂交组合则因穗粒数明显下降致颖花量降低。结实率低于 82%的杂交组合适宜于高密低肥栽培模式，高于 86%的组合均适宜于中密中肥和低密高肥栽培模式，结实率为 82%~

86%杂交组合也适宜中密中肥栽培。可把杂交组合的结实率作为选择栽培模式的科学依据。

第二节 栽培模式对杂交中稻品种间源库特征和养分吸收利用的影响

由于水稻肥料利用效率受品种、施肥、栽培管理、土壤气候等多种因素的影响，以致先期就水稻对氮、磷、钾的吸收特点与利用规律研究所得结论不尽相同。如作者等研究结果显示，西南稻区每生产1 000kg稻谷的氮、磷、钾需要量和氮、磷、钾收获指数均分别与试验点所处地理位置、施肥水平及土化特性呈极显著线性关系；邹应斌等认为，水稻产量水平与其肥料利用率呈正相关关系；陈星等指出，水稻淹水灌溉模式并减氮25%的处理为值得推荐的稳产高效水氮运筹模式；易琼等的研究结果表明，采用39~41可作为水稻关键生育期指导氮肥施用的SPAD阈值；霍中洋等认为，抽穗后在保持茎鞘适宜的物质和氮素积累量的基础上，提高叶片的物质和氮素积累，进一步加大穗部的物质和氮素积累，是获得高产的保障。同一水稻品种（组合）在不同生态区种植不仅产量差异较大，而且对肥料养分的吸收利用特点也截然不同。因此，针对各地的生态特点开展相应的肥料高效利用技术研究与品种鉴定十分重要。

作者先期对众多良种的因种高产技术研究认为，品种间高产栽培技术的差异主要表现在本田施肥量和栽秧密度上。目前，冬水田区水稻生产上杂交中稻本田栽培主要有高密低肥、中密中肥和低密高肥3种栽培模式，究竟何种栽培模式更利于高产与肥料高效利用，以及栽培模式与杂交组合间是否存在互作等均无定论。因此，作者以20个近年审定的不同类型杂交中稻新品种为材料，在高密低肥、中密中肥和低密高肥3类栽培模式下，探索冬水田区杂交中稻肥料高效利用的栽培模式与品种的库源特征，以期为该区水稻高产与肥料高效利用提供理论与实践依据。

一、栽培模式及杂交组合间产量、地上部干物质分配及其氮、磷、钾含量差异

从试验结果（表4-7）可见，栽培模式和杂交组合对稻谷产量、干物质积累及其在各器官中的分配和收获指数均有显著影响，方差分析 F 值1.91* ~ 28.22**。在3种栽培模式间产量和干物质总量及在各器官中的分配均表现为高密低肥>中密中肥>低密高肥，收获指数则表现为高密低肥<中密中肥<低密高肥；各器官中干物质的分配表现穗>茎>叶，20个杂交组合在3种栽培模式

下的平均值，茎、叶、穗分别占总干物重的 27.65%、13.01% 和 59.34%。

地上部各器官的氮、磷、钾含量主要受栽培模式的影响（表 4-8）。从 3 种栽培模式间比较看，氮在茎、叶、穗中的含量差异极显著，方差分析 F 值 21.17** ~ 39.52**；磷在茎中含量差异不显著，叶和穗中含量差异达显著或极显著，F 值分别为 10.69**、4.29*，钾在茎、叶、穗中的含量差异均不显著。20 个杂交组合间除叶的含氮量差异极显著（F 值 2.70**）外，其他元素在各器官中的含量不显著。20 个杂交组合在 3 种栽培模式下各器官平均值，氮含量表现为叶>穗>茎，磷含量表现为穗>叶>茎，钾含量表现为茎>叶>穗。

以上结果表明，栽培模式和杂交组合对产量、地上部干物重分配及其氮、磷、钾含量均有不同程度的影响。其中对产量、地上部干物重的影响较大，对氮、磷、钾在各器官中含量影响较小；栽培模式的影响大于杂交组合的作用；氮、磷、钾在各器官中含量表现出明显的不一致性。

表 4-7　20 个杂交组合在 3 种栽培模式下的平均产量、地上部干物重与收获指数

项目	产量（kg/hm²）	干物质（kg/hm²）				收获指数
		合计	茎	叶	穗	
密肥模式						
高密低肥	8 484.4a	14 698.04a	4 262.91a	1 932.95a	8 502.18A	0.580B
中密中肥	8 314.9a	13 900.42b	3 799.24b	1 768.70b	8 332.48AB	0.600AB
低密高肥	7 943.1b	13 271.72c	3 513.43c	1 747.63b	8 010.67B	0.604A
杂交组合						
川香优 198	8 658.8ab	15 085.56a	4 255.27ABC	1 851.81bc	8 978.47a	0.597abcde
川谷优 399	7 157.5ef	13 859.92abc	4 105.77ABC	1 721.86bcd	8 032.29abcde	0.580abcde
川谷优 918	8 399.0ab	14 124.28abc	3 900.19ABCD	1 623.84c	8 600.25abcd	0.609abcde
宜香 305	6 831.0f	12 650.57c	3 801.34ABCD	1 322.69e	7 526.54e	0.594abcde
冈优 169	8 087.1bcd	14 595.46ab	4 278.35AB	2 018.31a	8 298.79abcd	0.570cde
冈优 900	8 465.0ab	14 863.91ab	4 346.56AB	1 897.66bc	8 619.69abcd	0.582abcde
花香 7 号	8 117.7bcd	13 719.97abc	3 863.86ABCD	1 654.32cd	8 201.79abcde	0.600abcde
蓉优 918	8 651.8ab	13 914.79abc	3 573.01ABCD	1 583.95cd	8 757.84ab	0.630a
川谷优 204	8 303.7abc	14 505.52ab	4 265.34AB	1 829.84bc	8 410.34abcd	0.581abcde
天优华占	8 763.9ab	13 752.16abc	3 307.11BCD	1 815.27bc	8 629.77abcd	0.630a
川香优 506	8 977.1a	14 725.17ab	4 066.69ABC	1 950.08ab	8 708.40abc	0.591abcde
II 优 615	8 098.3bcd	14 286.54abc	4 052.35ABC	1 983.74ab	8 250.45abcde	0.578bcde
内香 5306	7 595.8de	13 815.81abc	4 046.26ABC	2 016.88a	7 752.68cde	0.561de

项目	产量（kg/hm²）	干物质（kg/hm²）				收获指数
		合计	茎	叶	穗	
内香 7539	8 631.4ab	14 766.30ab	4 237.29ABC	2 025.94a	8 503.07abcd	0.576cde
绵优 725	8 737.0ab	14 172.90abc	3 667.51ABCD	2 023.03a	8 482.36abcde	0.599abcde
国杂 7 号	7 650.8cde	12 634.36c	3 215.46CD	1 712.36bcd	7 706.54de	0.611abcd
国杂 3 号	8 700.8ab	13 328.53bc	3 385.35BCD	1 750.56bcd	8 192.62abcde	0.615abc
绵优 616	8 395.9ab	13 386.86abc	3 374.53BCD	1 949.22ab	8 063.11abcde	0.603abcde
国杂 1 号	8 475.8ab	12 630.59c	2 984.70D	1 738.76bcd	7 907.13bcde	0.626ab
川谷优 7329	8 250.6bcd	14 315.39abc	4 443.62A	1 858.48bc	8 013.29abcde	0.561e
平均值	8 247.47	13 956.73	3 858.53	1 816.43	8 281.78	0.59
密肥模式 F 值	28.22**	13.69**	18.10**	5.20**	5.27**	5.52**
杂交组合 F 值	17.18**	2.2*	3.46**	2.06*	1.91*	2.12*

注：在同一列中有相同字母表示在 0.05 水平差异不显著，* 和 ** 分别表示 0.05 和 0.01 水平上差异显著。下同。

表 4-8　20 个杂交组合在 3 种栽培模式下地上部各器官的氮、磷、钾含量　（%）

项目	氮			磷			钾		
	茎	叶	穗	茎	叶	穗	茎	叶	穗
密肥模式									
高密低肥	0.53	1.42	1.17	0.09	0.14	0.27	1.50	1.07	0.30
中密中肥	0.63	1.67	1.29	0.09	0.15	0.27	1.47	1.18	0.29
低密高肥	0.75	1.80	1.35	0.10	0.17	0.25	1.56	1.11	0.29
杂交组合									
川香优 198	0.62	1.47	1.22	0.11	0.15	0.27	1.36	1.15	0.30
川谷优 399	0.63	1.55	1.24	0.10	0.16	0.29	2.06	1.02	0.31
川谷优 918	0.60	1.64	1.29	0.08	0.14	0.28	1.18	1.07	0.29
宜香 305	0.67	1.89	1.29	0.09	0.17	0.28	1.25	1.07	0.27
冈优 169	0.55	1.45	1.29	0.10	0.15	0.25	1.41	1.13	0.29
冈优 900	0.55	1.60	1.29	0.08	0.14	0.25	1.55	1.00	0.29
花香 7 号	0.68	1.68	1.21	0.11	0.14	0.26	1.40	0.98	0.29
蓉优 918	0.59	1.53	1.21	0.08	0.15	0.26	1.70	1.15	0.34
川谷优 204	0.66	1.65	1.33	0.11	0.15	0.28	1.71	1.08	0.31
天优华占	0.70	1.96	1.27	0.09	0.14	0.24	1.96	1.07	0.27
川香优 506	0.66	1.60	1.26	0.10	0.15	0.26	1.41	1.02	0.30
II 优 615	0.65	1.57	1.35	0.11	0.16	0.27	1.53	1.22	0.28

（续表）

项目	氮			磷			钾		
	茎	叶	穗	茎	叶	穗	茎	叶	穗
内香 5306	0.67	1.61	1.25	0.11	0.17	0.26	1.45	1.15	0.27
内香 7539	0.70	1.59	1.26	0.09	0.16	0.27	1.51	1.07	0.30
绵优 725	0.66	1.59	1.19	0.10	0.16	0.23	1.65	1.25	0.31
国杂 7 号	0.69	1.66	1.35	0.08	0.14	0.26	1.90	1.27	0.29
国杂 3 号	0.72	1.64	1.26	0.10	0.15	0.28	1.50	1.32	0.31
绵优 616	0.63	1.81	1.30	0.11	0.17	0.29	1.83	1.10	0.29
国杂 1 号	0.67	1.63	1.30	0.09	0.14	0.26	1.73	1.20	0.25
川谷优 7329	0.45	1.46	1.23	0.09	0.14	0.27	1.68	1.12	0.28
平均值	0.64	1.63	1.27	0.09	0.15	0.26	1.51	1.12	0.29
密肥模式 F 值	21.17**	39.52**	33.14**	1.81	10.69**	4.29*	1.25	1.89	0.84
杂交组合 F 值	1.06	2.70**	1.11	0.76	0.71	1.26	1.04	0.87	1.47

二、栽培模式间地上部各器官中氮、磷、钾的分配及其利用效率比较

由表 4-9 看出，氮在茎、叶、穗中的分配量及磷、钾在穗中的分配量，分别在 3 种栽培模式间、20 个杂交组合间的差异达显著或极显著水平（F 值 2.78*~7.50**），而磷和钾在茎、叶中的分配量，分别在 3 种栽培模式间、20 个杂交组合间的差异均不显著。20 个杂交组合在 3 种栽培模式下地上部各器官中氮、磷、钾分配量的平均值，氮表现为穗>叶>茎，磷表现为穗>茎>叶，钾表现为茎>穗>叶。

就地上部对氮、磷、钾的积累总量（表 4-10）和每生产 1 000kg 稻谷地上部植株氮、磷、钾的需要量（表 4-11）而言，3 种栽培模式间、20 个杂交组合间的差异达显著或极显著水平（F 值分别为 1.67*~6.02** 和 1.94*~23.11**），20 个杂交组合平均每公顷地上部取走氮 149.35~165.90kg，磷 26.81~29.80kg，钾 97.31~109.89kg。植株对氮、磷、钾的吸收比例表现，高密低肥为 1∶0.20∶0.74，中密中肥为 1∶0.18∶0.65，低密高肥为 1∶0.16∶0.59。20 个杂交组合在 3 种栽培模式间地上部氮、磷、钾的积累量和每生产 1 000kg 稻谷地上部植株氮、磷、钾需要量的平均值表现趋势一致，即氮表现为高密低肥<中密中肥<低密高肥，磷和钾则表现为高密低肥>中密中肥>低密高肥。

以上结果表明，氮和磷主要分配到穗部，钾主要分配到茎；在 3 种栽培模

式间氮的利用效率表现为高密低肥>中密中肥>低密高肥，而磷和钾则表现为高密低肥<中密中肥<低密高肥。

表4-9　20个杂交组合在3种栽培模式下地上部各器官中氮、磷、钾的分配

（kg/hm²）

项目	氮			磷			钾		
	茎	叶	穗	茎	叶	穗	茎	叶	穗
密肥模式									
高密低肥	22.59	27.45	99.48	3.84	2.71	22.96	63.94	20.68	25.51
中密中肥	23.94	29.54	107.49	3.42	2.65	22.50	55.85	20.87	24.16
低密高肥	26.35	31.46	108.14	3.51	2.97	20.03	54.81	19.40	23.23
杂交组合									
川香优198	26.01	27.16	109.77	4.65	2.77	24.28	45.07	21.08	26.74
川谷优399	25.44	26.77	99.16	4.27	2.74	22.98	85.31	17.83	24.71
川谷优918	22.83	26.71	110.85	3.09	2.30	24.05	46.48	17.27	25.80
宜香305	25.02	24.56	96.19	3.38	2.18	21.21	46.45	13.95	19.96
冈优169	23.29	29.64	106.72	4.20	3.04	20.87	48.57	22.43	24.04
冈优900	23.23	30.05	110.83	3.39	2.61	22.16	66.96	18.37	25.30
花香7号	26.31	27.52	99.02	4.21	2.33	21.17	53.82	16.42	24.01
蓉优918	20.98	23.86	105.94	2.90	2.37	22.80	62.16	18.00	29.77
川谷优204	28.00	30.03	111.42	4.73	2.77	23.58	75.19	19.44	26.36
天优华占	22.58	35.64	109.26	2.93	2.65	20.41	67.03	19.87	23.02
川香优506	26.96	31.43	110.10	4.19	3.01	22.33	41.34	19.67	26.12
II优615	25.50	31.22	111.40	4.25	3.11	22.30	64.31	24.45	23.41
内香5306	26.73	32.51	96.86	4.49	3.44	20.15	57.80	23.15	20.56
内香7539	31.13	32.16	107.34	3.76	3.16	22.97	66.83	21.76	25.51
绵优725	24.05	32.48	101.93	3.81	3.29	19.80	61.05	25.21	26.01
国杂7号	21.85	28.25	103.72	2.60	2.51	20.14	62.40	21.52	22.27
国杂3号	23.73	28.59	103.77	3.25	2.57	22.70	48.90	22.99	25.09
绵优616	20.94	35.14	104.91	3.69	3.25	23.15	62.58	21.63	23.70
国杂1号	19.68	28.63	102.73	2.63	2.41	20.25	52.49	21.21	19.77
川谷优7329	25.80	27.24	98.37	4.14	2.56	21.38	73.20	20.30	22.57
平均值	24.50	29.48	105.01	3.73	2.75	21.93	59.40	20.33	24.24
密肥模式F值	3.53*	4.02*	5.96**	0.72	1.52	7.50**	0.82	0.80	4.42*
杂交组合F值	3.27**	2.78*	3.90**	1.01	1.15	2.94**	0.80	1.18	3.04**

表 4-10　20 个杂交组合在 3 种栽培模式下地上部氮、磷、钾的吸收量 （kg/hm²）

品种	高密低肥			中密中肥			低密高肥		
	氮	磷	钾	氮	磷	钾	氮	磷	钾
川香优 198	171.90	35.81	101.29	159.18	30.43	87.50	157.73	28.85	89.87
川谷优 399	161.32	34.96	154.80	128.06	27.07	104.48	164.72	27.92	124.28
川谷优 918	146.98	28.57	84.19	151.04	30.05	98.72	183.15	29.73	85.74
宜香 305	151.36	31.56	77.19	137.44	24.27	82.43	148.54	24.45	81.46
冈优 169	163.81	32.97	117.37	149.34	28.36	88.48	165.83	23.01	79.26
冈优 900	158.08	32.52	127.37	168.17	26.85	100.73	166.06	25.11	103.80
花香 7 号	171.47	32.44	109.80	150.09	28.73	84.01	136.97	21.96	88.97
蓉优 918	144.99	24.18	120.22	155.51	32.57	136.90	151.87	27.45	72.65
川谷优 204	161.53	35.55	161.94	180.09	29.55	106.68	166.72	28.14	94.34
天优华占	151.59	25.57	77.71	182.07	26.94	157.08	168.75	25.45	94.99
川香优 506	151.88	30.57	81.20	175.92	29.15	102.63	177.66	28.86	77.55
Ⅱ优 615	144.94	31.09	160.23	178.66	29.77	104.93	180.75	28.11	71.35
内香 5306	158.28	29.25	79.31	147.06	25.09	101.52	162.98	29.87	123.71
内香 7539	154.71	28.90	91.49	183.19	28.40	121.07	174.00	32.30	129.72
绵优 725	109.52	28.99	127.40	190.34	31.34	118.42	175.53	20.35	90.97
国杂 7 号	147.32	29.25	122.02	148.33	24.73	72.95	165.79	21.77	123.62
国杂 3 号	128.67	25.95	76.74	166.44	30.59	96.76	173.18	29.04	117.44
绵优 616	146.37	28.98	133.73	172.12	33.26	100.00	164.51	28.04	89.98
国杂 1 号	121.11	23.22	103.39	166.34	26.32	107.50	165.66	26.34	69.53
川谷优 7329	141.22	25.69	90.31	145.37	29.02	120.85	167.65	29.52	137.03
平均值	149.35	29.80	109.89	161.74	28.63	104.68	165.90	26.81	97.31
密肥模式 F 值	6.02** (N)，4.54* (P)，3.36* (K)								
杂交组合 F 值	1.67* (N)，2.96** (P)，1.78* (K)								

表 4-11　每生产 1 000kg 稻谷地上部植株氮、磷、钾的需要量　　（kg）

品种	高密低肥			中密中肥			低密高肥		
	氮	磷	钾	氮	磷	钾	氮	磷	钾
川香优 198	18.10	3.77	10.66	18.49	3.53	10.16	18.72	3.42	10.67
川谷优 399	17.28	3.74	16.58	18.74	3.96	15.29	22.07	3.74	16.65
川谷优 918	16.01	3.11	9.17	17.82	3.55	11.65	22.33	3.63	10.46

品种	高密低肥			中密中肥			低密高肥		
	氮	磷	钾	氮	磷	钾	氮	磷	钾
宜香 305	16.78	3.50	8.56	20.41	3.60	12.24	21.95	3.61	12.04
冈优 169	18.18	3.66	13.02	17.16	3.26	10.17	22.30	3.09	10.66
冈优 900	17.68	3.64	14.24	19.80	3.16	11.86	20.06	3.03	12.54
花香 7 号	19.25	3.64	12.33	17.95	3.44	10.05	18.17	2.91	11.80
蓉优 918	16.49	2.75	13.67	17.69	3.70	15.57	17.84	3.22	8.53
川谷优 204	18.67	4.11	18.72	21.68	3.56	12.84	20.19	3.41	11.43
天优华占	17.58	2.96	9.01	21.00	3.11	18.12	20.78	3.13	11.69
川香优 506	17.82	3.59	9.53	19.86	3.29	11.59	20.33	3.30	8.88
II 优 615	17.15	3.68	18.96	21.58	3.60	12.67	22.94	3.57	9.06
内香 5306	18.74	3.46	9.39	18.86	3.22	13.02	22.18	4.06	16.83
内香 7539	18.53	3.46	10.96	22.05	3.43	14.57	20.71	3.84	15.44
绵优 725	13.46	3.56	15.66	21.64	3.56	13.47	20.89	2.42	10.82
国杂 7 号	18.13	3.60	15.02	18.83	3.14	9.26	23.05	3.03	17.19
国杂 3 号	16.32	3.29	9.73	18.76	3.45	10.91	21.10	3.54	14.31
绵优 616	19.16	3.79	17.51	20.52	3.97	11.92	20.84	3.55	11.40
国杂 1 号	16.88	3.24	14.41	19.14	3.03	12.37	20.86	3.32	8.75
川谷优 7329	20.20	3.67	12.91	17.20	3.43	14.30	21.35	3.76	17.45
平均值	17.62	3.51	13.00	19.46	3.45	12.60	20.93	3.38	12.33
密肥模式 F 值	23.11** (N)，4.00* (P)，4.27** (K)								
杂交组合 F 值	6.81** (N)，4.54** (P)，1.94* (K)								

三、氮、磷、钾利用效率与杂交组合间库源性状的关系

表 4-12 结果表明，栽培模式间除结实率的差异不显著外，其余性状差异极显著（F 值 14.91** ~364.3**），所有性状在 20 个杂交组合间差异极显著（F 值 8.50** ~232.52**）。水稻肥料利用效率除受栽培模式影响外，同时与杂交组合特性有密切关系（表 4-11）。为了给选育或鉴定肥料高效利用杂交组合提供科学依据，特利用表 4-11 所示每生产 1 000kg 稻谷地上部植株氮、磷、钾的需要量（y）与表 4-12 的 20 个杂交组合库源性状，进行多元逐步回归分析。分析结果（表 4-13）表明，每生产 1 000kg 稻谷的氮、磷、钾需要量与

植株地上部性状关系密切。其中，氮表现为与齐穗期 SPAD 值（x_2）呈正效应，与千粒重（x_7）和产量（x_8）分别呈负效应。表明齐穗期叶绿素含量低、千粒重和产量高的组合，生产单位稻谷产量的需氮量少，即氮素的稻谷生产效率高。进一步说明，选育高产与氮高效利用品种的目标是一致的。磷、钾则表现为分别与粒叶比（x_3）和千粒重（x_7）呈负效应，表明粒叶比高、千粒重大的杂效组合的磷、钾稻谷生产效率高。

综上所述，齐穗期叶绿素含量低和粒叶比、千粒重和产量高的杂交组合，其氮、磷、钾稻谷生产效率高。

表 4-12　20 个杂交组合在 3 种栽培模式下的库源性状

项目	LAI x_1	SPAD 值 x_2	粒叶比 x_3 （spikelets/ cm²）	有效穗 x_4 （×10⁴/hm²）	穗粒数 x_5	结实率 x_6 （%）	千粒重 x_7 （g）	x_8 （kg/hm²）
密肥模式								
高密低肥	6.71a	41.04c	0.502b	191.59a	175.81c	81.01a	29.32a	8 484.4a
中密中肥	6.23b	42.67b	0.566a	184.24b	192.33b	80.59a	28.88b	8 314.9a
低密高肥	5.91c	43.93a	0.586a	169.73c	206.74a	79.82a	28.49c	7 943.1b
杂交组合								
川香优 198	6.18de	42.75b	0.545bcdef	155.46hi	215.73ab	78.14ghij	30.93cd	8 658.8ab
川谷优 399	6.29cde	42.64b	0.525defgh	184.90cde	177.35ef	81.01jk	27.98hi	7 157.5ef
川谷优 918	6.25cde	42.49b	0.539cdefg	178.84cdef	187.02cde	80.59jk	30.35de	8 399.0ab
宜香 305	5.81f	43.68a	0.457h	187.51cde	175.81g	74.77ijk	33.06a	6 831.0f
冈优 169	6.36bcde	41.40c	0.589bcd	173.44efg	216.16ab	80.12efgh	27.60ij	8 087.1bcd
冈优 900	6.51bcd	42.38b	0.493fgh	150.60i	215.82ab	82.38defg	30.35de	8 465.0ab
花香 7 号	6.50bcd	42.45b	0.534cdefg	188.58cde	183.64cde	79.82k	29.70ef	8 117.7bcd
蓉优 918	6.57abc	43.76a	0.570bcde	162.08ghi	230.36a	74.88ijk	29.77ef	8 651.8ab
川谷优 204	6.55abcd	41.21c	0.619b	192.51cd	210.87ab	75.28hijk	25.42m	8 303.7abc
天优华占	5.57fg	43.66a	0.756a	226.91a	185.27cde	84.15bcde	24.41n	8 763.9ab
川香优 506	6.23cde	42.27b	0.568bcde	152.82hi	232.52a	77.72ghijk	31.56bc	8 977.1a
Ⅱ优 615	6.31cde	42.28b	0.488fgh	168.29fgh	180.48ef	89.01a	29.11fg	8 098.3bcd
内香 5306	6.71ab	41.38c	0.506efgh	192.64cd	175.75ef	78.71fghi	28.43gh	7 595.8de
内香 7539	6.87a	40.97c	0.520defgh	208.96b	206.74ef	83.22cdef	26.85jk	8 631.4ab
绵优 725	6.13e	42.42b	0.592bcd	176.83defg	204.85bc	88.29ab	26.26kl	8 737.0ab

（续表）

项目	LAI x_1	SPAD 值 x_2	粒叶比 x_3 (spikelets/ cm²)	有效穗 x_4 (×10⁴/hm²)	穗粒数 x_5	结实率 x_6 (%)	千粒重 x_7 (g)	x_8 (kg/hm²)
国杂 7 号	5.82f	43.36a	0.604bc	195.36bc	182.44de	83.42cdef	29.65ef	7 650.8cde
国杂 3 号	6.71ab	42.23b	0.586bcd	195.24bc	203.26bcd	82.52defg	25.58lm	8 700.8ab
绵优 616	6.49bcde	42.51b	0.520defgh	193.20cd	175.73ef	83.35cdef	28.63gh	8 395.9ab
国杂 1 号	5.35g	43.83a	0.549bcdef	185.03cde	192.33fg	86.07abcd	31.86b	8 475.8ab
川谷优 7329	6.49bcde	43.31a	0.469gh	167.80fgh	182.64de	87.53abc	30.45de	8 250.6bcd
平均值	6.28	42.55	0.55	181.85	191.63	80.47	28.90	8 247.47
密肥模式 F 值	87.17**	364.3**	24.91**	33.00**	186.74**	0.91	14.91**	28.22**
杂交组合 F 值	12.35**	19.40**	8.50**	14.69**	232.52**	89.01**	69.38**	17.18**

表 4-13 每生产 1 000kg 稻谷的氮、磷、钾需要量与植株地上部性状的回归分析

项目	回归方程	R^2	F 值	偏相关系数	t 检验值
N	$y=12.94+0.4676x_2-0.2031x_7-0.0009x_8$	0.5697	8.37**	$r(y, x_2)=0.3795$	3.07**
				$r(y, x_7)=-0.2747$	2.14*
				$r(y, x_8)=-0.3156$	2.49*
P	$y=6.63-2.24x_3-0.0098x_6-0.0399x_7$	0.5302	5.58**	$r(y, x_3)=-0.4613$	3.89**
				$r(y, x_6)=-0.1902$	1.45
				$r(y, x_7)=-0.2566$	1.99*
K	$y=41.82-11.0509x_3-0.5423x_7-0.000x_8$	0.5169	3.74*	$r(y, x_3)=-0.2694$	2.09*
				$r(y, x_7)=-0.3684$	2.97**
				$r(y, x_8)=-0.2138$	1.64

结论：栽培模式和杂交组合对产量、地上部干物重的影响较大，对氮、磷、钾在各器官中含量作用相对较小；其中栽培模式的影响大于杂交组合的作用。产量和干物质重表现为高密低肥>中密中肥>低密高肥，收获指数则表现为高密低肥<中密中肥<低密高肥。氮和磷主要分配到穗部，钾主要分配到茎；在 3 种栽培模式间氮的利用效率表现为高密低肥>中密中肥>低密高肥，而磷和钾则表现为高密低肥<中密中肥<低密高肥。就 3 种栽培模式对稻谷产量和氮肥利用效率而言，以高密低肥最佳。齐穗期叶绿素含量低和粒叶比高、成熟期千粒重和产量高的中-大穗型杂交组合，其氮、磷、钾稻谷生产效率高。

在高密低肥栽培模式下选用齐穗期叶色淡、千粒重大、高产的中大穗型杂

交中稻组合，能较好地实现高产与养分高效利用的统一。

第三节　施氮对杂交中稻品种间氮、磷、钾含量及干物质积累与分配的影响

近十年来，我国水稻单产不断提高，但施肥量也随之加大，肥料利用率呈下降趋势。因此，国内外就如何提高水稻肥料利用效率开展了广泛研究。由于水稻肥料利用效率受品种、施肥、栽培管理、土壤气候等多种因素的影响，以致先期就水稻对氮、磷、钾的吸收特点与利用规律研究所得结论不尽相同，而且前人在水稻肥料利用效率的研究范围方面还存在"四多四少"现象，即研究氮素较多，对磷、钾素研究较少；单一元素研究较多，对氮、磷、钾素的互作研究较少，常规稻研究较多，对杂交稻研究较少；水旱轮作稻田研究较多，对冬水田研究较少。西南稻区现有冬水田 170 多万 hm^2，占该区稻田面积36%，其中杂交中稻种植模式占90%以上。本书以 18 个近期通过审定的杂交中稻组合为材料，在施氮与不施氮条件下，试图通过探明施氮对杂交中稻氮、磷、钾及干物质积累与分配特点，为冬水田区杂交水稻的高效施肥提供科学依据。

一、施氮对稻谷产量及肥料利用效率的影响

从试验结果（表4-14）看出，无论施氮还是不施氮，杂交中稻的产量及其穗粒构成因素在 18 个杂交组合间的差异均达极显著水平（方差分析 F 值2.68~128.77）。施氮与不施氮 2 个处理的成对比较的 t 检验结果表明，18 个杂交组合施氮处理的平均有效穗数比未施氮处理极显著增加，而平均着粒数、结实率和千粒重则极显著降低，最终表现为施氮与未施氮 2 个处理间平均产量差异不显著。说明本试验稻田基础肥力充足，施氮没有起到增产作用。

就肥料利用效率而言（表4-15），在施氮与不施氮条件下，18 个组合间氮、磷、钾的稻谷生产效率差异均分别达极显著水平（方差分析 F 值 $2.99^{**} \sim 8.51^{**}$），施氮处理氮、磷、钾的稻谷生产效率均分别比未施氮处理极显著下降；进一步比较氮、磷、钾的稻谷生产效率，表现为磷素>钾素>氮素，其中磷素 18 个杂交组合平均稻谷生产效率高达 292.47 ~ 328.04g Grain/g P，是钾素（95.39 ~ 107.12g Grain/g K）的 3.06~3.07 倍，为氮素（57.35~70.35g Grain/g N）的 4.66~5.08 倍，而且氮、磷、钾 3 要素的稻谷生产效率及籽粒收割指数间呈极显著正相关关系（表4-16）。

以上结果表明：品种选择是提高水稻氮、磷、钾肥料利用效率的有效途径

之一，籽粒收获指数可作为氮、磷、钾肥料利用效率的间接选择指标；在水稻养分需求的 3 大要素中氮素的利用效率最低，在磷、钾肥施用量不变的情况下，因施氮不当不仅直接导致氮素利用效率的降低，也会间接造成磷、钾肥利用效率的下降。因此，应把提高氮素利用效率作为水稻肥料高效利用研究的突破口。

表 4-14　18 个杂交组合在施氮与不施氮下的产量及其穗粒结构

品种	有效穗 ($\times10^4$/hm²)		穗粒数 (No./panicle)		结实率 (%)		千粒重 (g)		产量 (kg/hm²)	
	施氮	不施氮	施氮	不施氮	施氮	不施氮	施氮	不施氮	施氮	不施氮
B 优 827	261.88	210.62	160.19	193.03	74.39	84.25	29.44	29.83	9 874.94	10 485.24
II 优明 86	253.13	186.88	162.35	195.22	90.41	92.34	27.97	28.49	9 264.63	9 494.75
D 优 202	228.13	189.99	173.68	222.21	76.39	83.49	30.78	31.03	9 494.75	10 145.07
协优 527	273.75	218.12	127.82	150.17	78.62	88.82	33.69	33.89	9 034.52	9 804.90
金优 527	241.88	225.00	169.18	173.75	73.35	77.38	31.15	31.75	8 794.40	9 504.75
冈优 188	208.74	165.62	207.24	235.18	78.13	80.02	29.74	29.85	9 804.90	10 665.33
宜优 2239	235.63	196.88	161.48	181.95	76.01	77.92	30.90	30.67	9 874.94	9 764.88
冈优 1577	224.38	191.87	213.50	229.03	87.46	85.43	25.65	25.65	9 374.69	9 064.53
II 优 498	224.38	173.12	166.44	216.82	91.50	94.63	30.20	30.30	10 385.19	10 945.47
Q 优 6 号	203.76	174.38	219.86	215.34	75.30	83.97	30.26	30.28	10 825.41	10 265.13
特优航 1 号	251.25	195.62	160.56	196.58	82.04	92.31	29.53	30.22	9 624.81	9 764.88
II 优 084	262.50	173.76	154.40	207.39	87.13	88.45	27.71	27.44	10 045.02	10 135.07
II 优 7 号	238.74	191.87	152.99	168.51	90.99	90.33	29.42	28.57	9 824.91	9 574.79
华优 75	245.63	213.13	155.84	182.14	85.64	85.19	31.77	31.41	10 505.25	9 654.83
II 优 7954	250.63	210.00	186.32	195.80	79.84	91.88	27.56	27.53	9 764.88	9 864.93
准两优 1102	263.76	188.12	126.62	182.15	85.25	89.01	32.92	33.96	10 355.18	9 944.97
宜香优 1577	281.87	185.63	161.78	199.93	85.93	86.95	27.28	27.60	9 734.87	9 184.59
川江优 527	251.25	216.88	187.15	186.63	76.91	75.91	29.10	29.62	9 494.75	10 005.00
方差分析 F 值	4.16 **	6.03 **	17.85 **	5.41 **	6.75 **	6.16 **	58.86 **	128.77 **	2.68 **	3.13 **
平均值	244.52	194.86	169.29	196.21	81.96	86.02	29.73	29.89	9 782.1	9 903.8
差异　施氮-不施氮	49.66		-26.92		-4.06		-0.16		-121.7	
差异　t 检验值	14.97 **		-14.61 **		-11.30 **		-6.33 **		-1.33^{NS}	

** 和 * 分别表示达 0.01 和 0.05 显著水平，^{NS} 表示未达 0.05 显著水平，下同。

表4-15　18个杂交组合在施氮与不施氮下的氮、磷、钾素的稻谷生产效率

项目	氮(g Grain/g N)		磷(g Grain/g P)		钾(g Grain/g K)		籽粒收获指数	
	施氮	不施氮	施氮	不施氮	施氮	不施氮	施氮	不施氮
极小值	47.32	54.97	241.65	285.78	74.61	76.89	0.55	0.55
极大值	67.09	78.23	349.24	371.73	131.28	130.92	0.70	0.69
方差分析 F 值	4.95**	2.99**	3.82**	5.70**	8.51**	6.10**	3.17**	3.84**
平均值	57.35	70.35	292.47	328.04	95.39	107.12	0.62	0.64
差异 施氮-不施氮	-13.00		-35.57		-11.73		-0.02	
差异 t 检验值	-14.62**		-12.27**		-10.96**		-8.18**	

表4-16　氮、磷、钾素的稻谷生产效率及籽粒收获指数间的回归分析

x	y	回归方程	r	R^2	n
氮素稻谷生产效率	籽粒收获指数	$y=0.003x+0.436\,1$	0.730 8**	0.534 1	36
P素稻谷生产效率	籽粒收获指数	$y=0.000\,8x+0.395\,5$	0.720 9**	0.519 7	36
K素稻谷生产效率	籽粒收获指数	$y=0.002x+0.428\,8$	0.818 2**	0.669 5	36
氮素稻谷生产效率	P素稻谷生产效率	$y=3.163\,8x+108.24$	0.798 1**	0.637 0	36
氮素稻谷生产效率	K素稻谷生产效率	$y=1.174\,1x+26.29$	0.686 0**	0.470 6	36
P素稻谷生产效率	K素稻谷生产效率	$y=0.295\,3x+9.622\,4$	0.684 1**	0.468 0	36

二、施氮对品种间氮、磷、钾吸收效率的影响

为了比较施氮对植株营养含量及干物质分配的影响，将18个杂交组合在施氮与不施氮2处理下氮、磷、钾在植株茎鞘、绿叶、籽粒中的含量与干物质分配和整株平均值的成对比较分析结果列于表4-17。从表4-17可见如下结论。①植株茎鞘和绿叶中的营养含量及干物质分配在2个施氮处理间的差异趋势基本一致，除施氮处理的N/P值比未施氮处理分别下降5.30%和9.32%外，其他测定值均比未施氮处理极显著提高；籽粒中则表现为钾含量、P/K值和干物重在2个施氮处理间的差异不显著，施氮处理的其他测量值均比未施氮处理极显著增加；从整株平均值看，除P/K值在2个施氮处理间的差异不显著外，其余测定值表现为比未施氮处理极显著增加。②施氮在提高植株含氮量的同时，也提高了植株对土壤磷和钾的吸收量，磷素的提高程度明显高于钾素，而且主要提高了茎鞘和绿叶中的含量，其中磷提高了26.42%~43.52%，钾提高了5.08%~7.27%，在籽粒中磷钾提高较少，磷为2.86%（达极显著水平），钾为1.57%（差异不显著）。表明在稻田基础肥力充足情况下，进一步增施氮

肥后植株的氮、磷、钾和干物质积累量随之增加，但增加量以分配到茎鞘和叶片为主，籽粒产量没有显著提高，稻谷生产效率显著下降。这就是过量施用氮肥导致肥料利用率降低的原因所在。

表4-17　18个杂交组合在施氮与不施氮条件下的
植株氮、磷、钾及干物重的平均值比较

项目		施氮	不施氮	差异		
				施氮—不施氮	比不施氮（±%）	t 检验值
茎鞘	N（%）	0.551	0.408	0.143	35.05	13.81**
	P（%）	0.155	0.108	0.047	43.52	4.30**
	K（%）	1.432	1.335	0.097	7.27	6.31**
	N/P	3.716	3.924	-0.208	-5.30	-4.12**
	N/K	0.391	0.308	0.083	26.95	11.55**
	P/K	0.109	0.082	0.027	32.93	11.06**
	干物重（g/hill）	24.94	23.66	1.28	5.41	4.87**
绿叶	N（%）	1.293	1.133	0.160	14.12	11.89**
	P（%）	0.134	0.106	0.028	26.42	13.11**
	K（%）	0.992	0.944	0.048	5.08	5.36**
	N/P	9.906	10.924	-1.018	-9.32	-9.65**
	N/K	1.320	1.205	0.115	9.54	6.95**
	P/K	0.135	0.113	0.022	19.47	11.03**
	干物重（g/hill）	9.98	7.75	2.23	28.77	32.91**
籽粒	N（%）	1.274	1.104	0.170	15.40	15.23**
	P（%）	0.252	0.245	0.007	2.86	6.16**
	K（%）	0.258	0.254	0.004	1.57	1.90NS
	N/P	5.076	4.507	0.569	12.62	14.45**
	N/K	5.008	4.395	0.613	13.95	10.64**
	P/K	0.994	0.977	0.017	1.74	1.68NS
	干物重（g/hill）	56.78	56.24	0.54	0.96	1.09NS

（续表）

项目		施氮	不施氮	差异		
				施氮—不施氮	比不施氮（±%）	t 检验值
整株	N（%）	1.081	0.919	0.162	17.63	17.47 **
	P（%）	0.217	0.196	0.021	10.71	8.85 **
	K（%）	0.658	0.606	0.052	8.58	10.63 **
	N/P	5.092	4.683	0.409	8.73	5.20 **
	N/K	1.661	1.525	0.136	8.92	9.82 **
	P/K	0.327	0.326	0.001	0.31	0.21 NS
	干物重（g/hill）	91.7	87.7	4.00	4.56	4.95 **

三、植株氮、磷、钾含量与干物质积累的关系

经相关分析，虽然绿叶的氮、磷含量分别与其单穴干物质重呈极显著正相关，但茎鞘和籽粒中的含量与单穴干物质重没有显著相关，最终整株平均的氮、磷、钾含量分别与单穴干物质重的相关系数也不显著；单茎干物重与含氮量呈显著或极显著负相关，与含磷量和含钾量没有相关性（表4-18）。表明降低成熟期单茎地上部干物重可显著提高植株对氮素的吸收能力。由于植株氮、磷、钾含量间存在显著或极显著正相关关系（表4-19），因此降低成熟期单茎干物重对提高植株的磷、钾含量同样有作用，只是其程度没有对氮的作用大。本试验18个杂交组合施氮处理比不施氮处理植株内氮、磷、钾含量提高了13.53%～22.95%，是生物产量和氮、磷、钾含量共同提高的结果。其中，因氮、磷、钾含量提高的作用较大，占总量的66.30%～80.16%，且氮>磷>钾；因干物质重增加值的作用较小，占总量的19.84%～33.70%，表现为钾>磷>氮（表4-20）。

综合以上结果，水稻成熟期单茎地上部干物质重低有利于提高氮的吸收能力，对磷钾也有一定作用，而单茎地上部干物质重又与单穴有效茎数呈极显著负相关（-0.5511**）。表明选用分蘖力强的穗数型杂交组合，有利于提高对氮素的吸收能力。然而，植株对养分的吸收能力与其利用效率呈极显著负相关关系（N、P、K的稻谷生产率分别与其地上部植株N、P、K含量的相关系数分别为 -0.9242**、0.8819**、0.9451**），因此，对水稻吸肥能力强弱品种的选择应因稻田基础肥力和施肥水平而定，不可一概而论。

表 4-18　成熟期植株氮、磷、钾含量（%）与干物质重（g）的相关系数

项目	茎鞘			叶			籽粒			整株		
	氮	磷	钾	氮	磷	钾	氮	磷	钾	氮	磷	钾
单穴重	0.253 3	0.328 0	-0.095 8	0.532 7 **	0.457 4 **	0.141 0	-0.130 1	-0.135 8	-0.097 6	0.090 4	-0.043 0	-0.085 4
单茎重	-0.346 8 *	-0.046 8	-0.321 9	-0.367 2 *	0.303 0	-0.012 8	-0.520 9 **	-0.178 1	-0.147 9	-0.404 7 *	-0.250 9	-0.175 2

表 4-19　品种间植株内氮、磷、钾含量（%）间的相关系数

元素	茎鞘		叶		籽粒		整株	
	磷	钾	磷	钾	磷	钾	磷	钾
N	0.647 8 **	0.394 9 *	0.588 7 **	0.377 6 *	0.476 1 **	0.057 9	0.664 9 **	0.423 4 *
P		0.346 2 *		0.461 1 **		-0.192 3		0.380 6 *

表 4-20　18 个杂交中稻组合在施氮与不施氮条件下

成熟期地上部植株对氮、磷、钾积累的差异分析

元素	施氮比不施氮的养分增加率 $(C_1W_1-C_0W_0)/C_0W_0\times100$ （%）	增长因素	
		因养分含量的增加值占总增加值的百分率 $(C_1-C_0)\times W_1/(C_1W_1-C_0W_0)\times100$ （%）	因干物质重的增加值占总增加值的百分率 $C_0\times(W_1-W_0)/(C_1W_1-C_0W_0)\times100$ （%）
N	22.99	80.16	19.84
P	15.76	71.07	28.93
K	13.53	66.30	33.70

注：C_1，施氮处理的植株养分含量（%）；C_0，不施氮处理的植株养分含量（%）；W_1，施氮处理植株干物质重（g/hill）；W_0，不施氮处理植株干物质重（g/hill）。

四、植株氮磷钾的积累与分配比例

植株对氮磷钾的积累与分配比例是确定高效与平衡施肥技术的重要基础。从试验结果（表 4-21）看出，施氮后因氮素含量提高程度上较磷、钾高，以致其磷、钾比例比未施氮处理有所降低。整株平均 N：P：K＝1：（0.20～0.21）：（0.61～0.66），籽粒平均 N：P：K＝1：（0.20～0.22）：（0.20～0.23）。从不同部位的分配比例看，73%～80% 的氮和磷被籽粒吸收，73%～75% 钾分配到茎叶，特别是茎鞘占近 60%（表 4-22）。因此，稻草还田的稻田其钾肥施用量可比不还田的正常施钾量减少 70% 以上。

表4-21　18个杂交中稻组合在施氮与不施氮条件下植株氮、磷、钾吸收量的比值

项目	茎鞘			叶			籽粒			整株		
	N	P	K	N	P	K	N	P	K	N	P	K
施氮	1	0.28	2.60	1	0.10	0.77	1	0.20	0.20	1	0.20	0.61
不施氮	1	0.26	3.27	1	0.09	0.83	1	0.22	0.23	1	0.21	0.66

表4-22　18个组合在两个施氮水平下植株氮、磷、钾的分配　　　　　（%）

项目	N			P			K		
	茎鞘	叶	籽粒	茎鞘	叶	籽粒	茎鞘	叶	籽粒
施氮	13.88	13.03	73.09	19.83	6.86	73.31	59.26	16.43	24.31
不施氮	11.98	10.90	77.11	14.92	4.78	80.30	59.39	13.76	26.85

结论：肥料稻谷生产效率表现为磷素（292.47~328.04g Grain/g P）>钾素（95.39~107.12g Grain/g K）>氮素（57.35~70.35g Grain/g N），氮、磷、钾素的稻谷生产效率与籽粒收割指数间呈极显著正相关；施氮后植株的氮、磷、钾和干物质积累量均随之增加，且磷的增加量高于钾，但增加量均以分配到茎鞘和叶片为主，以致氮、磷、钾的稻谷生产效率均分别比未施氮情况下极显著下降。施氮比不施氮植株内氮、磷、钾积累量提高是生物产量和氮、磷、钾含量共同作用的结果，而且因氮、磷、钾含量提高的作用（66.30%~80.16%）大于生物量增加的作用（19.84%~33.70%）。植株氮、磷、钾含量分别与其稻谷生产效率呈极显著负相关，18个杂交中稻组合地上部植株氮、磷、钾的积累量比为1：（0.20~0.21）：（0.61~0.66），其中73%~80%的氮和磷被籽粒吸收，73%~75%钾分配到茎叶。

第四节　施氮水平对杂交中稻产量的影响与组合间分蘖力关系

　　氮素对水稻生产的影响次于水，但却构成水稻生产成本投入的主要部分。为满足人口不断增加的需要，全球作物单产也一直在持继增长，这与肥料特别是氮肥施用量的增加密切相关。然而，随着水稻氮肥施用量的增加，不但导致利用效率显著下降和生产成本提高，而且引起水、土污染等问题。这尤其是在我国更为严重，如全国稻田氮肥利用率为30%~35%，江苏则更低。如此低的氮肥利用率主要是氮肥施用量过高所致。因此，提高水稻氮肥利用率将是我国科学家、稻农和决策者们长期而坚决的任务。

　　挖掘和利用作物自身的潜力是提高养分利用效率的理想途径。因此，国内外就水稻氮素利用效率的基因型差异以及水稻品种类型的遗传差异等方面进行了大量研究。先期研究结果表明，无论是常规稻还是杂交稻，其氮素利用效率均存在显著的基因型差异。但这种差异是否与品种间地上部植株形态、库源结构等性状有关，迄今为止尚无这方面的研究报道。为此，本节以 26 个杂交中稻高产品种为材料，在两种施氮水平条件下，系统评价和分析了两种施氮水平的产量差值与杂交中稻品种间库源结构的关系，以期为氮素高效利用的杂交中稻组合选育、鉴定及其氮肥的高效施用技术研究提供理论与实践依据。

一、26 个杂交组合在两种施氮水平下的产量表现及其影响因子

　　从试验结果（表 4-23）看出，组合间和施氮水平间的产量差异均达极显著水平，但两种施氮水平下的产量随组合而有不同。根据高氮与低氮各 3 次重复产量数据成对比较的 t 检验结果，26 个杂交组合中高氮比低氮极显著增产的有 9 个组合，显著增产的有 13 个组合，产量差异不显著的有 4 个组合。组合间氮素农学利用率变幅为 2.60~14.41kg Grain/kg N，变异系数高达 50%，最大值是最小值的 5.54 倍。表明组合间的氮素利用效率确有较大差异，与前人采用常规稻和杂交稻不同季节种植的研究结果[5-8]相符。

表 4-23　26 个杂交组合在两种施氮水平下的产量比较

组合	高氮（kg/hm²）	低氮（kg/hm²）	差值（高氮-低氮）		
			（kg/hm²）	T 检验值	氮素农学利用率（kg Grain/kg N）
Ⅱ优 498	9 210.0	7 791.0	1 419.0	12.54 **	13.51
内香 2550	8 250.0	7 563.0	687.0	2.97 *	6.54
282A/R781	8 925.0	8 239.5	685.5	3.55 *	6.52
宜香 3728	8 430.0	6 916.5	1 513.5	9.71 **	14.41
D62A/1345	9 742.5	9 415.5	327.0	2.14 NS	3.11
Ⅱ优 838	8 955.0	8 268.5	686.5	4.38 *	6.54
Ⅱ优 5776	8 557.5	7 585.0	972.5	6.29 **	9.26
400A/178	8 347.5	8 018.5	329.0	1.88 NS	3.13
G49A/R498	8 040.0	7 533.5	506.5	3.26 *	4.82
Ⅱ优 892	7 732.5	6 468.0	1 264.5	7.03 **	12.04
宜香 848	9 195.0	8 922.5	272.5	1.95 NS	2.60

（续表）

组合	高氮 (kg/hm^2)	低氮 (kg/hm^2)	差值（高氮-低氮）		氮素农学利用率 (kg Grain/kg N)
			(kg/hm^2)	T 检验值	
宜香 725	8 595.0	8 055.0	540.0	4.15*	5.14
花香 7 号	9 120.0	8 731.5	388.5	3.11*	3.70
内香 8514	9 555.0	9 084.5	470.5	3.62*	4.48
宜香 3724	8 760.0	8 062.5	697.5	3.49*	6.64
内香 8516	9 420.0	8 268.5	1 151.5	8.98**	10.97
803A/5240	9 165.0	8 401.0	764.0	5.93**	7.28
冈优 725	8 595.0	7 408.5	1 186.5	14.85**	11.30
D66A/2510	8 737.5	8 254.0	483.5	3.81*	4.60
D69A/R326	8 377.5	8 062.5	315.0	0.78[NS]	3.00
II 优 602	9 052.5	8 129.0	923.5	6.47**	8.80
II 优 7 号	8 782.5	8 283.5	499.0	4.06*	4.75
91A/4835	8 625.0	7 938.0	687.0	3.90*	6.54
29A/R8258	8 370.0	7 982.0	388.0	3.32*	3.69
91A/3098	8 880.0	8 173.0	707.0	6.76**	6.73
II 优 H103	9 082.5	8 584.5	498.0	4.17*	4.74
平均值	8 788.6	8 082.3	706.3		6.72
CV (%)	5.33	7.74	49.95		50.00
方差分析 F 值	6.49**	9.13**	4.86**		4.87**

注：高氮（施纯氮 150kg/hm^2）、低氮（纯氮 45kg/hm^2），其中底肥 70%，蘖肥 30%；** 差异极显著（$P<0.01$），* 差异显著（$P<0.05$），NS，差异不显著，下同。

进一步分析发现，在 16 个库源性状中，26 个杂交组合在两种施氮水平下的产量差值主要由高氮分蘖力（x_1）、低氮分蘖力（x_2）、高氮有效穗（x_3）、低氮有效穗（x_4）、低氮着粒数（x_{10}）、高氮总颖花量（x_{15}）和低氮总颖花量（x_{16}）7 个因子决定，$y = -6.117\,8 - 0.218\,6x_1 - 0.177\,7x_2 + 0.128\,8x_3 - 0.085\,5x_4 - 0.091\,4x_{10} - 0.000\,7x_{15} + 0.000\,4x_{16}$ $r = 0.912\,04$，F 值 $= 5.358\,4$，$P = 0.002\,6$。虽然产量差值分别与高氮分蘖力（x_1）、低氮分蘖力（x_2）、低氮有效穗（x_4）和低氮总颖花量（x_{16}）呈极显著负相关，但偏相关系数仅有高氮分蘖力（x_1）1 个因子达显著水平（表 4-24）。再从 26 个杂交组合在两种施氮水平下不同产量差值组合的分蘖力比较看，分蘖力表现为极显著组合<显著

组合<不显著组合（表4-25）。说明分蘖力是影响组合间氮素利用效率主要因素，而且分蘖力越强的杂交组合，增施氮肥的增产作用越小。

表4-24　产量差值（y）及其相关因子（x）的相关系数和偏相关的显著性测验

相关项目	相关系数	显著水平	偏相关系数	t值	显著水平
高氮分蘖力（y，x_1）	-0.869 1**	0.000 1	-0.518 3	2.185 2*	0.046 4
低氮分蘖力（y，x_2）	-0.633 9**	0.000 5	-0.361 3	1.397 2	0.184 1
高氮有效穗（y，x_3）	-0.224 6	0.270 0	0.453 9	1.836 7	0.087 6
低氮有效穗（y，x_4）	-0.659 7**	0.000 3	-0.465 8	1.897 7	0.078 6
低氮着粒数（y，x_{10}）	-0.076 2	0.711 4	-0.480 8	1.977 0	0.068 1
高氮总颖花量（y，x_{15}）	-0.155 5	0.448 1	-0.441 4	1.773 4	0.097 9
低氮总颖花量（y，x_{16}）	-0.643 2**	0.000 4	0.429 8	1.716 2	0.108 2

表4-25　26个杂交中稻组合在两种施氮水平下不同产量差值表现组合的分蘖力比较

产量差值表现	组合数	施氮水平	产量差值（高氮-低氮）（kg/hm²）		分蘖力（No./plant）	
			变幅	平均值	变幅	平均值
极显著组合	9	高氮	707.0~1 513.5	1 100.2	5.50~8.75	7.55
		低氮			4.50~6.90	5.89
显著组合	13	高氮	388.0~697.5	555.2	7.19~9.40	7.83
		低氮			4.75~7.30	6.43
不显著组合	4	高氮	272.5~329.0	310.9	8.19~9.99	9.29
		低氮			6.00~8.35	7.33

二、杂交组合分蘖力影响其氮素利用效率的原因

（一）两种施氮水平下库源性状的变异

经方差分析，两种施氮水平下26个杂交组合的叶粒比、SPAD值与有关产量性状均存在显著或极显著差异，各性状的极小值、极大值、平均值和变异系数列于表4-26。从表4-26看出，26个组合在高氮条件下的叶粒比、SPAD值、总颖花量、有效穗数的平均值分别比低氮条件增加了7.1%、11.3%、7.5%和11.4%，每穗着粒数比低氮条件减少8.1%，结实率和千粒重变化不大，最终26个杂交组合高氮比低氮平均增产8.7%。但是，各杂交组合的增产量有较大差异，变异系数高达49.95%（表4-23）。

表4-26　26个杂交中稻组合在两种施氮水平下的源库性状表现

施氮水平	项目	叶粒比 (mg/ Grain)	SPAD值	总颖花量 (×10⁴/ m²)	有效穗 (×10⁴/ hm²)	着粒数 (粒/穗)	结实率 (%)	千粒重 (g)	产量 (kg/hm²)
高氮	最小值.	5.49	38.2	3.02	178.13	137.53	69.04	25.90	7 732.5
	最大值.	8.74	42.6	4.14	245.63	213.46	91.32	33.93	9 742.5
	平均值	6.94	40.4	3.72	210.88	172.53	81.58	29.34	8 788.6
	CV (%)	9.55	3.01	9.47	8.05	10.47	6.92	6.71	5.33
	组合间F	2.04*	1.85*	3.17**	2.45**	6.43**	12.84**	7.93**	6.49**
低氮	最小值	5.10	33.4	2.78	146.25	148.08	72.44	25.7	6 468.0
	最大值	7.25	40.3	4.37	226.88	237.65	92.05	33.6	9 415.5
	平均值	6.48	36.3	3.46	184.86	187.77	82.25	29.39	8 082.3
	CV (%)	9.88	4.17	12.14	11.38	10.92	7.00	6.45	7.74
	组合间F	3.96**	1.96*	8.35**	9.47**	3.77**	4.28**	6.61**	4.55**
差值 高氮-低氮	最小值	0.39	4.8	0.24	31.88	-10.55	-3.40	0.20	1 265.4
	最大值	1.47	2.3	-0.03	18.75	-24.19	-0.73	0.33	327.0
	平均值	0.46	4.1	0.16	26.02	-15.24	-0.67	-0.05	706.3
	CV (%)	-0.33	-1.16	-2.67	-3.33	-0.45	-0.08	0.26	-2.41
	组合间F	2.32**	1.74*	5.38**	10.03**	1.99*	3.60**	6.83**	9.13**
高氮均值/低氮均值 (%)		107.1	111.3	107.5	114.1	91.9	99.2	99.8	108.7

(二) 高氮比低氮增产量在杂交组合间存在较大差异的原因

从试验结果 (表4-27) 可见, 在低氮条件下杂交组合分蘖力越强, 不仅在低氮条件下的有效穗数、总颖花量和产量均越高, 而且在高氮条件下其分蘖力、有效穗数也越多; 但由于低氮分蘖力与高氮条件下成穗率呈极显著负相关, 导致杂交组合间低氮分蘖力分别与两种施氮水平下其有效穗差值和总颖花量差值呈显著负相关关系, 高氮条件下总颖花量和产量均与低氮条件下分蘖力没有相关性。换言之, 在低氮条件下分蘖力越强的杂交组合有效穗越多而高产, 但在高氮条件下其有效穗进一步增加的幅度小于分蘖力弱的杂交组合, 因而分蘖力越弱的杂交组合在高氮条件下增产的幅度越大, 最终表现为26个杂交组合两种施氮水平下产量差值与分蘖力呈极显著负相关关系 (图4-1)。这就是杂交中稻组合间分蘖力影响其氮素利用效率的原因所在。

表 4-27 杂交中稻主要性状间的回归分析

x	y	回归方程	r	n
低氮分蘖力 （No./plant）	低氮有效穗 （×10⁴/hm²）	$y=14.115x+95.171$	0.712 4 **	24
低氮有效穗 （×10⁴/hm²）	低氮总颖花量 （×10⁴/m²）	$y=122.49x+11\,923$	0.782 9 **	24
低氮总颖花量 （×10⁴/m²）	低氮产量 （kg/hm²）	$y=0.061\,3x+6\,253.2$	0.459 3 *	24
低氮分蘖力 （No./plant）	低氮产量 （kg/hm²）	$y=226.91x+6\,932$	0.350 9 *	24
低氮分蘖力 （No./plant）	高氮分蘖力 （No./plant）	$y=0.742\,6x+3.228\,5$	0.801 8 **	24
低氮分蘖力 （No./plant）	高氮有效穗 （×10⁴/hm²）	$y=7.457\,8x+163.5$	0.400 7 *	24
低氮有效穗 （×10⁴/hm²）	高氮有效穗 （×10⁴/hm²）	$y=0.857\,7x+3.992\,8$	0.792 4 **	24
低氮分蘖力 （No./plant）	高氮成穗率（%）	$y=-0.035x+0.859\,4$	−0.444 4 **	24
低氮分蘖力 （No./plant）	高氮与低氮的有效穗差值 （×10⁴/hm²）	$y=-7.861\,8x+76.746$	−0.452 0 *	24
低氮分蘖力 （No./plant）	高氮与低氮总颖花量差值 （×10⁴/m²）	$y=-1\,253.3x+9\,622.2$	−0.331 2 *	24
低氮分蘖力 （No./plant）	高氮总颖花量 （×10⁴/m²）	$y=485.15x+33\,143$	0.133 4	24
低氮分蘖力 （No./plant）	高氮产量 （kg/hm²）	$y=106.13x+8\,041.8$	0.216 3	24

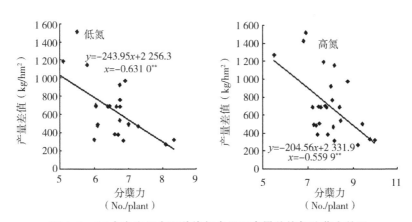

图 4-1 26 个杂交组合两种施氮水平下产量差值与分蘖力关系

(三) 氮素利用效率高的杂交中稻组合预测

前已述及，杂交组合分蘖力越弱，增施氮肥的增产作用越大，即对氮素的利用效率越高。但分蘖力弱到何种程度才是高效利用氮素的杂交组合呢？

利用 26 个杂交组合在两种施氮水平下的氮素农学利用率 (x) 和高氮条件下的分蘖力 (y) 数据，可得线性回归方程 $y = -0.160\ 9x + 9.028\ 7$，$r = -0.869\ 1^{**}$，$R^2 = 0.755\ 3$。根据试验所在地区的尿素和稻谷的市场价格计算，1kg N 与 1.5kg 稻谷等价。因此，理论上当 $x = 1.5$ 时，高氮条件下增产不增收。因而解得高氮比低氮增产又增效的组合分蘖力临界值 $y \leqslant 8.79$。即在本试验高氮（当地高产栽培）条件下，最高苗期单株分蘖数少于 8.79 个的杂交组合是增产又增收的；相反，单株分蘖数多于 8.79 个的杂交组合是增产减收的，应适当降低氮素施用量，方能实现种稻经济效益最大化和降低氮素对环境污染度之功效。

结论：在低氮条件下杂交组合分蘖力越强，不仅在低氮条件下的有效穗数、总颖花量和产量均越高，而且在高氮条件下其分蘖力、有效穗数也越多。由于低氮分蘖力与高氮条件下成穗率呈极显著负相关，导致杂交组合间低氮分蘖力分别与两种施氮水平下其有效穗差值和总颖花量差值呈显著负相关关系，最终表现为两种施氮水平下产量差值与杂交组合间分蘖力呈极显著负相关关系。最高苗期单株分蘖数少于 8.79 个为判断杂交组合氮素利用效率高的临界指标。

第五节　适宜氮后移施肥法的杂交中稻品种类型

在保证水稻高产前提下，进一步提高肥料特别是氮肥利用率是近年国内外研究的热点。因此，我国近年来在提高水稻氮肥利用效率的主要方法有两个，一是精准确定施氮量后，将部分氮肥适当后移；二是利用水稻关键时期的叶色诊断进行氮肥精准追施量。由于水稻拔节以后生物产量提高很快，对养分的需求增大，采用前氮后移，使植株养分吸收与供应同步，有利于提高氮肥利用效率，获得高产。水稻前氮后移的目的是通过控制前期施氮量，适当降低苗峰，改善群体透光率提高成穗率，以保证水稻高产足够的有效穗数；同时将前期氮肥后移作穗肥，以促进幼穗分化和减少颖花退化而提高穗粒数而增产。一些前氮后移研究有明显增产效果，也有一些没有作用。四川盆地东南部（含重庆市）丘陵河谷地区，冬水（闲）田长期维持在 100 万~130 万 hm^2，其中年种一季杂交中稻（或再生稻）的单一粮食生产模式占 90% 左右。水稻高产施氮长期以重底早追（底肥占 70%，蘖肥占 30%）法为主。与两季田相比，冬水田最大的特点是保水、保肥能力强，即使在重底早追施氮方式情况下，通常也能维持中后期植株对养分的供应，以致前氮后移的增产效果并不明显。不同地区氮后移比例差异较大（40%~60%），由于冬水田的保水保肥能力强，一般氮后移适宜比例为40%的氮肥后移。作者2011年、2012年，以杂交中稻高产组合川香优9838为材料，在西南稻区的5~6个生态点的研究结果表明，氮后移的增产效果及高效施氮量分别与地力产量呈显著负相关关系，当稻田地力产量超过7000kg/hm²时，氮肥后移增产作用不明显。但是水稻品种不同，对养分的需求特性也有差异。本文以20个杂交中稻组合为材料，在冬水田条件下探索不同杂交稻组合对前氮后移的响应，以期为筛选冬水田区适宜大面积实施前氮后移的水稻品种提供依据。

一、两种施氮方式下20个杂交组合的产量及相关性状表现

从试验结果（表4-28）可见，20个杂交组合分别在两种施氮方式下的产量相关性状均达极显著差异，方差分析 F 值8.89~149.08（ $P < 0.01$ ）。两种施氮方式下20个杂交组合的产量性状及粒叶比的成对数据平均值的差异显著性分析表明，前氮后移处理的有效穗数比重底早追显著降低，但其结实率和千粒重分别显著或极显著提高，最高苗数、穗粒数和粒叶比在两种施氮方式间差异不显著。因此，不同杂交组合在两种施氮方式间的产量表现不尽相同。

20个杂交组合前氮后移平均产量8 981.90kg/hm²，比重底早追增产1.62%，根据同一杂交组合在两种施氮方式间3次重复产量数据的成对比较的 t 检验结果（表4-29），内5优306、蓉18优447、德香4103、内5优317和川谷优7329这5个组合在前氮后移下比重底早追法显著或极显著增产，而花香优1号、冈优169、炳优900、金冈优983共4个组合则前氮后移下比重底早追法显著或极显著减产，其余11个组合在两种栽培方式下产量差异不显著。相关分析显示，同一组合在两种施氮方式下的产量差值分别与两种施氮方式下杂交组合的穗粒数呈极显著负相关，相关系数分别为 $-0.787\,0^{**}$ （ $n = 20$ ）和 $-0.798\,6^{**}$ （ $n = 20$ ）。表明穗粒数较少的组合前氮后移比重底早追增产。本试验中前氮后移比重底早追增产的5个组合，其前氮后移和重底早追的平均穗粒数分别为189.92粒和185.61粒，属中穗型组合；11个产量持平组合两种施氮方式的平均穗粒数分别为222.48粒和224.29粒，为大穗型组合；4个减产组合两种施氮方式的平均穗粒数分别为266.59粒和273.34粒，属特大穗型组合。再根据前氮后移的多重比较与两种施氮方式下的产量差值比较（表4-29）可见，在前氮后移下产量较高又比重底早追显著增产5.70%~9.07%的组

合为内5优306、蓉18优447、内5优317和川谷优7329，虽然德香4103也表现前氮后移比重底早追显著增产，但比前述4个组合低。

表4-28　20个杂交组合在两种施氮方式下的产量相关性状**

处理	品种	最高苗 x_1 (×10⁴/hm²)	有效穗 x_2 (×10⁴/hm²)	穗粒数 x_3	结实率 x_4 (%)	千粒重 x_5 (g)	粒叶比 x_6 (spikelets/cm²)
	花香优1号	246.60def	150.90bcd	245.56cd	84.78bcd	30.57d	0.848ab
	内5优306	285.15ab	192.90abc	192.31jk	87.55ab	30.92cd	0.664e
	川优6203	290.10a	156.15d	206.29gh	84.06bcd	30.93cd	0.773cd
	蓉18优447	277.80abc	197.25ab	195.07ij	83.83bcd	32.26a	0.578fg
	冈优169	273.60abcd	162.60cd	245.17cd	79.92de	29.40g	0.836abc
	乐优198	230.25ef	167.25cd	227.19ef	84.25bcd	28.50h	0.797bcd
	宜香优800	250.95cdef	178.05abc	223.47f	76.88de	30.45de	0.834abc
	蓉优1808	230.55ef	155.85d	234.05e	81.85cde	30.64d	0.862ab
	冈比优99	266.50abcd	156.30d	251.03c	82.34cde	27.90i	0.810bcd
	冈优725	263.55abcd	160.05d	233.20e	89.01a	26.98j	0.857ab
前氮后移	Y两优973	259.65bcd	158.10d	242.14d	87.75ab	27.82i	0.895a
	德香4103	253.35cde	178.65abc	196.17ij	85.5bcd	31.69b	0.657e
	炳优900	189.75g	136.05e	310.30a	75.44e	24.31l	0.897a
	渝香优203	247.95def	189.15abc	201.08hi	73.27e	29.90fg	0.791bcd
	金冈优983	225.90f	165.30cd	265.34b	79.50de	26.79j	0.892a
	F优498	230.55ef	171.90cd	209.80g	86.07abc	28.64h	0.745d
	内5优317	284.25ab	206.70a	174.33l	85.55abc	31.55b	0.505h
	川农优华占	262.65bcd	206.10a	220.04f	75.56e	25.84k	0.633ef
	蓉优22	256.20cde	192.15abc	199.03hij	81.99cde	30.00ef	0.566gh
	川谷优7329	248.10def	191.70abc	186.72k	86.83abc	31.44bc	0.539gh
	平均	253.65	173.70	222.91	82.60	29.33	0.749
	F值	8.89**	12.77**	149.08**	11.13**	142.06**	34.85**

（续表）

处理	品种	最高苗 x_1 (×10⁴/hm²)	有效穗 x_2 (×10⁴/hm²)	穗粒数 x_3	结实率 x_4 (%)	千粒重 x_5 (g)	粒叶比 x_6 (spikelets/cm²)
重底早追	花香优1号	283.65ab	163.65cde	255.45c	80.90bc	30.06de	0.850bcd
	内5优306	305.85a	189.90bcd	186.79kl	85.95b	30.78c	0.593i
	川优6203	283.35ab	158.70de	208.56ij	83.54b	30.09de	0.758efg
	蓉18优447	274.65bc	184.20d	200.03jk	80.57bc	32.21a	0.790def
	冈优169	268.20bcd	178.65cd	250.81cd	80.24bc	28.66f	0.872abc
	乐优198	238.35ef	174.75cd	231.20ef	81.57bc	28.10f	0.819cde
	宜香优800	256.35cde	178.35cd	222.70fg	75.40d	30.64cd	0.768efg
	蓉优1808	226.50f	159.30de	239.46de	78.87c	30.21cde	0.757efg
	冈比优99	238.95ef	167.70cde	256.12c	79.63c	27.20g	0.932a
	冈优725	264.90bcd	170.25cde	236.29ef	88.74a	26.47h	0.864abc
	Y两优973	245.40def	166.65de	245.20cd	85.48ab	27.15g	0.700gh
	德香4103	256.35cde	174.15cd	190.93kl	83.18b	31.40b	0.586i
	炳优900	190.80g	151.65e	314.72a	74.58d	23.35j	0.900ab
	渝香优203	255.60cde	187.65bcd	202.70k	78.18c	29.75e	0.669h
	金冈优983	239.55ef	178.95cd	272.39b	78.86c	25.85i	0.714gh
	F优498	246.90def	177.45cd	215.43gh	82.58bc	28.39f	0.726fgh
	内5优317	299.70a	204.90ab	169.74l	83.53b	31.45b	0.553i
	川农优华占	287.55ab	213.60a	223.46fg	78.24c	25.21i	0.699gh
	蓉优22	275.25bc	192.90bc	186.21kl	83.59b	29.79e	0.566i
	川谷优7329	266.40bcd	189.30bcd	180.56kl	83.80b	31.61b	0.534i
	平均	12.52**	9.50**	69.13**	10.65**	140.77**	30.19**
	F值	260.25	178.13	224.44	81.37	28.92	0.733
	T值*	1.984	2.598*	1.212	2.447*	5.314**	0.767
	p	0.0619	0.0177	0.241	0.0243	0.0000	0.4510

注：不同小写字母表示同一处理不同品种间差异在0.05水平显著。

表4-29　两种施氮方式杂交品种产量 *t* 检验　　　　　　（kg/hm²）

品种	前氮后移 （kg/hm²）	重底早追 （kg/hm²）	差值 （前氮后移−重底早追）	*t*
花香优1号	9 429.45abc	9 902.55a	−472.95	−15.24**
内5优306	9 520.05ab	9 006.90bcde	513.30	8.75*
川优6203	7 980.30gh	7 789.20g	191.25	1.28
蓉18优447	9 681.15a	8 875.95cdef	805.05	11.73**
冈优169	8 835.75bcde	9 419.40bc	−583.65	−7.79*
乐优198	8 936.40bcde	8 614.35def	322.05	3.57
宜香优800	9 258.45abcd	8 926.35bcdef	332.10	2.86
蓉优1808	9 218.10abcde	8 835.75def	382.35	3.70
冈比优99	8 584.20ef	8 765.25def	−181.20	−1.08
冈优725	8 996.70bcde	8 875.95cdef	120.75	0.96
Y两优973	9 389.25abc	9 399.30bc	−10.05	−0.02
德香4103	8 956.50bcde	8 443.35f	513.30	8.75*
炳优900	7 296.00h	7 819.35g	−523.35	−6.44*
渝香优203	8 232.00fg	8 483.55ef	−251.55	−2.82
金冈优983	9 107.40bcde	9 600.60b	−493.20	−8.37*
F优498	8 855.85cde	8 453.40f	402.60	3.28
内5优317	9 670.95a	8 664.60def	1 006.35	21.34**
川农优华占	8 664.60def	8 936.40bcdef	−271.65	−1.51
蓉优22	9 328.80abc	8 896.20cdef	432.75	2.08
川谷优7329	9 696.15a	9 072.15bcd	624.00	8.67*
平均	8 981.90	8 839.03	142.87	

注：不同小写字母表示同一处理不同品种间差异在0.05水平显著。

二、影响前氮后移增产效应的杂交组合的关键产量性状

20个杂交组合在前氮后移和重底早追下成穗率与最高苗的相关系数 *r* 分别为 −0.392 5、−0.641 8**，说明分蘖力强的品种成穗率低；前氮后移的20个杂交组合平均最高苗数为253.65万/hm²、有效穗173.70万/hm²、成穗率68.72%和穗粒数222.91粒，分别比重底早追减少2.76%、2.55%、1.31%和0.69%，表明前氮后移虽然控制了苗峰，但同时有效穗数也有所下降，成穗率并未提高，最终产量差值与成穗率相关不显著（*r* 分别为0.262 3、0.181 1）。

以 20 个品种前氮后移、重底早追的产量、产量相关性状平均值（表 4-28）为自变量 x，以两种施氮方式间的产量差值（表 4-29）为因变量 y，进行回归与通径分析。前氮后移处理下，对增产效果起重要作用的是品种的穗粒数（x_3）和结实率（x_4）；重底早追处理下，最高苗数（x_1）和穗粒数（x_3）起关键作用。穗粒数（x_3）是对前氮后移增产作用影响最大的产量因子（表 4-30）。穗粒数（x_3）对两种施氮处理产量差值的直接贡献最大，间接作用总和中则以最高苗数（x_1）的作用较大（表 4-31）。

表 4-30　两种施氮处理下水稻产量差值与组合间产量相关性状的回归分析 *

处理	回归方程	R^2	F 值	偏相关系数	t 值	显著水平
前氮后移	$y=1\,623.14-5.672\,7x_1-12.565\,1x_3+33.410\,7x_4$	0.734 3	14.74 **	$r\,(y,\,x_1)=-0.394\,8$	1.72	0.103 8
				$r\,(y,\,x_3)=-0.782\,5$	5.03 **	0.000 1
				$r\,(y,\,x_4)=0.495\,9$	2.28 *	0.035 5
重底早追	$y=5\,070.51-6.774\,0x_1-14.101\,6x_3$	0.711 5	20.95 **	$r\,(y,\,x_1)=-0.453\,7$	2.10 *	0.050 2
				$r\,(y,\,x_3)=-0.814\,9$	5.80 **	0.000 0
平均	$y=2\,526.47-8.045\,5x_1-13.504\,1x_3+32.988\,1x_4$	0.746 7	15.72 **	$r\,(y,\,x_1)=-0.499\,1$	2.30 *	0.034 1
				$r\,(y,\,x_3)=-0.802\,9$	5.39 **	0.000 0
				$r\,(y,\,x_4)=0.431\,3$	1.91	0.072 9

注：y，产量差值（前氮后移-重底早追）；x_1，最大分蘖数（$\times10^4/hm^2$）；x_3，穗粒数；x_4，结实率。

表 4-31　两种施氮处理下水稻产量性状对产量差值的通径分析

处理	产量因子	r	直接作用	间接作用			
				总和	$\rightarrow x_1$	$\rightarrow x_3$	$\rightarrow x_4$
前氮后移	x_1	0.374 1	-0.293 7	0.667 8		0.548 53	0.119 31
	x_3	-0.787 0	-0.857 1	0.070 1	0.187 9		-0.117 8
	x_4	0.526 7	0.322 1	0.204 6	-0.108 8	0.313 4	
重底早追	x_1	0.375 2	-0.389 1	0.764 3		0.764 3	
	x_3	-0.797 9	-1.074 6	0.276 7	0.276 7		
平均	x_1	0.390 7	-0.421 1	0.811 8		0.687 6	0.124 2
	x_3	-0.794 3	-0.973 3	0.179 0	0.297 5		-0.118 5
	x_4	0.504 0	0.274 2	0.229 8	-0.190 7	0.420 5	

注：y，产量差值（前氮后移-重底早追）；x_1，最大分蘖数（$\times10^4/hm^2$）；x_3，穗粒数；x_4，结实率。

三、穗粒数较少品种适宜前氮后移施肥法的原因分析

20个杂交组合在两种施氮方式下水稻产量性状间的相关分析（$n=40$）可见，分蘖力越强组合的有效穗越高（$r=0.550\,5^{**}$），而穗粒数随有效穗数增加而降低（$r=-0.704\,3^{**}$）；穗粒数分别与结实率和千粒重呈极显著负相关（r分别为$-0.416\,8^{**}$和$-0.776\,7^{**}$），穗粒数多的组合粒叶比（粒/cm²）越高（$r=0.786\,2^{**}$），即库大源小，库源矛盾越大。20个杂交组合的穗粒数对两种处理产量和穗粒结构的差值影响（表4-32）看，不同穗粒数组合间表现不一致，穗粒数越多的组合，前氮后移之后其有效穗数、穗粒数和产量分别比重底早追施氮法下降越多，千粒重却提高越多，对结实率的影响不明显。

将20个参试组合中，5个增产组合、11个持平组合和4个减产组合的产量及其穗粒结构平均值列于表4-33可见，穗粒数在190粒以下的中穗型组合，两种施氮处理的有效穗、穗粒数和结实率明显增加，千粒重差异不显著，增产7.86%；穗粒数225粒左右的大穗型持平组合在产量及其穗粒结构差异上均不显著；穗粒数超过260粒的特大穗型减产组合，有效穗下降8.65%，穗粒数和千粒重也明显减少，结实率差异不显著，最终减产5.64%。究其原因，穗粒数较少的组合，其分蘖力较强，在前氮后移情况下，虽然最高苗数与重底早追相比仍有所下降，因最高苗期群体光照条件改善，成穗率提高，以致有效穗反而比重底早追有所增加，穗粒数、结实率和千粒重因施用穗肥有一定提高，最终增产显著或极显著；穗粒数过大的组合，其分蘖力较弱，在前氮后移（前期施氮少）情况下，因最高苗数明显不够，有效穗数显著下降；虽然施用了穗肥，因前期施氮水平低，植株氮含量水平较比重底早追法要低，特大穗型在穗分化过程中需求的养分也较多，而促花肥施用后要等数天后才能起作用，导致因穗分化初期养分不足而减少了穗粒数；但随着后期穗肥的作用，有效避免了大穗型组合因库源不足所致的结实率和千粒重的进一步下降。因此，穗粒数偏少组合适宜前氮后移。

表4-32　两种施氮方式下杂交组合产量及穗粒结构差值与穗粒数的相关系数

处理	差值（前氮后移-重底早追）				
	有效穗	穗粒数	结实率	千粒重	产量
前氮后移	$-0.827\,1^{**}$	$-0.618\,0^{**}$	0.030 0	$0.749\,7^{**}$	$-0.787\,0^{**}$
重底早追	$-0.828\,0^{**}$	$-0.710\,4^{**}$	0.189 2	$0.753\,0^{**}$	$-0.797\,9^{**}$
平均	$-0.829\,2^{**}$	$-0.668\,1^{**}$	0.043 6	$0.756\,0^{**}$	$-0.794\,2^{**}$

表 4-33　两种施氮方式下增、减产杂交组合产量性状的平均值比较

品种数		处理	有效穗 （×10⁴/hm²）	穗粒数	结实率 （%）	千粒重 （g）	产量 （kg/hm²）
增产	5	前氮后移（P）	193.50a	189.92a	86.85a	31.57a	9 501.90a
		重底早追（H）	188.55b	185.61b	83.41b	31.49a	8 809.65b
		P/H（%）	102.63	102.32	103.27	100.25	107.86
持平	11	前氮后移	171.90a	222.48a	82.09a	28.87a	8 858.55a
		重底早追	177.75a	224.29a	81.62a	28.45a	8 725.05a
		P/H（%）	96.71	99.11	100.58	101.47	101.53
减产	4	前氮后移	153.75b	266.59b	79.91a	27.77a	8 667.15b
		重底早追	168.30a	273.34a	79.15a	26.98b	9 185.55a
		P/H（%）	91.35	97.53	100.97	102.92	94.36

四、适宜前氮后移的杂交组合穗粒数预测

如前所述，穗粒数偏小的杂交组合适宜前氮后移施肥法，但以何种程度为宜呢？根据 20 个参试组合在两种施氮方式下的平均穗粒数（x）与两种施氮方式间的产量差值（y），模拟获得线性回归方程 $y = 2\,607.9 - 11.02x$，决定系数 $R^2 = 0.630\,8$。理论上假设 $y = 0$，前氮后移不比重底早追增产。因此解得适宜前氮后移的杂交组合的穗粒数 $x = 236.65$ 粒/穗，即穗粒数 ≤237 粒的杂交组合，在前氮后移情况下，其产量可望大于或等于重底早追施氮法。

结论：20 个杂交组合分别在两种施氮方式下的产量相关性状均达极显著差异，方差分析 F 值 8.89～149.08（$P < 0.01$）。两种施氮方式下 20 个杂交组合的产量性状及粒叶比的成对数据平均值的差异显著性分析表明，前氮后移处理的有效穗数比重底早追显著降低，但其结实率和千粒重分别显著或极显著提高，最高苗数、穗粒数和粒叶比在两种施氮方式间差异不显著。不同杂交组合在两种施氮方式间的产量表现不尽相同。20 个杂交组合前氮后移平均产量 8 981.90kg/hm²，比重底早追增产 1.62%；前氮后移处理中，内 5 优 306、蓉 18 优 447、内 5 优 317 和川谷优 7329 四个组合不仅产量较高，而且均分别比重底早追法极显著增产。前氮后移比重底早追的增产效果与两种施氮方式下杂交组合的穗粒数呈极显著负相关，相关系数分别为 -0.787 0 和 -0.798 6（$P < 0.01$）。其原因在于，穗粒数较少的组合，其分蘖力较强，在前氮后移情况下，仍能确保较多的有效穗数，而且穗粒数和结实率因施用穗肥有一定提高，最终表现为前氮后移比重底早追法显著或极显著增产；而穗粒数过大的组

合，其分蘖力较弱，在前氮后移前期施氮量较少情况下，因最高苗数明显不够，有效穗数显著下降，加之穗粒数有所降低而减产。前氮后移增产量（y）与杂交组合穗粒数（x）的关系可表述为：$y = 2\,607.9 - 11.02x$（$R^2 = 0.630\,8$）。大面积生产中，穗粒数≤237粒可作为采用前氮后移施肥法的杂交组合品种的选择指标。

参考文献

［1］ 徐富贤，张林，熊洪，等. 杂交中稻组合对冬水田不同栽培模式的适应性研究［J］. 西南农业学报，2014，27（2）：541-548.

［2］ 徐富贤，张林，熊洪，等. 冬水田栽培模式对杂交中稻源库特征和营养吸收利用的影响［J］. 中国稻米，2015，21（6）：19-27.

［3］ 徐富贤，熊洪，张林，等. 冬水田施氮对杂交中稻氮、磷、钾含量及干物质积累与分配的影响［J］. 中国农业科技导报，2012，14（2）：118-126.

［4］ 徐富贤，熊洪，朱永川，等. 施氮水平对杂交中稻产量的影响与组合间分蘖力关系［J］. 西南农业学报，2008，21（院庆专刊）：112-118.

［5］ 徐富贤，张林，熊洪，等. 冬水田杂交中稻品种适应氮肥后移的筛选指标［J］. 植物营养与肥料学报，2014，20（6）：1329-1337.

第五章 不同地域和施氮水平对杂交中稻产量和肥料利用效率的影响

第一节 不同地域和施氮水平对杂交中稻氮、磷、钾吸收累积的影响

西南稻区包括四川、重庆、贵州、云南4省（市）的345个县（区），现有稻田面积460多万 hm^2。区内生态条件复杂，水稻以杂交一季中籼为主，三系杂交水稻应用面积比例大；人多地少，人均稻田占有面积不足 $0.04hm^2$，水稻生产水平差异大，单产变幅 $4\ 500\sim15\ 000kg/hm^2$，急需因地制宜的高产高效施肥技术。

提高稻田肥料利用率是国内外长期以来研究的热点课题。同一水稻品种（组合）在不同生态区种植不仅产量差异较大，而且对肥料养分的吸收利用特点也截然不同。于受研究条件的制约，以往多在同一生态的相同土壤条件下进行比较研究。关于不同生态条件下土壤基础肥力和施肥水平对杂交中稻的需肥规律、吸收肥料特点及其利用效率的研究文献极少。而在水稻生产实践中，必须针对水稻品种特性并结合当地稻田生态条件、土壤条件确定施肥方案，方能在获得较高产量的同时降低生产成本，提高经济效益和生态效益。为此，本节设统一的施氮处理和栽培密度，利用不同生态点各试验处理的产量、肥料利用率差异，研究杂交中稻氮、磷、钾的吸收累积特性与试验地点、土化特性、施氮水平及其互作关系，以期为该生态区杂交中稻的肥料高效利用栽培提供理论与实践依据。

试验在西南稻区的四川、重庆、云南、贵州4省（市）的7个生态点进行，采用相同的试验方案。7个试验点的地理位置及土壤化学特性见表5-1。以杂交中稻Ⅱ优7号和渝香优203为材料，按各地常年高产播种期播种，地膜湿润育秧，中苗移栽，按 $30cm\times16.7cm$ 规格每穴栽双株。试验设4个施氮水平，即在施 P_2O_5 $75kg/hm^2$ 和 K_2O $75kg/hm^2$ 用作底肥基础上，分别设施纯氮

0、90kg/hm²、150kg/hm² 和 210kg/hm²（其中底肥 60%、蘖肥 20% 和穗肥 20%），分别表示为 N0、N90、N150 和 N210，并以不施任何肥料的空白处理作对照（CK）。采用裂区设计，以肥料为主处理，品种为副处理，共 10 个处理，3 次重复。小区面积 16.5 m²，小区间走道 53.3cm，作单埂，区组间走道 86.6cm，作双埂，均用地膜包覆。

　　统计分析，首先对各处理籽粒产量，干物质产量，氮、磷、钾吸收量和收获指数以及每生产 1 000kg 稻谷氮、磷、钾的需要量进行 7 个点与 5 个处理间的联合方差、变异系数与相关分析；然后利用各试验点、各试验处理的 N、P、K 收获指数和每生产 1 000kg 稻谷的氮、磷、钾需要量（y），分别与试验点的经度（x_1）、纬度（x_2）、海拔（x_3），施氮量（x_4），土化特性的有机质（x_5）、全氮（x_6）、全磷（x_7）、全钾（x_8）、pH 值（x_9）、有效氮（x_{10}）、有效磷（x_{11}）、有效钾（x_{12}）进行偏相关与逐步回归分析。其中 x 所代表的含义后同。

表 5-1　各试验点的地理位置及土壤化学特性

类别	贵州小河	云南宾川	重庆永川	四川广汉	四川中江	四川东坡	四川泸县
地理位置							
经度（°）	106.39	100.35	105.71	104.11	105.02	103.83	105.23
纬度（°）	36.30	25.49	29.75	31.03	30.61	30.12	29.10
海拔（m）	1 134	1 420	297	450	350	420	301
土壤化学特性							
土类	紫泥	黑泥	紫泥	紫泥1	棕泥	紫泥	紫泥
有机质（%）	2.940	3.493	2.716	2.373	2.560	2.702	2.611
全氮（%）	0.198	0.248	0.131	0.165	0.159	0.193	0.139
全磷（%）	0.110	0.087	0.039	0.068	0.066	0.058	0.042
全钾（%）	1.10	1.50	1.20	1.15	1.70	1.30	1.35
pH 值	6.78	7.73	5.98	5.85	6.71	6.32	6.07
有效氮（mg/100g）	13.0	12.3	13.4	18.3	9.0	10.8	11.0
有效磷（%）	13.0	14.0	8.7	31.0	9.0	33.0	6.3
有效钾（mg/kg）	206.0	148.0	168.0	44.9	163.0	92.4	81.8

一、试验地点和施肥处理间稻谷产量和氮、磷、钾利用效率的比较

（一）产量

表5-2表明，不同试验地点和施肥处理间产量差异显著。从试验地点看，Ⅱ优7号在四川广汉、四川泸县、重庆永川、贵州小河4个点间产量差异不显著，以四川广汉产量最高，分别比云南宾川、四川中江和四川东坡显著增产；渝香优203则在贵州小河、云南宾川、重庆永川、四川广汉和四川泸县5个点间差异不显著，均分别比四川中江和四川东坡显著增产。就不同施肥处理的平均产量而言，两个品种均表现为每公顷施氮90kg、150kg和210kg 3个处理间差异不显著，均分别比每公顷施氮0kg和CK两个处理显著增产。因此，从高产经济施肥角度考虑，7个试验点总体以施90kg/hm² N效果为佳，但在不同地点间不尽相同，如Ⅱ优7号在贵州小河点和渝香优203在四川中江点则以施150kg/hm² N效果为宜，可能与各试验点所处生态条件和土化特性不同有关。

表5-2　不同地点和施氮量下的收割产量　　　　　　　　　（kg/hm²）

地点	不同施氮处理的产量					
	N0	N90	N150	N210	CK	平均
Ⅱ优7号						
贵州小河	7 267.05c	8 664.90b	9 491.55a	9 482.70a	7 813.65c	8 543.97ab
云南宾川	6 924.00b	8 182.50a	8 212.50a	8 403.00a	6 798.00b	7 704.00bc
重庆永川	8 312.70b	8 729.85a	9 061.05a	8 613.30ab	8 042.70b	8 551.92ab
四川广汉	8 174.85bc	9 161.10a	9 363.60a	8 645.10b	7 697.70c	8 608.47a
四川中江	6 889.65c	7 375.50b	8 219.10a	7 686.00b	6 592.65c	7 352.58cd
四川东坡	5 625.60b	7 288.20a	7 907.85a	7 644.00a	5 251.35b	6 743.40d
四川泸县	8 182.65b	8 839.20a	8 761.80a	8 780.85a	8 319.90b	8 576.88ab
平均	7 339.70b	8 320.18a	8 716.78a	8 464.99a	7 216.56b	8 011.60
渝香优203						
贵州小河	7 115.85c	8 129.25ab	8 515.95a	8 304.90ab	7 402.65bc	7 893.72a
云南宾川	6 786.00b	7 627.50a	8 019.00a	7 914.00a	7 039.50b	7 477.20ab
重庆永川	8 232.90b	8 680.80a	8 877.15a	8 380.20ab	7 901.70b	8 414.55a
四川广汉	7 302.90bc	8 442.00a	8 380.95a	6 901.50c	7 779.00b	7 761.27a
四川中江	5 634.45c	7 051.50b	7 760.25a	7 389.00b	5 432.10c	6 653.46b
四川东坡	5 748.30b	7 386.30a	7 870.95a	7 312.65a	5 331.15b	6 729.87b
四川泸县	8 038.20b	8 512.50a	8 497.80a	8 292.15ab	8 026.05b	8 273.34a
平均	6 979.80b	7 975.69a	8 274.58a	7 784.91a	6 987.45b	7 600.49

注：同一行5个施肥处理之间比较，相同小写字母表示差异不显著；同一列地点间平均值比较，相同小写字母表示差异在0.05水平不显著，N0、N90、N150和N210分别表示施纯氮0、90kg/hm²、150kg/hm²和210kg/hm²。下同。

（二）干物质产量和氮、磷、钾吸收量

Ⅱ优7号的氮、磷、钾在地上部植株中的分配，除籽粒的钾含量在试验地点和施肥水平间差异不显著外，其他的差异达显著或极显著水平（表5-3）；而渝香优203则均表现为在试验地点间差异显著或极显著，施氮水平间只有氮的差异显著，磷和钾不显著（表5-4）。说明品种间对氮、磷、钾的吸收特性不尽相同。此外，氮、磷在籽粒中比例较高（Ⅱ优7号平均分别占地上部总量的65.67%和67.12%，渝香优203平均分别占地上部总量的63.76%和62.00%），钾则在茎鞘中比例较大（Ⅱ优7号、渝香优203分别平均占地上部总量的70.46%和70.14%），2个品种表现一致。

由表5-5看出，35个试验点次处理Ⅱ优7号的平均干物质产量和氮、磷、钾吸收量均分别比渝香优203提高12.78%、13.73%、3.58%和21.23%。各试验地点间干物质产量和氮、磷、钾吸收量差异显著或极显著，施氮水平间除渝香优203的磷、钾不显著外，其他均有显著作用；从试验地点和施肥处理共同作用的影响程度来看，对干物质产量的作用（变异系数15.50%～20.58%）不如对氮、磷、钾吸收量的影响大（变异系数31.09%～51.97%）。2个品种表现一致。

表5-3　Ⅱ优7号地上部植株中氮、磷、钾的分配　　　　　　　　（kg/hm²）

地点	处理	氮			磷			钾		
		茎鞘	叶片	籽粒	茎鞘	叶片	籽粒	茎鞘	叶片	籽粒
贵州小河	N0	15.02	10.74	85.84	2.24	0.82	15.73	101.8	21.72	29.40
	N90	13.22	12.48	109.34	3.20	0.84	13.76	106.2	23.64	26.45
	N150	19.60	10.58	100.89	3.52	0.90	19.88	135.9	23.88	80.24
	N210	27.18	30.10	113.57	3.46	1.70	16.94	154.6	41.18	33.41
	CK	13.96	13.72	64.67	2.80	0.90	12.32	89.02	30.12	21.79
云南宾川	N0	5.92	3.80	68.01	0.92	0.30	12.49	31.78	7.20	25.60
	N90	9.00	4.94	85.69	1.24	0.42	15.00	42.74	8.92	35.18
	N150	8.50	7.16	105.70	1.64	0.54	18.09	40.18	11.18	36.08
	N210	11.48	6.60	95.48	1.86	0.48	13.38	62.48	13.06	33.75
	CK	5.86	3.26	77.90	0.88	0.54	14.40	33.16	7.04	59.91

（续表）

地点	处理	氮			磷			钾		
		茎鞘	叶片	籽粒	茎鞘	叶片	籽粒	茎鞘	叶片	籽粒
重庆永川	N0	18.80	11.78	69.85	6.54	1.42	15.52	104.6	17.66	20.22
	N90	23.70	15.98	109.96	7.56	1.94	23.78	123.7	21.96	31.32
	N150	36.04	30.26	153.87	19.78	3.30	29.79	158.2	30.08	35.36
	N210	25.42	20.22	106.02	7.90	2.38	13.78	115.0	28.76	24.68
	CK	20.68	15.26	104.19	7.02	1.36	19.47	116.5	24.58	27.88
四川广汉	N0	16.20	16.44	90.39	2.16	1.52	14.31	102.8	14.50	23.91
	N90	36.02	53.80	102.78	8.10	5.62	18.30	126.5	31.36	24.92
	N150	38.00	48.36	161.74	7.94	5.08	23.29	173.4	34.32	35.11
	N210	31.06	45.46	126.37	6.36	4.52	19.90	114.9	20.82	25.6
	CK	21.62	30.72	115.74	2.78	2.24	17.26	98.18	13.20	30.23
四川中江	N0	40.46	55.94	100.21	6.94	4.84	15.63	181.5	42.54	20.83
	N90	42.78	67.50	118.67	8.32	5.66	20.69	299.2	73.40	30.71
	N150	66.24	68.94	103.94	10.52	7.32	19.19	349.3	87.32	28.25
	N210	57.54	83.98	107.38	9.96	7.02	16.06	327.6	81.96	22.34
	CK	41.54	62.58	96.70	7.64	5.06	16.13	232.6	57.00	19.03
四川东坡	N0	15.90	28.64	65.70	6.62	2.38	13.28	77.84	20.62	24.27
	N90	15.56	23.54	77.55	5.08	2.20	14.76	72.08	17.42	29.34
	N150	22.54	20.62	77.16	6.02	2.26	13.19	106.3	19.64	20.77
	N210	21.60	28.72	103.79	5.90	3.32	18.37	83.48	19.56	26.42
	CK	18.26	9.74	92.50	3.50	1.00	15.15	78.86	10.58	25.31
四川泸县	N0	16.38	16.36	94.88	5.92	1.74	18.26	96.28	15.50	29.92
	N90	23.16	19.88	102.91	7.20	2.14	19.15	100.0	15.54	31.39
	N150	27.60	24.9	107.98	8.76	2.72	18.74	92.66	17.02	30.75
	N210	30.36	36.86	84.84	9.08	3.86	20.72	92.92	21.52	39.41
	CK	18.04	24.20	98.21	6.54	2.40	18.39	80.58	20.46	28.91
平均值		24.44	27.54	99.44	5.88	2.59	17.29	122.94	21.01	30.53
CV（%）		56.16	75.98	21.36	62.37	75.00	21.17	61.53	73.26	37.17
地点间 F 值		38.19**	39.40**	3.28*	9.78**	29.50**	3.06*	40.95**	31.72**	1.47
施氮水平间 F 值		10.16**	4.96**	4.62**	3.81*	5.63**	3.44*	4.81**	3.51*	1.39

表5-4　渝香优203地上部植株氮、磷、钾积累量在叶片、茎鞘和籽粒中的分配

（kg/hm²）

地点	处理	氮			磷			钾		
		茎鞘	叶片	籽粒	茎鞘	叶片	籽粒	茎鞘	叶片	籽粒
贵州小河	N0	14.12	11.14	70.70	3.20	0.78	15.01	98.26	20.38	31.24
	N90	15.06	13.74	67.32	3.96	1.20	14.81	87.94	32.68	28.57
	N150	13.90	15.12	92.79	1.54	0.98	15.47	84.36	23.70	28.96
	N210	32.54	35.54	100.72	5.08	2.82	16.94	150.48	58.78	30.72
	CK	17.08	14.84	71.52	2.48	1.18	12.28	96.30	28.52	24.29
云南宾川	N0	7.26	7.60	63.04	2.06	0.70	13.68	39.72	13.56	31.79
	N90	8.42	5.36	77.87	1.44	0.54	16.07	40.40	9.50	33.71
	N150	7.54	4.40	100.00	1.80	0.50	11.88	42.76	9.40	40.97
	N210	9.24	7.50	87.14	2.54	0.80	8.99	47.36	15.74	34.04
	CK	6.36	4.08	79.57	3.52	0.58	16.33	34.84	6.66	31.68
重庆永川	N0	20.16	17.06	73.36	7.96	3.00	18.55	112.06	29.24	22.09
	N90	24.84	19.76	88.71	9.66	3.24	15.89	133.10	27.54	28.92
	N150	25.72	18.18	101.68	8.50	2.44	16.19	108.56	19.28	26.71
	N210	19.74	16.88	114.24	9.34	2.06	9.51	97.44	18.46	23.53
	CK	19.22	14.12	94.50	5.12	1.84	20.69	97.98	20.86	30.33
四川广汉	N0	13.46	18.26	66.11	2.50	1.64	14.33	92.50	19.88	20.53
	N90	26.00	37.64	108.11	4.56	3.44	16.06	105.58	23.86	19.99
	N150	27.56	41.50	119.09	5.28	4.64	23.16	150.20	39.18	32.66
	N210	31.80	43.76	81.95	8.50	5.06	13.07	103.28	24.04	17.64
	CK	16.98	22.82	73.84	3.54	2.42	16.92	85.48	17.78	24.30
四川中江	N0	26.08	37.06	86.88	5.96	4.12	14.9	165.06	41.36	21.05
	N90	42.32	62.48	92.43	24.28	17.02	20.33	170.66	42.94	26.40
	N150	62.34	101.7	81.13	16.68	11.22	11.68	210.64	52.06	17.80
	N210	61.96	89.54	97.84	12.38	8.22	16.61	171.92	41.38	18.76
	CK	38.46	56.74	91.23	8.56	5.88	13.41	170.34	39.74	16.51
四川东坡	N0	10.42	21.72	52.03	3.96	1.84	10.54	48.64	12.50	18.74
	N90	14.50	15.80	54.99	6.90	2.02	10.89	65.78	13.52	18.00
	N150	16.40	16.60	68.21	3.00	1.88	12.34	81.46	17.86	20.56
	N210	19.10	21.70	72.64	4.56	3.52	11.65	60.18	14.04	19.72
	CK	9.10	9.86	62.32	5.76	1.18	11.35	49.26	12.74	19.89

（续表）

地点	处理	氮			磷			钾		
		茎鞘	叶片	籽粒	茎鞘	叶片	籽粒	茎鞘	叶片	籽粒
	N0	17.66	16.58	79.26	4.86	2.22	15.24	81.78	17.56	24.47
	N90	23.80	22.78	98.74	7.52	3.16	22.18	98.22	18.00	30.95
四川泸县	N150	28.30	24.74	96.70	9.06	3.08	17.11	98.06	17.50	29.32
	N210	25.18	20.02	95.55	6.52	2.26	17.31	71.78	11.54	34.48
	CK	25.46	23.90	109.04	7.64	3.10	28.32	106.02	19.88	41.28
平均值		22.23	26.01	84.89	6.29	3.16	15.42	98.81	23.76	26.30
CV（%）		59.82	85.26	19.81	72.36	103.57	26.33	44.46	53.05	25.35
地点间 F 值		19.58**	20.02**	5.51**	8.46**	10.49**	3.19*	30.31**	11.32**	9.27**
施氮水平间 F 值		5.10**	2.81*	5.26**	1.98	1.68	1.30	1.48	0.64	0.82

表 5-5　不同地点和施氮量下地上部植株干物质产量和氮、磷、钾吸收量

（kg/hm²）

地点	处理	Ⅱ优7号				渝香优203			
		干物质	氮	磷	钾	干物质	氮	磷	钾
	N0	14 473.73	111.60	18.79	152.92	13 186.95	95.96	18.99	149.88
	N90	14 324.10	135.04	17.80	156.29	14 274.23	96.12	19.97	149.19
贵州小河	N150	18 533.55	131.07	24.30	240.02	13 436.33	121.81	17.99	137.02
	N210	20 189.40	170.85	22.10	229.19	18 733.05	168.80	24.84	239.98
	CK	12 997.43	92.35	16.02	140.93	13 336.58	103.44	15.94	149.11
	N0	9 366.53	77.73	13.71	64.58	11 191.95	77.90	16.44	85.07
	N90	12 319.13	99.63	16.66	86.84	11 461.28	91.65	18.05	83.61
云南宾川	N150	12 748.05	121.36	20.27	87.44	13 925.10	111.94	14.18	93.13
	N210	12 867.75	113.56	15.72	109.29	12 728.10	103.88	12.33	97.14
	CK	10 433.85	87.02	15.82	100.11	11 571.00	90.01	20.43	73.18
	N0	12 498.68	100.43	23.48	142.48	14 284.20	110.58	29.51	163.39
	N90	16 009.88	149.64	33.28	176.98	15 062.25	133.31	28.79	189.56
重庆永川	N150	19 511.10	220.17	52.87	223.64	14 932.58	145.58	27.13	154.55
	N210	14 583.45	151.66	24.06	168.44	13 127.10	150.86	20.91	139.43
	CK	16 099.65	140.13	27.85	168.96	14 573.48	127.84	27.65	149.17

（续表）

地点	处理	Ⅱ优7号				渝香优203			
		干物质	氮	磷	钾	干物质	氮	磷	钾
四川广汉	N0	15 491.18	123.03	17.99	141.21	12 728.10	97.83	18.47	132.91
	N90	17 067.23	192.60	32.02	182.78	15 231.83	171.75	24.06	149.43
	N150	22 762.95	248.10	36.31	242.83	19 610.85	188.15	33.08	222.04
	N210	18 304.13	202.89	30.78	161.32	13 466.25	157.51	26.63	144.96
	CK	17 266.73	168.08	22.28	141.61	14 583.45	113.64	22.88	127.56
四川中江	N0	11 760.53	196.61	27.41	244.87	10 044.83	150.02	24.98	227.47
	N90	18 583.43	228.95	34.67	403.31	14 204.40	197.23	61.63	240.00
	N150	20 937.53	239.12	37.03	464.87	16 378.95	245.17	39.58	280.50
	N210	20 428.80	248.90	33.04	431.90	14 673.23	249.34	37.21	232.06
	CK	16 229.33	200.82	28.83	308.63	13 097.18	186.43	27.85	226.59
四川东坡	N0	13 296.68	110.24	22.28	122.73	10 004.93	84.17	16.34	79.88
	N90	14 423.85	116.65	22.04	118.84	11 800.43	85.29	19.81	97.30
	N150	12 907.65	120.32	21.47	146.71	11 989.95	101.21	17.22	119.88
	N210	17 097.15	154.11	27.59	129.46	13 336.58	113.44	19.73	93.94
	CK	13 196.93	120.50	19.65	114.75	10 633.35	81.28	18.29	81.89
四川泸县	N0	13 121.12	127.62	25.92	141.70	12 303.17	113.50	22.32	123.81
	N90	13 661.76	145.95	28.49	146.93	14 070.74	145.32	32.86	147.17
	N150	13 755.53	160.48	30.22	140.43	13 366.50	149.74	29.25	144.88
	N210	15 167.99	152.06	33.66	153.85	11 387.46	140.75	26.09	117.80
	CK	12 823.86	140.45	27.33	129.95	15 844.29	158.40	39.06	167.18
平均值		15 292.59	151.42	25.76	180.48	13 559.45	133.14	24.87	148.88
CV（%）		20.58	31.28	31.09	51.97	15.50	32.66	37.92	36.21
地点间 F 值		8.33**	22.60**	8.49**	34.16**	2.95*	22.10**	7.05**	19.81**
施氮水平间 F 值		7.62**	10.13**	5.15**	5.49**	2.91*	9.33**	1.50	1.27

（三）氮素、磷素、钾素收获指数

从表5-6可见，7个试验点、5个施肥处理共35个点次处理，两个水稻品种氮、磷、钾的收获指数分别为 0.669 1 ~ 0.685 3、0.654 9 ~ 0.697 9 和 0.204 7 ~ 0.207 6。其中，Ⅱ优7号氮、磷平均收获指数分别比渝香优203提高2.42%和6.57%；2个品种的钾收获指数均在0.20左右，差异极小。氮、磷收获指数的变异系数（16.92%~21.65%）明显比钾收获指数小（47.26%~54.56%）。试验地点间氮、磷、钾收获指数差异极显著，施肥水平间只有渝香优203的磷收获指数差异显著；氮、磷、钾收获指数相互间呈极显著正相关，表明提高氮、磷、钾利用效率是一致的；而氮、磷、钾收获指数与稻谷产量间的相关均不显著，说明高产与氮、磷、钾的高效利用并不矛盾。2个品种的以上结果完全一致。

表5-6 不同地点和施氮处理下氮素、磷素、钾素的收获指数

地点	处理	Ⅱ优7号			渝香优203		
		氮	磷	钾	氮	磷	钾
贵州小河	N0	0.769 8	0.837 6	0.194 5	0.737 4	0.791 0	0.210 4
	N90	0.810 2	0.773 5	0.171 3	0.701 1	0.742 3	0.193 5
	N150	0.770 3	0.818 6	0.335 7	0.762 4	0.860 3	0.213 3
	N210	0.665 6	0.767 1	0.148 0	0.597 7	0.682 7	0.130 2
	CK	0.701 0	0.769 6	0.156 7	0.692 2	0.771 0	0.165 0
云南宾川	N0	0.875 3	0.911 2	0.397 9	0.809 7	0.832 5	0.375 2
	N90	0.860 4	0.900 6	0.406 6	0.850 0	0.890 6	0.404 7
	N150	0.871 3	0.892 7	0.414 1	0.893 6	0.838 3	0.441 3
	N210	0.841 2	0.851 5	0.310 5	0.839 3	0.729 8	0.352 0
	CK	0.895 5	0.910 5	0.599 4	0.884 3	0.799 8	0.434 3
重庆永川	N0	0.696 3	0.661 9	0.143 8	0.664 3	0.629 5	0.137 4
	N90	0.735 5	0.715 2	0.179 2	0.666 3	0.553 0	0.154 7
	N150	0.699 6	0.564 5	0.160 2	0.699 2	0.597 8	0.174 9
	N210	0.699 8	0.573 8	0.148 5	0.757 9	0.456 1	0.170 8
	CK	0.744 2	0.699 9	0.167 3	0.739 9	0.748 9	0.205 3
四川广汉	N0	0.652 8	0.642 3	0.146 6	0.633 9	0.700 8	0.149 2
	N90	0.534 8	0.572 6	0.138 5	0.630 4	0.668 3	0.135 9
	N150	0.735 4	0.796 0	0.171 2	0.676 6	0.776 5	0.156 6
	N210	0.623 8	0.647 4	0.160 6	0.521 5	0.492 1	0.123 9
	CK	0.689 4	0.775 3	0.215 4	0.650 6	0.740 2	0.192 5

（续表）

地点	处理	Ⅱ优7号			渝香优203		
		氮	磷	钾	氮	磷	钾
四川中江	N0	0.510 7	0.570 6	0.087 4	0.580 2	0.597 4	0.094 7
	N90	0.519 5	0.597 8	0.078 5	0.470 0	0.331 5	0.112 2
	N150	0.436 1	0.519 4	0.063 2	0.332 6	0.296 4	0.065 7
	N210	0.432 8	0.486 7	0.054 0	0.393 8	0.447 7	0.083 1
	CK	0.482 8	0.560 6	0.064 0	0.490 6	0.482 8	0.075 2
四川东坡	N0	0.597 0	0.597 1	0.199 8	0.619 1	0.645 9	0.236 5
	N90	0.665 6	0.670 6	0.248 8	0.645 6	0.550 9	0.187 0
	N150	0.642 2	0.615 2	0.144 0	0.674 7	0.717 3	0.173 6
	N210	0.674 3	0.666 7	0.206 0	0.641 2	0.591 5	0.211 9
	CK	0.768 2	0.771 6	0.222 5	0.767 3	0.621 6	0.244 8
四川泸县	N0	0.744 1	0.705 2	0.213 1	0.699 1	0.683 6	0.199 6
	N90	0.705 9	0.673 0	0.215 6	0.680 3	0.675 8	0.212 3
	N150	0.673 7	0.621 1	0.220 9	0.646 7	0.585 9	0.204 4
	N210	0.559 0	0.616 5	0.258 0	0.679 7	0.664 4	0.294 5
	CK	0.700 0	0.673 7	0.224 4	0.689 2	0.725 7	0.248 8
平均值		0.685 3	0.697 9	0.207 6	0.669 1	0.654 9	0.204 7
CV（%）		17.68	16.92	54.56	18.50	21.65	47.26
地点间 F 值		26.05 **	21.01 **	20.21 **	22.75 **	13.48 **	48.49 **
施氮水平间 F 值		1.73	1.88	0.91	1.39	2.99 *	0.86
与 P 的相关系数		0.889 3 **		0.784 3 **	0.800 1 **		0.839 2 **
与 K 的相关系数		0.782 8 **			0.672 2 **		
与产量的相关系数		0.059 2	-0.017 3	-0.080 6	0.173 2	0.110 0	0.134 9

（四）每生产 1 000 千克稻谷的氮素、磷素、钾素的需要量

从表5-7发现，35个试验点次处理，2个水稻品种生产 1 000kg 稻谷的氮、磷、钾需要量分别为 16.37～17.05、2.91～3.06 和 18.28～20.28kg，氮、磷、钾比值为 1：（0.17～0.19）：（1.12～1.19）。其中Ⅱ优7号每生产 1 000kg 稻谷的氮、钾需要量分别比渝香优203高4.15%和10.94%，而磷需要量则低4.90%；从氮、磷、钾的吸收量比例看，Ⅱ优7号钾的比例比渝香优203高，磷的比例比渝香优203低，表明品种间对氮、磷、钾的吸收有一定差

异性。氮、磷需要量的变异系数，Ⅱ优 7 号比渝香优 203 低，钾需要量的变异系数则比渝香优 203 高。试验地点间每生产 1 000kg 稻谷的氮、磷、钾需要量差异均极显著；施肥处理间仅氮需要量差异达显著或极显著水平，磷、钾需要量的差异不显著。氮、磷、钾需要量相互间均呈极显著正相关，但与稻谷产量间没有相关性。这表明在提高稻谷产量的同时，氮、磷、钾的利用效率不会下降。

表 5-7　每生产 1 000 千克稻谷地上部植株氮素、磷素、钾素的需要量　　　　（kg）

地点	处理	Ⅱ优 7 号				渝香优 203			
		氮	磷	钾	氮：磷：钾	氮	磷	钾	氮：磷：钾
贵州小河	N0	12.76	2.15	17.48	1：0.17：1.37	12.78	2.53	19.96	1：0.20：1.56
	N90	17.65	2.33	20.43	1：0.13：1.16	12.32	2.56	19.12	1：0.21：1.55
	N150	12.53	2.32	22.94	1：0.19：0.83	14.17	2.09	15.94	1：0.15：1.12
	N210	17.13	2.22	22.98	1：0.13：1.34	18.91	2.78	26.88	1：0.15：1.42
	CK	14.22	2.47	21.70	1：0.17：1.53	14.30	2.20	20.62	1：0.15：1.44
云南宾川	N0	11.20	1.97	9.30	1：0.18：0.83	10.25	2.16	11.19	1：0.21：1.09
	N90	11.29	1.89	9.84	1：0.17：0.87	10.84	2.13	9.88	1：0.20：0.91
	N150	12.74	2.13	9.18	1：0.17：0.72	10.35	1.31	8.61	1：0.13：0.83
	N210	12.72	1.76	12.24	1：0.14：0.96	11.55	1.37	10.80	1：0.12：0.94
	CK	10.88	1.98	12.51	1：0.18：1.15	9.92	2.25	8.06	1：0.23：0.81
重庆永川	N0	14.22	3.32	20.17	1：0.23：0.42	14.29	3.81	21.11	1：0.27：1.48
	N90	15.09	3.36	17.85	1：0.22：1.18	15.91	3.44	22.62	1：0.22：1.42
	N150	18.44	4.43	18.73	1：0.24：1.02	16.16	3.01	17.16	1：0.19：1.06
	N210	17.58	2.79	19.52	1：0.16：1.11	19.00	2.63	17.56	1：0.14：0.92
	CK	14.38	2.86	17.34	1：0.20：1.21	14.19	3.07	16.56	1：0.22：1.17
四川广汉	N0	20.22	2.96	19.79	1：0.15：0.98	17.04	3.00	20.11	1：0.18：1.18
	N90	22.07	3.67	20.94	1：0.17：0.95	20.30	2.84	17.66	1：0.14：0.87
	N150	13.73	2.01	15.76	1：0.15：1.15	13.64	2.58	18.53	1：0.19：1.36
	N210	20.36	3.09	16.19	1：0.15：0.80	22.82	3.86	21.00	1：0.17：0.92
	CK	16.54	2.19	13.93	1：0.13：0.84	13.42	2.70	15.06	1：0.20：1.12
四川中江	N0	23.89	3.33	29.75	1：0.14：1.25	18.10	3.01	27.44	1：0.17：1.52
	N90	20.98	3.18	36.95	1：0.15：1.76	21.24	6.64	25.85	1：0.31：1.22
	N150	23.62	3.66	45.91	1：0.15：1.94	29.26	4.72	33.48	1：0.16：1.14
	N210	30.96	4.11	53.71	1：0.13：1.73	28.43	4.24	26.47	1：0.15：0.93
	CK	22.37	3.21	34.38	1：0.14：1.54	20.79	3.11	25.27	1：0.15：1.22

（续表）

地点	处理	Ⅱ优7号				渝香优203			
		氮	磷	钾	氮:磷:钾	氮	磷	钾	氮:磷:钾
四川东坡	N0	15.74	3.18	17.53	1:0.20:1.11	15.15	2.94	14.38	1:0.19:0.95
	N90	14.99	2.83	15.27	1:0.19:1.02	14.06	3.27	16.04	1:0.23:1.14
	N150	18.22	3.25	22.22	1:0.18:1.22	15.56	2.65	18.43	1:0.17:1.18
	N210	16.76	3.00	14.08	1:0.18:0.84	16.53	2.87	13.69	1:0.17:0.83
	CK	15.10	2.46	14.38	1:0.16:0.95	12.16	2.74	12.25	1:0.23:1.01
四川泸县	N0	16.06	3.26	17.83	1:0.20:1.11	15.61	3.07	17.03	1:0.20:1.09
	N90	17.51	3.42	17.63	1:0.20:1.01	17.67	4.00	17.90	1:0.23:1.01
	N150	19.65	3.70	17.20	1:0.19:0.88	19.22	3.75	18.60	1:0.20:0.97
	N210	16.85	3.73	17.05	1:0.22:1.01	20.29	3.76	16.98	1:0.19:0.84
	CK	18.30	3.56	16.93	1:0.19:0.93	16.76	4.13	17.69	1:0.25:1.06
平均值		17.05	2.91	20.28	1:0.17:1.19	16.37	3.06	18.28	1:0.19:1.12
CV（%）		24.98	23.69	47.04		27.97	32.07	30.91	
地点间 F 值		14.51**	10.52**	25.30**		16.50**	7.80**	22.28**	
施氮水平间 F 值		2.74*	0.84	1.08		6.27**	1.32	1.09	
与P的相关系数		0.7126**		0.8154**		0.6949**		0.7852**	
与K的相关系数		0.5112**				0.6297**			
与产量相关系数		0.0200	0.1249	-0.0387		0.1775	0.0424	0.1568	

二、氮、磷、钾利用效率与地理位置、稻田肥力和施氮水平的关系

逐步回归分析结果（表5-8）表明，肥料养分利用效率与试验点所处地理位置、施肥水平及土化特性有关，F 值为 18.75** ~76.04** ，决定系数高达 0.7637~0.8804。因此，利用这些回归方程预测 N、P、K 收获指数具有较高的可信度。从偏相关系数的显著测验结果看，除 K 的收获指数不受施氮量（x_4）的影响外，两个水稻品种其他肥料养分的收获指数均与施氮水平（x_4）呈负效应，与土壤有机质（x_5）呈正效应。表明减少氮肥施用量、增施有机肥有利于提高 N、P、K 的利用效率。试验地点位置和土化特性的其他指标对肥料养分收获指数的作用程度在两个品种间有所差异。如渝香优203 的 K 收获指数与纬度（x_2）呈负效应，Ⅱ优7号 P 的收获指数与海拔（x_3）呈正效应；全磷（x_7）与渝香优203 的 N 收获指数呈负效应，分别与 P、K 的收获指数呈正效应；有效钾（x_{12}）则分别与 Ⅱ优7号 K 收获指数和渝香优203 P

收获指数呈负效应。

就生产 1 000kg 稻谷对 N、P、K 需求量的影响因素而言（表 5-9），2 个水稻品种均与试验点的地理位置、稻田土化特性和施氮水平间呈极显著线性关系，F 值 15.32** ~ 54.42**，决定系数高达 0.597 2 ~ 0.840 4。因此，可作为相应的预测模型。从具体影响因子来看，品种间的表现仍不尽相同。其中施氮量（x_4）越高，Ⅱ优 7 号和渝香优 203 每生产 1 000kg 稻谷的 N 需要量均越高。表明过多施用 N 肥，降低了 N 的利用效率。土壤有机质含量（x_5）越高，Ⅱ优 7 号每生产 1 000kg 稻谷的 N、K 需要量越低，渝香优 203 的 N、P、K 需要量越少。因此增施有机肥可同时提高 N、P、K 的利用效率。

表 5-8　N、P、K 的收获指数（y）与试验点的地理位置、
稻田基础肥力和施氮水平的回归分析（x）

品种	回归方程	R^2	F 值	偏相关系数	t 检验值
Ⅱ优 7 号	$y_N = 0.057\ 0 - 0.003\ 5x_4$ $+ 0.154\ 2x_5 + 0.005\ 0x_{10}$	0.854 5	60.70**	$r(y, x_4) = -0.385\ 9$	2.33*
				$r(y, x_5) = 0.916\ 8$	12.78**
				$r(y, x_{10}) = 0.284\ 9$	1.65
	$y_P = 0.289\ 8 + 0.000\ 1x_3$ $- 0.004\ 01x_4 + 0.071\ 2x_5$ $+ 0.006\ 1x_{10}$	0.828 1	36.14**	$r(y, x_3) = 0.613\ 5$	4.26**
				$r(y, x_4) = -0.422\ 0$	2.55*
				$r(y, x_5) = 0.544\ 2$	3.55**
				$r(y, x_{10}) = 0.321\ 7$	1.86
	$y_K = -0.568\ 3 + 0.110\ 9x_5$ $+ 0.078\ 2x_9 - 0.001\ 8x_{11}$ $- 0.000\ 1x_{12}$	0.813 1	32.62**	$r(y, x_5) = 0.795\ 7$	7.20**
				$r(y, x_9) = 0.583\ 9$	3.94**
				$r(y, x_{11}) = -0.295\ 8$	1.70
				$r(y, x_{12}) = -0.596\ 1$	4.07**
渝香优 203	$y_N = 0.104\ 4 - 0.003\ 5x_4$ $+ 0.168\ 2x_5 - 0.799\ 6x_7$	0.838 7	53.74**	$r(y, x_4) = -0.369\ 1$	2.21*
				$r(y, x_5) = 0.909\ 8$	12.20**
				$r(y, x_7) = -0.331\ 1$	2.12*
	$y_P = 0.169\ 9 - 0.006\ 9x_4$ $+ 0.178\ 1x_5 - 1.522\ 8x_6$ $+ 3.506\ 3x_7 - 0.000\ 9x_{12}$	0.763 7	18.75**	$r(y, x_4) = -0.492\ 6$	3.05**
				$r(y, x_5) = 0.783\ 3$	6.79**
				$r(y, x_6) = -0.385\ 5$	2.25*
				$r(y, x_7) = 0.559\ 8$	3.64**
				$r(y, x_{12}) = -0.509\ 8$	3.19**
	$y_K = 0.299\ 8 - 0.016\ 1x_2$ $+ 0.088\ 7x_5 + 0.818\ 4x_7$	0.880 4	76.04**	$r(y, x_2) = -0.741\ 5$	6.15**
				$r(y, x_5) = 0.825\ 1$	8.13**
				$r(y, x_7) = 0.391\ 5$	2.37*

**表 5-9　每生产 1 000kg 稻谷的氮素、磷素、钾素的需要量（y：kg）与
试验点的地理位置、稻田基础肥力和施氮水平（x）的回归分析**

品种	回归方程	R^2	F 值	偏相关系数	t 检验值
Ⅱ优 7 号	$y_n = 30.741\,8 + 0.168\,53x_4$ $-4.910\,5x_5 + 2.983\,8x_8$	0.781 5	36.96 **	$r(y, x_4) = 0.428\,1$	2.64 *
				$r(y, x_5) = -0.853\,1$	9.10 **
				$r(y, x_8) = 0.273\,2$	1.58
	$y_p = 3.905\,8 - 0.001\,3x_3$ $+0.017\,1x_4 - 0.018\,3x_{11}$	0.705 0	24.70 **	$r(y, x_3) = -0.826\,2$	8.17 **
				$r(y, x_4) = 0.247\,7$	1.42
				$r(y, x_{11}) = -0.448\,9$	2.80 **
	$y_k = 34.738\,5 - 13.586\,5x_5$ $+4.532\,2x_9 + 0.060\,1x_{12}$	0.840 4	54.42 **	$r(y, x_5) = -0.901\,3$	11.58 **
				$r(y, x_9) = 0.472\,4$	2.98 **
				$r(y, x_{12}) = 0.587\,5$	4.04 **
渝香优 203	$y_n = 35.596\,3 + 0.324\,4x_4$ $-5.229\,1x_5 - 0.078\,7x_{11}$	0.821 0	47.41 **	$r(y, x_4) = 0.683\,6$	5.22 **
				$r(y, x_5) = -0.882\,8$	10.47 **
				$r(y, x_{11}) = -0.386\,3$	2.33 *
	$y_p = 7.389\,0 - 0.897\,1x_5$ $-8.645\,5x_7 - 0.020\,4x_{11}$	0.597 2	15.32 **	$r(y, x_5) = -0.681\,5$	5.18 **
				$r(y, x_7) = -0.288\,3$	1.68
				$r(y, x_{11}) = -0.318\,0$	1.87
	$y_k = 29.137\,3 + 0.314\,1x_2$ $-6.589\,7x_5 + 0.036\,1x_{12}$	0.808 9	43.75 **	$r(y, x_4) = 0.317\,9$	1.87
				$r(y, x_5) = -0.860\,7$	9.41 **
				$r(y, x_{12}) = 0.575\,0$	3.91 **

　　结论：不同试验地点间稻谷产量、干物质产量、氮磷钾的吸收量、收获指数和每生产 1 000kg 稻谷的氮、磷、钾需要量（RAGPPG）差异显著或极显著。施肥处理对稻谷产量、干物质产量、氮的吸收量、收获指数和 RAGPPG 中的氮有显著或极显著影响，对 RAGPPG 中的磷、钾影响不显著。氮、磷、钾收获指数间和 RAGPPG 间均呈极显著正相关，RAGPPG 和收获指数均与稻谷产量水平没有相关性。经逐步回归分析，RAGPPG 和氮、磷、钾收获指数均分别与试验点所处地理位置、施肥水平及土化特性呈极显著线性关系，决定系数分别为 0.597 2~0.840 4 和 0.763 7~0.880 4。可作为制定各地水稻高产高效相应的氮、磷、钾施肥量的科学依据。

第二节 不同地域和施氮水平下杂交中稻氮、磷、钾稻谷生产效率的变异

水稻肥料利用率的评价指标多达 10 余种，不同指标反映了肥料吸收与利用的不同侧面，在对水稻进行遗传改良以提高其肥料吸收与利用效率时，应有明确的目标和重点。作者认为，只有氮素的生产效率提高了，才能从根本上控制氮肥施用量和减轻施用氮肥所带来的环境污染。为此，作者在前一节基础上进一步研究氮、磷、钾的稻谷生产率与试验地点、土壤肥力、施氮水平及其互作关系。

一、氮、磷、钾稻谷生产效率的变异性分析

从试验结果（表 5-10）看出，氮、磷、钾的稻谷生产效率变异系数高达23.21%~36.52%。其中，氮稻谷生产效率在品种间、地点间及施氮水平间的差异均达极显著水平，品种与地点和施氮水平间的交互作用均不显著，试验地点与施氮水平间的交互作用显著；磷和钾的稻谷生产效率均表现为品种间差异不显著，地点间和施氮水平间差异显著或极显著，品种、地点及施氮水平间的交互作用均不显著。表明提高氮稻谷生产效率应在选择高效率品种基础上，还应重视试验地点与施氮水平的调节作用；磷和钾的稻谷生产效率可根据种植地点的环境、土壤条件与氮肥运筹予以改善。多重比较结果看出，渝香优 203 比Ⅱ优 7 号的氮稻谷生产效率极显著提高，但两品种间磷和钾的稻谷生产效率差异不显著；氮、磷、钾的稻谷生产效率均以云南宾川最高，四川中江最低；以不施氮处理的氮、磷、钾的稻谷生产效率为高（表 5-11）。

就氮、磷、钾三要素间稻谷生产效率的关系而言，三者间相互均呈极显著正相关关系，两个品种表现一致（图 5-1、图 5-2）。表明氮、磷、钾的稻谷生产效率间并没有矛盾，可同步提高，有助于肥料利用率高效栽培措施的研究与制定。

表 5-10 氮、磷、钾稻谷生产效率变异情况及其方差分析 F 值[*]

品种	项目	N 稻谷生产率	P 稻谷生产率	K 稻谷生产率
Ⅱ优 7 号	最小值	32.30	225.85	18.62
	最大值	91.93	567.89	108.94
	平均值	61.97	364.56	57.40
	CV（%）	23.21	25.23	36.52

（续表）

品种	项目	N 稻谷生产率	P 稻谷生产率	K 稻谷生产率
渝香优 203	最小值	34.18	150.70	29.87
	最大值	100.84	762.31	124.05
	平均值	65.42	359.35	60.65
	CV（%）	25.84	34.19	35.89
品种间 F 值（A）		9.42**	0.16	3.33
地点间 F 值（B）		94.92**	31.6**	79.91**
施氮水平间 F 值（C）		23.01**	3.18*	2.91*
AXB F 值		1.46	0.95	1.34
AXC F 值		1.86	1.39	1.09
BXC F 值		2.41*	1.40	1.50

表 5-11 试验地点、品种及施肥处理间氮、磷、钾稻谷生产效率差异比较

变异来源		氮稻谷生产率	磷稻谷生产率	钾稻谷生产率
品种	Ⅱ优 7 号	61.97B	364.56a	57.40a
	渝香优 203	65.42A	359.35a	60.65a
地点	贵州小河	69.64B	425.97B	49.02C
	云南宾川	90.09A	544.73A	100.30A
	重庆永川	63.51CD	312.40CDE	53.51C
	四川广汉	57.68DE	359.11BC	56.96BC
	四川中江	42.87F	269.51E	31.25D
	四川东坡	65.51BC	345.13CD	64.89B
	四川泸县	56.59E	276.85DE	57.25BC
施 N （kg/hm²）	0	69.63A	396.66a	61.25ab
	90	64.62AB	338.99b	56.91b
	150	60.04BC	333.97b	56.90b
	210	55.37C	365.98ab	56.47b
	CK	68.83A	374.18ab	63.59a

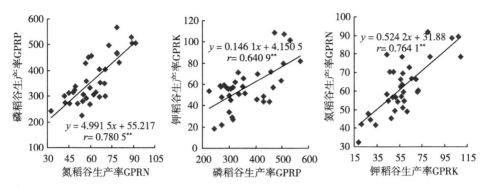

图 5-1　Ⅱ优 7 号氮、磷、钾稻谷生产效率间的关系

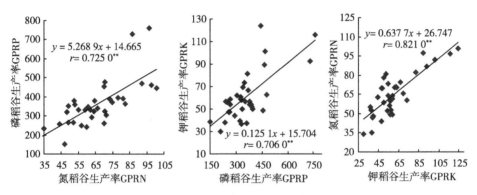

图 5-2　渝香优 203 氮、磷、钾稻谷生产效率间的关系

二、氮、磷、钾稻谷生产效率与地理位置、基础肥力和施氮水平的关系

单相关分析结果可见，氮、磷、钾稻谷生产效率均分别与经度（x_1）呈极显著负相关，与海拔（x_3）、土壤有机质（x_5）、全氮（x_6）和 pH（x_9）呈极显著正相关；氮、磷稻谷生产效率还分别与全磷（x_7）呈显著或极显著正相关，两个品种表现完全一致（表 5-12）。

再从多元逐步回归与偏相关分析结果（表 5-13）看，6 个回归方程的决定系数高达 0.677 5~0.882 6，F 值均达极显著水平，偏相关系数达显著或极显著水平。说明氮、磷、钾稻谷生产效率与相关影响因子间的拟合度较好，可用以探索氮、磷、钾稻谷生产效率与地理位置、基础肥力和施氮水平的关系。分析结果表明，提高Ⅱ优 7 号的氮稻谷生产效率主要通过降低施氮量（x_4）和提高土壤有机质（x_5）含量，提高磷稻谷生产效率主要在高海拔区（x_3）、降低施氮量（x_4）和增加土壤有效磷（x_{11}），提高钾稻谷生产效率在低经度区（x_1）、提高土壤有机质（x_5）和 pH 值（x_9）；提高渝香优203 的氮稻谷生产效率主要是降低施氮量（x_4）和提高土壤有机质（x_5），提高磷稻谷生产效率主要在低经度（x_1）高海拔（x_3）区和降低土壤全钾含量（x_8），提高钾稻谷生产效率主要在低经度区（x_1）、降低施氮量（x_4）和增加土壤有机质（x_5）。

综上所述，氮、磷、钾稻谷生产效率与地理位置、基础肥力和施氮水平的单相关分析结果两品种表现完全一致，但多元逐步回归与偏相关分析品种间则有部分差异。总体而言，在低经度高海拔地区，提高稻田有机质、土壤有效磷含量和 pH 值，减少施氮量，有利于氮、磷、钾稻谷生产效率的提高。

表 5-12　氮、磷、钾稻谷生产效率与试验点的地理位置、
稻田基础肥力和施氮水平的相关系数

项目	Ⅱ优7号			渝香优203		
	氮稻谷生产率	磷稻谷生产率	钾稻谷生产率	氮稻谷生产率	磷稻谷生产率	钾稻谷生产率
x_1	−0.519 2 **	−0.559 8 **	−0.761 7 **	−0.618 3 **	−0.603 8 **	−0.832 6 **
x_2	−0.264 9	−0.094 5	−0.583 3 **	−0.317 3	−0.242 3	−0.626 7 **
x_3	0.712 1 **	0.839 5 **	0.562 5 **	0.723 3 **	0.772 3 **	0.620 4 **
x_4	−0.308 6	−0.160 2	−0.075 4	−0.380 0 *	−0.096 5	−0.162 8
x_5	0.863 3 **	0.683 2 **	0.807 9 **	0.831 4 **	0.725 9 **	0.782 9 **
x_6	0.641 5 **	0.796 1 **	0.613 1 **	0.718 6 **	0.747 5 **	0.714 9 **
x_7	0.373 5 *	0.685 0 **	0.136 0	0.397 9 *	0.524 4 **	0.195 8
x_8	−0.214 1	−0.118 0	−0.098 1	−0.139 2	−0.057 2	0.089 1
x_9	0.536 5 **	0.655 5 **	0.437 5 **	0.581 **	0.646 2 **	0.595 9 **
x_{10}	0.148 1	0.261 8	0.242 7	0.144 9	0.162 1	0.057 6
x_{11}	0.018 9	0.162 5	0.199 0	0.129 3	0.098 6	0.159 9
x_{12}	0.213 0	0.211 2	−0.199 4	0.148 8	0.207 4	−0.085 4

表 5-13　氮、磷、钾稻谷生产效率与试验点的地理位置、稻田基础肥力和
施氮水平的回归分析

品种	回归方程	R^2	F 值	偏相关系数	t 检验值
Ⅱ优 7 号	$y_N = -1.0589 - 0.7934x_4$ $+17.8335x_5$	0.8405	84.30**	$r(y, x_4) = -0.6114$	4.37**
				$r(y, x_5) = 0.9076$	12.23**
	$y_P = 235.1515 + 0.1826x_3$ $-2.6345x_4 + 1.8962x_{11}$	0.7753	35.66**	$r(y, x_3) = 0.8735$	9.99**
				$r(y, x_4) = -0.3202$	1.98*
				$r(y, x_{11}) = 0.4084$	2.49*
	$y_K = 791.6861 - 7.0639x_1$ $+19.5284x_5 + 10.9693x_9$	0.8616	64.31**	$r(y, x_1) = -0.7755$	6.84**
				$r(y, x_5) = 0.8158$	7.85**
				$r(y, x_9) = -0.5285$	3.47**
渝香优 203	$y_N = -4.4362 - 1.1485x_4$ $+20.1890x_5$	0.8365	81.38**	$r(y, x_4) = -0.6839$	5.30**
				$r(y, x_5) = 0.8989$	11.60**
	$y_P = 3038.9790$ $-25.0802x_1 + 0.1619x_3$ $-122.6605x_8$	0.6775	21.71**	$r(y, x_1) = -0.4437$	2.76**
				$r(y, x_3) = 0.6262$	4.47**
				$r(y, x_8) = -0.2931$	2.01*
	$y_K = 17.2353 - 6.7956x_1$ $-0.6335x_4 + 14.8665x_5$	0.8826	77.70**	$r(y, x_1) = -0.8213$	8.01**
				$r(y, x_4) = -0.4292$	2.65**
				$r(y, x_5) = 0.7624$	6.56**

结论：氮稻谷生产效率在品种间、地点间及施氮水平间的差异均达极显著水平，试验地点与施氮水平间的交互作用显著；磷和钾的稻谷生产效率表现为地点间和施氮水平间差异显著或极显著。渝香优 203 比Ⅱ优 7 号的氮稻谷生产效率极显著提高。氮、磷、钾三要素间稻谷生产效率间相互呈极显著正相关关系。在低经度、高海拔，高的土壤有机质、有效磷含量、pH 值和低施氮水平条件下，有利于提高氮、磷、钾的稻谷生产效率。

第三节　不同地域和施氮水平下杂交中稻氮素 吸收利用效率的变异

一、氮素吸收利用率比较

表 5-14 为 2 个品种、4 个施氮量在 7 个试验点水稻成熟期植株的干物质

重及氮积累量原始数据。从表5-14看出，植株的茎、穗干物质重，茎、叶、穗含氮率和氮积累量分别与施氮量呈极显著正相关。表明施氮提高植株的氮积累量是地上部干物质量和含氮率共同提高所致。利用表5-14和表5-2数据计算出氮素吸收与利用效率指标列于表5-15，并对表5-15数据进行变异系数及联合方差分析。

表5-14　不同地点和施氮量下杂交中稻的干物质重和含氮量

地点	品种	施氮量 (kg/hm²)	干物重 (kg/hm²)			含氮率 (%)			积氮量 (kg/hm²)		
			茎	叶	穗	茎	叶	穗	茎	叶	穗
贵州小河	II优7号	N0	4 070	1 670	7 670	0.280	0.554	0.965	11.40	9.25	74.02
		N90	4 720	1 970	8 770	0.317	0.634	0.982	14.96	12.49	86.12
		N150	6 180	1 910	10 490	0.369	0.643	1.140	22.80	12.28	119.59
		N210	7 190	3 050	10 000	0.378	0.987	1.430	27.18	30.10	143.00
	渝香203	N0	3 270	1 580	7 530	0.334	0.683	0.864	10.92	10.79	65.06
		N90	4 060	1 630	7 820	0.348	0.694	0.942	14.13	11.31	73.66
		N150	4 510	1 980	8 620	0.425	0.957	1.080	19.17	18.95	93.10
		N210	6 600	3 230	8 950	0.493	1.100	1.130	32.54	35.53	101.14
云南宾川	II优7号	N0	4 890	2 400	6 960	0.363	0.415	0.98	17.76	9.96	68.21
		N90	5 880	3 570	8 850	0.390	0.474	0.971	22.92	16.92	85.93
		N150	6 930	3 630	9 550	0.419	0.563	1.07	29.04	20.43	102.19
		N210	8 220	3 810	8 950	0.434	0.545	1.11	35.67	20.76	99.35
	渝香203	N0	6 750	2 610	7 620	0.320	0.505	0.830	21.60	13.17	63.25
		N90	6 810	2 910	8 480	0.335	0.525	0.921	22.80	15.27	78.10
		N150	6 120	3 990	10 840	0.400	0.552	0.925	24.48	22.02	100.27
		N210	6 930	4 290	9 020	0.413	0.571	0.969	20.62	24.51	87.40
重庆永川	II优7号	N0	4 360	1 090	7 080	0.431	1.08	0.99	18.79	11.77	70.09
		N90	4 720	1 390	9 940	0.502	1.15	1.11	23.69	15.99	110.33
		N150	5 650	1 580	11 970	0.579	1.28	1.23	32.71	20.22	147.23
		N210	4 390	1 940	8 650	0.638	1.56	1.29	28.01	30.26	111.59
	渝香203	N0	4 060	1 140	7 760	0.405	1.08	0.949	16.44	12.31	73.64
		N90	5 080	1 220	8 400	0.489	1.22	1.06	24.84	14.88	89.04
		N150	4 720	1 620	9 030	0.486	1.49	1.13	22.94	24.14	102.04
		N210	4 980	1 580	7 960	0.545	1.48	1.44	27.14	23.38	114.62

（续表）

地点	品种	施氮量 (kg/hm²)	干物重 (kg/hm²)			含氮率 (%)			积氮量 (kg/hm²)		
			茎	叶	穗	茎	叶	穗	茎	叶	穗
四川广汉	Ⅱ优7号	N0	4 320	2 230	8 750	0.375	0.737	1.01	16.20	16.44	88.38
		N90	5 060	3 300	8 980	0.574	1.24	1.18	29.04	40.92	105.96
		N150	6 620	3 900	12 300	0.635	1.31	1.27	42.04	51.09	156.21
		N210	4 890	3 470	9 990	0.712	1.63	1.32	34.82	56.56	131.87
	渝香203	N0	3 730	1 840	7 190	0.361	0.992	0.923	13.47	18.25	66.36
		N90	4 140	2 650	8 480	0.523	1.25	1.08	21.65	33.13	91.58
		N150	5 270	3 320	11 070	0.628	1.42	1.19	33.10	47.14	131.73
		N210	4 050	2 530	6 920	0.785	1.73	1.28	31.79	43.77	88.58
四川中江	Ⅱ优7号	N0	5 388	6 402	8 250	0.356	0.67	0.97	19.18	42.89	80.03
		N90	8 160	10 590	10 150	0.484	1.09	1.01	39.49	115.43	102.52
		N150	9 236	11 754	10 940	0.554	1.24	1.13	51.17	145.75	123.62
		N210	8 826	11 654	8 060	0.697	1.56	1.23	61.52	181.80	99.14
	渝香203	N0	4 612	5 442	8 310	0.354	0.877	0.81	16.33	47.73	67.31
		N90	6 262	7 978	9 310	0.508	1.18	1.08	31.81	94.14	100.55
		N150	7 424	8 996	8 790	0.610	1.25	1.12	45.29	112.45	98.45
		N210	6 782	7 928	8 400	0.744	1.69	1.27	50.46	133.98	106.68
四川东坡	Ⅱ优7号	N0	4 140	2 170	6 620	0.367	0.893	0.940	15.19	19.38	62.23
		N90	4 240	2 310	7 800	0.384	0.954	0.998	16.28	22.04	77.84
		N150	4 010	2 420	7 020	0.440	0.973	1.13	17.64	23.55	79.33
		N210	4 910	3 010	9 220	0.562	1.32	1.17	27.59	39.73	107.87
	渝香203	N0	3 040	1 420	5 570	0.343	0.883	0.908	10.43	12.54	50.58
		N90	3 620	1 690	6 080	0.357	0.927	0.938	12.92	15.67	57.03
		N150	4 060	1 880	6 520	0.453	0.935	1.05	18.39	17.58	68.46
		N210	4 150	2 340	6 880	0.460	1.53	1.06	19.09	35.80	72.93

（续表）

地点	品种	施氮量 (kg/hm^2)	干物重 (kg/hm^2)			含氮率 (%)			积氮量 (kg/hm^2)		
			茎	叶	穗	茎	叶	穗	茎	叶	穗
四川泸县	Ⅱ优7号	N0	3 946	1 240	7 966	0.415	1.320	0.942	16.38	16.37	75.04
		N90	4 000	1 340	8 356	0.579	1.484	1.195	23.16	19.89	99.85
		N150	4 174	1 430	9 046	0.661	1.741	1.236	27.59	24.90	111.81
		N210	4 130	2 030	8 186	0.735	1.816	1.324	30.36	36.86	108.38
	渝香203	N0	3 734	1 310	7 290	0.473	1.266	1.091	17.66	16.58	79.53
		N90	4 424	1 440	8 244	0.538	1.582	1.202	23.80	22.78	99.09
		N150	4 120	1 470	7 810	0.687	1.683	1.243	28.30	24.74	97.08
		N210	3 434	1 030	6 954	0.733	1.943	1.379	25.17	20.01	95.90
与施氮量的相关系数			0.367 7**	0.202 7	0.348 4**	0.641 2**	0.474 6**	0.742 6**	0.602 9**	0.330 0*	0.625 1**

表 5-15　不同地点和施氮量下杂交中稻的氮素吸收与利用效率

地点	品种	施氮量 (kg/hm^2)	氮积累总量	氮干物质生产率	氮稻谷生产率	氮吸收利用率	氮生理利用率	氮农学利用率	氮偏生产力
贵州小河	Ⅱ优7号	N0	94.67	141.65	76.76				
		N90	113.57	136.13	76.30	21.00	73.96	15.53	96.28
		N150	154.67	120.13	61.37	40.00	37.08	14.83	63.28
		N210	200.28	101.06	47.35	50.29	20.98	10.55	45.16
	渝香203	N0	86.77	142.68	82.01				
		N90	99.10	136.33	82.03	35.69	12.04	4.30	90.33
		N150	131.22	115.15	64.90	29.63	31.50	9.33	56.77
		N210	169.21	110.99	49.08	33.39	2.51	0.84	39.55
云南宾川	Ⅱ优7号	N0	95.93	148.55	72.18				
		N90	125.77	145.50	65.06	33.16	42.17	13.98	90.92
		N150	151.66	132.60	54.15	37.15	23.12	8.59	54.75
		N210	155.78	134.68	53.94	28.50	24.71	7.04	40.01
	渝香203	N0	98.02	173.23	69.23				
		N90	116.17	156.67	65.66	20.17	46.36	9.35	84.75
		N150	146.77	142.74	54.64	32.50	25.29	8.22	53.46
		N210	132.53	152.72	59.71	16.43	32.69	5.37	37.69

（续表）

地点	品种	施氮量 （kg/hm²）	氮积累 总量	氮干物质 生产率	氮稻谷 生产率	氮吸收 利用率	氮生理 利用率	氮农学 利用率	氮偏 生产力
重庆永川	Ⅱ优7号	N0	100.65	124.49	82.59				
		N90	150.01	106.99	58.20	54.84	8.45	4.64	97.00
		N150	200.16	95.92	45.27	66.34	7.52	4.99	60.41
		N210	169.86	88.19	50.71	32.96	4.34	1.43	41.02
	渝香203	N0	102.39	126.57	80.41				
		N90	128.76	114.17	67.42	29.30	16.99	4.98	96.45
		N150	149.12	103.07	59.53	31.15	13.79	4.30	59.18
		N210	165.14	87.93	50.75	29.88	2.35	0.70	39.91
四川广汉	Ⅱ优7号	N0	121.02	126.43	67.55				
		N90	175.92	98.57	52.08	61.00	17.96	10.96	101.79
		N150	249.34	91.52	37.55	85.55	9.26	7.93	62.42
		N210	223.25	82.19	38.72	48.68	4.60	2.24	41.17
	渝香203	N0	98.08	130.10	74.46				
		N90	146.36	104.33	57.68	53.64	23.59	12.66	93.80
		N150	211.97	92.75	39.54	75.93	9.47	7.19	55.87
		N210	164.14	82.25	42.05	31.46	−6.08	−1.91	32.86
四川中江	Ⅱ优7号	N0	142.10	141.03	48.48				
		N90	257.44	112.26	28.65	128.16	4.21	5.40	81.95
		N150	320.54	99.61	25.64	118.96	7.45	8.86	54.79
		N210	342.46	83.34	22.44	95.41	3.97	3.79	36.60
	渝香203	N0	131.37	139.79	42.89				
		N90	226.50	103.97	31.13	105.70	14.90	15.75	78.35
		N150	256.19	98.40	30.29	83.21	17.03	14.17	51.74
		N210	291.12	79.38	25.38	76.07	10.98	8.36	35.19
四川东坡	Ⅱ优7号	N0	96.80	133.57	58.12				
		N90	116.16	123.54	62.74	21.51	85.88	18.47	80.98
		N150	120.52	111.60	65.61	15.81	96.22	15.22	52.72
		N210	175.19	97.84	43.63	37.33	25.75	9.61	36.40
	渝香203	N0	73.55	136.37	78.15				
		N90	85.62	133.03	86.27	13.41	135.71	18.20	82.07
		N150	104.43	119.31	75.37	20.59	68.74	14.15	52.47
		N210	127.82	104.60	57.21	25.84	28.83	7.45	34.82

（续表）

地点	品种	施氮量（kg/hm²）	氮积累总量	氮干物质生产率	氮稻谷生产率	氮吸收利用率	氮生理利用率	氮农学利用率	氮偏生产力
四川泸县	Ⅱ优7号	N0	107.79	122.02	75.91				
		N90	142.90	95.84	61.86	39.01	18.70	7.30	98.21
		N150	164.30	89.17	53.33	37.67	10.25	3.86	58.41
		N210	175.60	81.70	50.00	32.29	8.82	2.85	41.81
	渝香203	N0	113.77	108.41	70.65				
		N90	145.67	96.85	58.44	35.44	14.87	5.27	94.58
		N150	150.12	89.26	56.61	24.23	12.64	3.06	56.65
		N210	141.08	80.93	58.78	13.00	9.30	1.21	39.49

从分析结果（表5-16）看出，干物重、含氮率（品种间茎鞘除外）和氮肥吸收利用率（品种间氮生理利用率除外）分别在试验点、品种间和施氮量间的差异达极显著水平。交互作用则表现各异，其中，地点与品种互作达显著的有茎、叶的干物重，茎含氮率，叶积氮量，氮积累总量，氮干物质生产率，氮稻谷生产率，氮农学利用率和氮肥偏生产力；地点与施氮量互作显著的有茎、叶、穗的干物重，茎、叶的含氮率和氮积累量，氮积累总量，氮干物质生产率，氮稻谷生产率，氮吸收利用率，氮农学利用率，氮肥偏生产力；品种与施氮量间互作只有氮积累总量显著。

表5-16 不同地点和施氮量下杂交中稻的干物质重、含氮量及氮肥吸收利用效率的方差分析

项目		最小值	最大值	平均值	CV（%）	方差分析 F 值					
						地点（A）	品种（B）	施氮量（C）	A×B	A×C	B×C
干物重（kg/hm²）	茎	3 040	9 236	5 178.4	16.82	46.16**	19.41**	22.95**	3.16*	3.73**	1.54
	叶	1 030	11 754	3 184	82.00	419.74**	36.51**	41.98**	12.60**	7.50**	1.85
	穗	5 570	12 300	8 506.5	16.35	10.83**	24.07**	22.91**	1.91	2.47*	1.40
含氮率（%）	茎	0.280	0.785	0.485	27.07	84.31**	0.14	155.47**	4.24**	6.20**	0.49
	叶	0.415	1.943	1.105	36.78	184.47**	14.44**	126.05**	0.90	5.09**	0.21
	穗	0.810	1.440	1.093	13.82	14.44**	10.46**	63.93**	2.35	1.29	0.23
积氮量（kg/hm²）	茎	10.43	61.52	25.18	41.98	40.85**	15.92**	74.37**	1.22	4.99**	1.30
	叶	9.25	181.80	35.47	102.41	218.87**	8.81**	65.04**	4.17**	12.35**	2.10
	穗	50.58	156.21	93.59	24.46	12.52**	35.13**	49.93**	1.52	2.10	1.69

（续表）

项目	最小值	最大值	平均值	CV（%）	方差分析 F 值					
					地点（A）	品种（B）	施氮量（C）	A×B	A×C	B×C
氮积累总量	73.55	342.46	154.24	38.11	188.09 **	89.28 **	238.55 **	3.57 *	13.72 **	6.36 **
氮干物质生产率	79.38	173.23	114.79	20.04	187.55 **	11.75 **	263.51 **	6.43 **	5.50 **	0.13
氮稻谷生产率	22.44	86.27	57.26	28.08	90.72 **	23.89 **	112.37 **	4.64 **	5.81 **	0.76
氮吸收利用率	13.00	128.16	33.97	93.46	72.50 **	27.72 **	6.50 **	1.56	3.95 **	0.52
氮生理利用率	-6.08	135.71	18.91	142.47	16.03 **	0.02	10.19 **	1.23	2.07	0.08
氮农学利用率	-1.91	18.47	5.91	94.85	32.82 **	6.39 **	62.54 **	13.07 **	3.05 *	1.18
氮肥偏生产力	32.86	101.79	46.47	71.53	117.85 **	134.66 **	1 167.89 **	12.01 **	24.05 **	0.81

二、氮素吸收利用效率不同考核指标间的关系

氮素吸收利用率不同指标反映了不同的意义。从表 5-17 的相关分析结果可见，各氮素吸收利用效率指标间存在一定的相关性。

（一）氮吸收率与氮利用率的关系

氮吸收利用率与植株氮积累总量呈极显著正相关，但氮干物质生产率、氮稻谷生产率、氮生理利用率、氮农学利用率却分别与植株氮积累总量呈显著或极显著负相关（渝香 203 的氮农学利用率不显著除外），两品种表现基本一致；Ⅱ优 7 号的氮稻谷生产率和氮生理利用率分别与氮吸收利用率呈极显著负相关，渝香 203 的氮稻谷生产率与氮吸收利用率呈极显著负相关。说明植株对氮素吸收力强的植株，其转化为物质生产的效率有下降的趋势。

（二）氮利用率指标间的关系

氮干物质生产率分别与氮稻谷生产率、氮生理利用率呈极显著正相关，氮稻谷生产率分别与氮生理利用率、氮肥偏生产力呈极显著正相关，氮农学利用率与氮生理利用率呈极显著正相关，两品种表现一致。表明各氮素利用率指标虽然表示的意义不同，但其表现趋势是基本一致的。

表 5-17　氮素吸收利用效率各指标间的相关系数 *

指标	氮积累总量	氮干物质生产率	氮稻谷生产率	氮吸收利用率	氮生理利用率	氮农学利用率	氮肥偏生产力
氮积累总量		-0.656 4 **	-0.924 0 **	0.875 4 **	-0.616 7 **	-0.471 9 *	-0.380 4
氮干物质生产率	-0.623 9 **		0.626 5 **	-0.323 0	0.585 7 **	0.676 4 **	0.396 4
氮稻谷生产率	-0.921 8 **	0.556 2 **		-0.844 3 **	0.686 1 **	0.567 0 **	0.471 7 *

指标	氮积累总量	氮干物质生产率	氮稻谷生产率	氮吸收利用率	氮生理利用率	氮农学利用率	氮肥偏生产力
氮吸收利用率	0.833 4 **	-0.348 6	-0.760 9 **		-0.577 6 **	-0.345 8	0.000 2
氮生理利用率	-0.483 1 *	0.506 7 **	0.603 3 **	-0.332 4		0.857 8 **	0.252 2
氮农学利用率	0.058 3	0.319 8	0.088 3	0.369 1	0.686 4 **		0.399 4
氮肥偏生产力	0.334 5	0.341 3	0.439 4 *	0.072 1	0.274 4	0.387 4	

注：*上三角数据为Ⅱ优7号，下三角数据为渝香203。

三、氮素吸收利用效率与地理位置、稻田肥力和施氮水平的关系

逐步回归分析结果（表5-18）表明，氮素吸收利用率与试验点所处地理位置、施肥水平及土化特性有关，F 值 $9.34^{**} \sim 914.30^{**}$，决定系数高达 $0.705\,2 \sim 0.999\,8$。因此，利用这些回归方程预测氮素吸收利用率具有较高的可信度。根据偏相关系数的显著测验结果分析如下。

（一）地理位置的影响

Ⅱ优7号的氮稻谷生产率随着经度（x_1）增加而增加，氮农学利用率随着经度（x_1）、海拔（x_3）的增加而提高，随着纬度（x_2）增加而下降；渝香203仅有氮吸收利用率与海拔（x_3）呈正效应。表明经度（x_1）、海拔（x_3）越高，氮肥利用效率有提高的趋势。

表5-18 氮素吸收利用率（y）与试验点的地理位置、稻田基础肥力和施氮水平的回归分析（x）

品种	回归方程	R^2	F 值	偏相关系数	t 检验值
Ⅱ优7号	$Y_{氮干物质生产率} = 0.567\,9$ $-0.183\,5X_4 + 384.507\,9X_6$ $-125.288\,5X_7 + 0.107\,1X_{12}$	0.936 5	84.85 **	$r(y, X_4) = -0.938\,4$ $r(y, X_6) = 0.875\,7$ $r(y, X_7) = -0.313\,8$ $r(y, X_{12}) = 0.681\,1$	13.017 7 ** 8.699 0 ** 1.585 0 4.461 0 **
	$Y_{氮稻谷生产率} = -399.900\,3$ $+3.846\,7X_1 - 0.121\,7X_4$ $+19.558\,9X_5 - 0.057\,3X_{12}$	0.868 5	37.99 **	$r(y, X_1) = 0.704\,4$ $r(y, X_4) = -0.862\,7$ $r(y, X_5) = 0.885\,0$ $r(y, X_{12}) = -0.442\,1$	4.759 7 ** 8.182 9 ** 9.115 6 ** 2.363 7 *
	$Y_{氮吸收利用率} = -123.577\,7$ $-45.538\,4X_5 - 520.524\,1X_6$ $+58.687\,5X_9 + 4.712\,3X_{10}$	0.850 9	22.83 **	$r(y, X_5) = -0.886\,6$ $r(y, X_6) = -0.559\,8$ $r(y, X_9) = 0.769\,2$ $r(y, X_{10}) = 0.633\,9$	7.666 4 ** 2.702 2 * 4.815 6 ** 3.278 4 **

（续表）

品种	回归方程	R^2	F 值	偏相关系数	t 检验值
Ⅱ优7号	$Y_{氮生理利用率} = 409.793\ 9$ $-0.143\ 7X_4 + 1\ 528.208\ 1X_6$ $-90.900\ 4X_9 - 6.327\ 7X_{10}$ $+0.218\ 9X_{12}$	0.802 2	12.16**	$r\ (y,\ X_4) = -0.626\ 8$	3.115 7**
				$r\ (y,\ X_6) = 0.876\ 4$	7.048 2**
				$r\ (y,\ X_9) = -0.833\ 8$	5.848**
				$r\ (y,\ X_{10}) = -0.744\ 4$	4.317 5**
				$r\ (y,\ X_{12}) = 0.577\ 9$	2.742 6**
	$Y_{氮农学利用率} = 93.450\ 7$ $+0.296\ 0X_1 - 1.533\ 5X_2$ $+0.011\ 1X_3 - 8.639\ 9X_5$ $-29.641\ 9X_8$	0.999 8	914.3**	$r\ (y,\ X_1) = 0.971\ 1$	15.765**
				$r\ (y,\ X_2) = -0.999\ 3$	103.62**
				$r\ (y,\ X_3) = 0.999\ 4$	113.43**
				$r\ (y,\ X_5) = -0.999\ 7$	153.96**
				$r\ (y,\ X_8) = -0.999\ 9$	223.56**
	$Y_{偏生产力氮肥} = 129.336\ 8$ $-0.322\ 5X_4 + 159.299\ 8X_7$ $-31.994\ 9X_8 - 0.380\ 9X_{11}$	0.954 8	84.43**	$r\ (y,\ X_4) = -0.976\ 4$	18.087 9**
				$r\ (y,\ X_7) = 0.606\ 73$	3.053 1**
				$r\ (y,\ X_8) = -0.777\ 8$	4.950**
				$r\ (y,\ X_{11}) = -0.608\ 6$	3.067 9**
渝香203	$Y_{氮干物质生产率} = 12.652\ 4$ $-0.178\ 3X_4 + 642.057\ 5X_6$ $-439.588\ 1X_7 + 1.448\ 9X_{10}$ $+0.171\ 5X_{12}$	0.946 3	77.60**	$r\ (y,\ X_4) = -0.925\ 2$	11.432 6**
				$r\ (y,\ X_6) = 0.933\ 9$	12.248 1**
				$r\ (y,\ X_7) = -0.679\ 3$	4.341 4**
				$r\ (y,\ X_{10}) = 0.482\ 5$	2.583 4*
				$r\ (y,\ X_{12}) = 0.744\ 2$	5.226 2**
	$Y_{氮稻谷生产率} = 203.879\ 7$ $-0.109\ 0X_4 + 18.385\ 2X_5$ $+370.001\ 4X_6 - 38.396\ 335\ 26X_9$ $-2.208\ 5X_{10}$ $+0.076\ 835\ 682\ 87X_{12}$	0.881 1	25.93**	$r\ (y,\ X_4) = -0.834\ 1$	6.928 7**
				$r\ (y,\ X_5) = 0.847\ 3$	7.309 7**
				$r\ (y,\ X_6) = 0.660\ 4$	4.029 6**
				$r\ (y,\ X_9) = -0.805\ 9$	6.238 6**
				$r\ (y,\ X_{10}) = -0.627\ 5$	3.693 2**
				$r\ (y,\ X_{12}) = 0.465\ 6$	2.411 0*
	$Y_{氮吸收利用率} = 245.615\ 3$ $+0.080\ 0X_3 - 57.975\ 3X_5$ $-540.859\ 9X_7$	0.814 6	24.90**	$r\ (y,\ X_3) = 0.634\ 7$	3.386 4**
				$r\ (y,\ X_5) = -0.851\ 5$	6.695 6**
				$r\ (y,\ X_7) = -0.399\ 1$	1.794 6
	$Y_{氮生理利用率} = 35.781\ 3$ $-0.146\ 8X_4 + 14.187\ 6X_5$ $-7.014\ 1X_{10} + 2.177\ 5X_{11}$	0.705 2	9.57**	$r\ (y,\ X_4) = -0.526\ 7$	2.478 5*
				$r\ (y,\ X_5) = 0.514\ 3$	2.398 6*
				$r\ (y,\ X_{10}) = -0.723\ 2$	4.188 0**
				$r\ (y,\ X_{11}) = 0.774\ 3$	4.894 9**
	$Y_{氮农学利用率} = -100.984\ 8$ $+0.706\ 3X_1 - 0.037\ 17X_4$ $+19.401\ 4X_8 + 0.432\ 4X_{11}$ $+0.037\ 5X_{12}$	0.756 8	9.34**	$r\ (y,\ X_1) = 0.377\ 86$	1.580 6
				$r\ (y,\ X_4) = -0.690\ 85$	3.700 7**
				$r\ (y,\ X_8) = 0.758\ 59$	4.509 1**
				$r\ (y,\ X_{11}) = 0.768\ 93$	4.658 0**
				$r\ (y,\ X_{12}) = 0.521\ 37$	2.366 4*
	$Y_{氮肥偏生产力} = 124.619\ 5$ $-0.317\ 9X_4 + 99.154\ 5X_7$ $-28.118\ 00X_8 - 0.388\ 5X_{11}$	0.961 8	100.80**	$r\ (y,\ X_4) = -0.980\ 3$	6.753 1**
				$r\ (y,\ X_7) = 0.467\ 2$	2.113 7*
				$r\ (y,\ X_8) = -0.770\ 7$	4.838 7**
				$r\ (y,\ X_{11}) = -0.656\ 4$	3.479 9**

（二）施氮水平的影响

施氮量（x_4）与Ⅱ优 7 号和渝香 203 的氮干物质生产率、氮稻谷生产率、氮生理利用率和氮肥偏生产力呈负效应；与渝香 203 的氮农学利用率呈负效应。表明施氮量越高，氮肥的利用效率越低，两个品种表现一致。

（三）土化特性的影响

土化特性对氮吸收利用率的影响因品种和具体的氮利用率指标而异。土壤有机质含量（x_5）均与Ⅱ优 7 号和渝香 203 的氮稻谷生产率呈正效应，与氮吸收利用率呈负效应；与Ⅱ优 7 号的氮农学利用率呈负效应，与渝香 203 的氮生理利用率呈正效应。土壤全氮含量（x_6）与Ⅱ优 7 号的氮干物质生产率和氮生理利用率呈正效应，氮吸收利用率呈负效应；与渝香 203 的氮干物质生产率和氮稻谷生产率呈正效应。土壤有效氮含量（x_{10}）与Ⅱ优 7 号的氮吸收利用率呈正效应，与氮生理利用率呈负效应；与渝香 203 的氮干物质生产率呈正效应，与氮稻谷生产率和氮生理利用率呈负效应。土壤全磷含量（x_7）与Ⅱ优 7 号和渝香 203 的氮肥偏生产力呈正效应，与渝香 203 的氮干物质生产率呈负效应。土壤有效磷含量（x_{11}）与Ⅱ优 7 号和渝香 203 的氮肥偏生产力呈负效应，与渝香 203 的氮生理利用率和氮农学利用率呈正效应。土壤全钾含量（x_8）与Ⅱ优 7 号的氮农学利用率和氮肥偏生产力呈负效应，与渝香 203 的氮农学利用率呈正效应，与氮肥偏生产力呈负效应。土壤有效钾含量（x_{12}）与Ⅱ优 7 号的氮干物质生产率和氮生理利用率呈正效应，与氮稻谷生产率呈负效应；与渝香 203 的氮干物质生产率、氮农学利用率和氮稻谷生产率呈正效应。土壤 pH（x_9）与Ⅱ优 7 号的氮吸收利用率呈正效应，与氮生理利用率呈负效应；与渝香 203 的氮稻谷生产率呈负效应。

结论：成熟期地上部干物重、含氮率和氮肥吸收利用效率分别在试验点、品种间和施氮量间的差异达极显著水平。氮素吸收率与利用率呈极显著负相关；氮素吸收利用率与试验点所处地理位置、施肥水平及土化特性呈极显著线性关系，F 值 9.34** ~ 914.30**，决定系数高达 0.705 2 ~ 0.999 8。施氮量越高，氮肥的利用效率越低；土化特性对氮吸收利用率的影响因品种和具体的氮利用率指标而异，氮稻谷生产率与土壤有机质含量呈极显著正相关，经度、海拔越高，氮肥利用效率越高。

第四节　不同生态区和施氮水平下杂交中稻籽粒性状的变异

水稻籽粒性状不仅与品质有关，同时对产量及肥料利用率也有较大影响。

因此，我国关于大田肥水管理等栽培措施、不同品种穗颈节间组织、细胞分裂素、库源特征与籽粒充实特性的关系，籽粒充实度的遗传，环境因子对籽粒重、充实率和容重的作用及籽粒有关性状与粒重关系等方面已作了大量的研究。其成果对如何通过栽培途径改良水稻籽粒性状进而提高稻谷产量和品质起着十分重要的指导作用。但是，有关籽粒形态的影响因素研究极少；籽粒性状对不同生态条件、土壤地力及施肥的综合适应性，至今未见报道。为此，作者继续研究6个籽粒性状与试验地点、土壤肥力及施氮水平的关系，以期为杂交中稻的高产、优质栽培提供理论与实践依据。

一、试验地点、品种及施氮量对籽粒性状影响的方差分析

从试验结果表5-19看出，6个籽粒性状在试验地点间及品种间的差异均达极显著水平（F值为 $7.51^{**} \sim 6\,113.02^{**}$），部分籽粒性状在施氮量间及地点、品种与施氮量的交互作用达极显著差异。其中，粒长在地点间、品种间、施氮量间及地点与施氮量互作间的差异极显著，其他交互作用间的差异不显著；粒宽只在地点间、品种间的差异极显著，在施氮量间及各种交互作用间的差异均不显著；粒厚和充实率在地点间、品种间、施氮量间及所有交互作用间的差异均达极显著水平；千粒重除品种与施氮量间的交互作用不显著外，其他处理和交互作用差异极显著；密度除施氮量间和施氮量与品种间的交互作用不显著外，其他处理和交互作用差异极显著。表明6个籽粒性状受环境条件和施氮水平的影响程度不一致，品种与环境和施氮量间存在互作关系；而水稻籽粒性状与产量和品质的关系密切[1-4]。这就是为什么要开展水稻高产与优质栽培的品种选择和区域布局的理论基础。

表5-19 试验地点、品种及施肥处理间籽粒性状差异比较

变异来源		粒长 （cm）	粒宽 （cm）	粒厚 （cm）	千粒重 （g）	密度 （mg/mL）	充实率 （%）
试验地点	云南宾川	0.94AB	0.30B	0.21A	31.15B	2.10BC	99.21B
	贵州小河	0.93BC	0.31A	0.20B	31.52A	2.09BC	99.93A
	重庆永川	0.92C	0.30B	0.21A	30.00D	2.11BC	98.36C
	四川广汉	0.94AB	0.29C	0.20B	28.87F	2.25A	96.41D
	四川东坡	0.95A	0.29C	0.20B	30.73C	2.14B	97.84C
	四川泸县	0.92C	0.29C	0.20B	29.41E	2.08C	98.98B
供试品种	Ⅱ优7号	0.85B	0.31A	0.21A	30.03B	2.12B	98.62A
	渝香优203	1.02A	0.28B	0.20B	30.53A	2.14A	98.29B

（续表）

变异来源		粒长 （cm）	粒宽 （cm）	粒厚 （cm）	千粒重 （g）	密度 （mg/mL）	充实率 （%）
施氮处理 （kg/hm²）	0	0.94A	0.29A	0.202A	30.64B	2.13A	98.49AB
	90	0.93AB	0.30A	0.200B	30.36C	2.13A	98.55AB
	150	0.93AB	0.30A	0.201B	30.91A	2.13A	98.18B
	210	0.92B	0.30A	0.200B	29.94D	2.13A	98.31B
	CK	0.93AB	0.30A	0.201B	30.56B	2.12A	98.75A
平均值		0.93	0.30	0.20	30.28	2.13	98.46
CV（%）		9.39	4.69	1.12	3.84	3.40	1.37
处理 A（地点）F 值		20.64**	44.30**	53.73**	280.78**	41.30**	81.54**
处理 B（品种）F 值		6 113.02**	260.54**	20.35**	298.16**	7.51**	13.49**
处理 C（施肥处理）F 值		3.62**	1.72	5.88**	64.82**	0.39	4.87**
A×B F 值		1.41	1.62	9.45**	141.13**	9.71**	4.95**
A×C F 值		2.09**	1.59	2.27**	13.27**	3.80**	6.84**
B×C F 值		0.33	1.33	5.59**	1.53	1.74	4.68**
A×B×C F 值		1.07	1.17	3.79**	5.44**	2.08**	2.83**

二、引起籽粒性状变异的关键因子分析

相关分析结果表明，6 个籽粒性状均受部分试验因子的影响，各试验因子的影响程度不一致；两个品种间的表现也不相同（表 5-20）。由于相关分析仅能反映性状间的表面关系，不能看出性状间的互作。因此，尚需进一步进行偏相关分析。从分析结果（表 5-21）可见，对两个品种籽粒性状影响显著的试验因子中，即有共同因子，也有不同因子。从共同因子看，施氮量（x_4）对粒长，土壤有效钾（x_{12}）对粒宽，施氮量（x_4）、有效氮（x_{10}）和有效钾（x_{12}）对千粒重，有效氮（x_{10}）对密度和充实率有显著或极显著作用；从偏相关系数的正负值看，施氮量越高，粒长增加；土壤有效钾越高，粒宽越大；施氮量和土壤有效氮越低、有效钾越高，千粒重越大；土壤有效氮越高，籽粒密度增加，但充实率下降。试验因子对两个品种籽粒性状变异都起相同作用，说明对水稻籽粒性状影响的共性，具有普遍意义。因此，减氮增钾有利于提高籽粒千粒重和充实率。

引起两个品种籽粒性状变异的试验因子不同，反映了对环境条件适应的品种个性。Ⅱ优 7 号海拔（x_3）越低，土壤全氮（x_6）和有效钾（x_{12}）越多，籽粒越长；纬度（x_2）和土壤全磷（x_7）、有效磷（x_{11}）越高，粒宽越大；纬

度（x_2）、施氮量（x_4）和土壤全钾（x_8）越低，有机质（x_5）越高，粒厚越大；海拔（x_3）越高、土壤全氮（x_6）越低，千粒重和充实度越高；土壤有效钾（x_{12}）越高籽粒密度越小。因此，Ⅱ优7号适宜于高纬度、高海拔和低氮、高磷、高有机质环境条件下种植。渝香优203有机质（x_5）、土壤有效磷（x_{11}）越高，籽粒越长；土壤全钾（x_8）越高，粒宽越大；全磷（x_7）、有效钾（x_{12}）越大，粒厚增加；土壤全磷（x_7）和有效磷（x_{11}）越高，千粒重越大；有效磷（x_{11}）越高，籽粒密度越大；施氮量（x_4）越低、土壤全磷（x_7）和有效磷（x_{11}）越高，充实率越大。因此，渝香优203籽粒性状受生态条件的影响较小，适宜在低氮、高磷、高钾环境条件下种植。

表 5-20　籽粒性状与试验因子的相关系数[*]

品种	因子	y_1	y_2	y_3	y_4	y_5	y_6
Ⅱ优7号	X_1	-0.449 6[*]	0.202 3	-0.480 2[**]	-0.163 5	-0.026 5	0.068 4
	X_2	-0.176 1	0.507 8[**]	-0.444 5[*]	0.003 3	-0.014 8	0.187 8
	X_3	0.245 3	0.664 7[**]	0.446 0[*]	0.541 4[**]	-0.381 0[*]	0.567 4[**]
	X_4	-0.261 1	0.035 0	-0.255 7	-0.211 7	-0.016 2	0.010 7
	X_5	0.282 1	0.494 1[**]	0.606 6[**]	0.719 6[**]	-0.573 9[**]	0.615 8[**]
	X_6	0.537 3[**]	0.369 9[*]	0.374 5[*]	0.525 8[**]	-0.248 3	0.330 6
	X_7	0.205 1	0.741 1[**]	0.125 7	0.374 9[*]	-0.205 7	0.461 7[**]
	X_8	0.279 1	-0.218 0	0.430 0[*]	0.295 7	-0.275 5	0.119 9
	X_9	0.345 0	0.502 6[**]	0.533 9[**]	0.653 1[**]	-0.483 8[**]	0.561 0[**]
	X_{10}	-0.206 0	-0.152 2	-0.091 7	-0.691 2[**]	0.705 2[**]	-0.494 6[**]
	X_{11}	0.514 2[**]	-0.429 1[*]	-0.277 2	-0.262 7	0.550 4[**]	-0.590 6[**]
	X_{12}	-0.056 9	0.784 0[**]	0.338 8	0.723 8[**]	-0.659 6[**]	0.761 9[**]
渝香优203	X_1	-0.374 6[*]	0.272 6	0.094 5	-0.137 5	-0.072 1	0.074 4
	X_2	-0.084 1	0.466 2[**]	-0.010 4	0.321 4	0.175 1	0.081 5
	X_3	0.170 7	0.307 2	0.015 6	0.715 3[**]	-0.127 2	0.425 8[*]
	X_4	-0.252 5	0.184 3	-0.053 4	-0.311 3	0.095 2	-0.212 6
	X_5	0.085 5	0.172 0	0.116 0	0.567 1[**]	-0.408 0[*]	0.531 9[**]
	X_6	0.410 0[*]	0.121 2	-0.103 9	0.665 2[**]	0.037 9	0.219 0
	X_7	0.215 5	0.438 1[*]	-0.066 7	0.772 0[**]	0.124 7	0.286 1
	X_8	0.063 9	-0.378 9[*]	-0.072 9	-0.040 6	-0.384 4[*]	0.239 2
	X_9	0.172 9	0.158 0	0.020 0	0.625 1[**]	-0.282 6	0.473 9[**]
	X_{10}	0.167 1	0.062 0	-0.004 9	-0.171 9	0.709 6[**]	-0.610 8[**]
	X_{11}	0.595 7[**]	-0.152 2	-0.247 4	0.036 3	0.733 2[**]	-0.645 1[**]
	X_{12}	-0.182 5	0.548 2[**]	0.320 3	0.585 7[**]	-0.450 7[**]	0.604 1[**]

注：[*]y_1，粒长（cm），y_2，粒宽（cm），y_3，粒厚（cm），y_4，千粒重（g），y_5，密度（mg/mL），y_6，充实率（%）；x_1，经度（°），x_2，纬度（°），x_3，海拔（m），x_4，施氮量，x_5，有机质（%），x_6，全氮（%），x_7，全磷（%），x_8，全钾（%），x_9，pH值，x_{10}，有效氮（mg/100g），x_{11}，有效磷（%），x_{12}，有效钾（mg/kg）。下同。

表5-21　籽粒性状与试验因子的偏相关分析

性状	II优7号				渝香优			
	偏相关项	偏相关系数	t检验值	显著水平	偏相关项	偏相关系	t检验值	显著水平
y_1	$r(y, X_3)$	-0.668 3	4.491 4	0.000 1	$r(y, X_4)$	0.400 0	2.111 3	0.041 6
	$r(y, X_4)$	0.497 7	2.868 7	0.008 1	$r(y, X_5)$	0.403 9	2.251 3	0.032 7
	$r(y, X_6)$	0.774 8	6.127 1	0.000 0	$r(y, X_{11})$	0.691 1	4.876 0	0.000 0
	$r(y, X_{12})$	0.398 1	2.017 5	0.049 2				
y_2	$r(y, X_2)$	0.447 1	2.498 9	0.019 1	$r(y, X_8)$	0.372 4	2.046 3	0.050 6
	$r(y, X_7)$	0.754 5	5.748 3	0.000 0	$r(y, X_{12})$	0.550 6	3.362 9	0.002 3
	$r(y, X_{11})$	0.575 2	3.515 6	0.001 6				
	$r(y, X_{12})$	0.421 4	2.099 9	0.046 1				
y_3	$r(y, X_2)$	-0.514 2	2.997 4	0.005 9	$r(y, X_7)$	0.390 2	2.083 9	0.045 7
	$r(y, X_4)$	-0.419 5	2.088 3	0.047 4	$r(y, X_{12})$	0.454 2	2.599 8	0.014 9
	$r(y, X_5)$	0.659 0	4.380 8	0.000 2				
	$r(y, X_8)$	-0.438 4	2.438 7	0.021 9				
y_4	$r(y, X_3)$	0.585 5	3.537 9	0.001 6	$r(y, X_4)$	-0.599 7	3.671 5	0.001 2
	$r(y, X_4)$	-0.638 1	4.059 7	0.000 4	$r(y, X_7)$	0.723 4	5.133 1	0.000 0
	$r(y, X_6)$	-0.738 0	5.358 5	0.000 0	$r(y, X_{10})$	-0.448 8	2.460 3	0.021 1
	$r(y, X_{10})$	-0.772 8	5.965 4	0.000 0	$r(y, X_{11})$	0.438 5	2.390 3	0.024 7
	$r(y, X_{12})$	0.854 4	8.054 6	0.000 0	$r(y, X_{12})$	0.482 0	2.695 0	0.012 4
y_5	$r(y, X_{10})$	0.694 4	5.014 3	0.000 0	$r(y, X_{10})$	0.697 6	4.965 2	0.000 0
	$r(y, X_{12})$	-0.646 6	4.404 4	0.000 1	$r(y, X_{11})$	0.722 9	5.335 1	0.000 0
y_6	$r(y, X_3)$	0.510 8	2.970 6	0.006 3	$r(y, X_4)$	-0.406 6	2.224 9	0.035 0
	$r(y, X_6)$	-0.432 7	2.400 0	0.023 9	$r(y, X_7)$	0.631 4	4.070 8	0.000 4
	$r(y, X_{10})$	-0.593 6	3.687 8	0.001 1	$r(y, X_{10})$	-0.676 1	4.588 0	0.000 1
					$r(y, X_{11})$	0.697 4	4.865 0	0.000 1

三、籽粒性状对千粒重和籽粒充实率的影响

由于千粒重和籽粒充实率对产量和品质的影响较大。因此，分析籽粒其他性状与千粒重和籽粒充实率的关系，对通过栽培措施或育种途径改良籽粒性状均有重要意义。相关分析结果（表5-22）可见，II优7号的千粒重分别与粒长、粒宽、粒厚呈显著或极显著正相关；密度分别与粒宽和千粒重呈极显著负相关；充实率分别与粒宽、千粒重呈极显著正相关，与密度呈极显著负相关。因此，增加II优7号的粒长和粒宽有利于提高千粒重和充实率。渝香优203的千粒重分别与粒宽和充实率呈显著或极显著正相关；密度与粒长呈极显著正相关，与充实率呈极显著负相关。因此，增加渝香优203的粒宽有利于提高千粒重和充实率。粒长、粒宽、粒厚间没有相关性，两个品种表现一致，说明粒形的3个性状间是相互独立的，可以通过单性状改良提高千粒重和充实率。再从

偏相关分析结果（表5-23）看，对充实率的作用，Ⅱ优7号的粒越宽和密度越小，充实率越高；渝香优203的千粒重越高和密度越小，充实率越高。根据我们以前的研究，在库/源比小的情况下（库小源足），籽粒充实度变好，但其灌浆速度加快，淀粉粒间形成的空隙增大，即淀粉粒排列不够紧密，推测其密度会下降，形成的垩白面积也增大，整精米率也下降[3,5]。这可能是本研究充实率与密度呈极显著负相关的重要原因。对千粒重的影响，Ⅱ优7号的粒长和充实率越大，千粒重越高；渝香优203的粒长、粒宽和充实率越大，千粒重越高。表明增加粒长、粒宽有利于提高千粒重和充实率。

表5-22 Ⅱ优7号（上三角）和渝香优203（下三角）的籽粒性状间的相关系数

相关系数	y_1	y_2	y_3	y_4	y_5	y_6
y_1		−0.110 1	0.317 9	0.394 9*	−0.049 4	−0.085 3
y_2	−0.076 9		0.226 7	0.549 4**	−0.551 6**	0.763 3**
y_3	0.115 8	0.077 6		0.398 0*	−0.307 1	0.315 9
y_4	0.262 8	0.438 5*	−0.072 9		−0.767 8**	0.741 9**
y_5	0.472 1**	−0.038 2	−0.052 1	−0.101 7		−0.861 5**
y_6	−0.302 4	0.242 7	−0.084 0	0.547 3**	−0.800 4**	

表5-23 籽粒充实率和千粒重与籽粒其他性状的偏相关分析

性状	Ⅱ优7号				渝香优203			
	偏相关项	偏相关系数	t检验值	显著水平	偏相关项	偏相关系数	t检验值	显著水平
y_6	$r(y_6, y_2)$	0.587 0	3.625 7	0.001 2	$r(y_6, y_4)$	0.785 5	6.345 9	0.000 0
	$r(y_6, y_5)$	−0.670 0	4.512 2	0.000 1	$r(y_6, y_5)$	−0.859 3	8.400 0	0.000 0
y_4	$r(y_4, y_1)$	0.661 4	4.495 9	0.000 1	$r(y_4, y_1)$	0.448 8	2.510 8	0.018 6
	$r(y_4, y_6)$	0.482 8	2.810 9	0.009 1	$r(y_4, y_2)$	0.356 2	2.205 9	0.047 8
					$r(y_4, y_6)$	0.482 8	2.810 9	0.009 1

结论：6个籽粒性状（粒长、粒宽、粒厚、千粒重、密度和充实率）在试验地点间及品种间的差异均达极显著水平，部分籽粒性状在施氮量间及地点、品种与施氮量的交互作用达极显著差异。两个品种一致表现在低经度、高纬度生态和较高的土壤全氮、全磷、有效磷、有效钾基础肥力条件下，降低施氮水平，有利于增加粒长和粒宽进而提高千粒重和充实率。但品种间有些籽粒性状对生态、土壤肥力及施氮水平的反应存在个性差异。Ⅱ优7号更适宜于高海拔和低氮、高磷、高有机质环境条件下种植；渝香优203更适宜在低氮、高磷、钾环境条件下种植。

参考文献

[1] 徐富贤，熊洪，张林，等. 西南稻区不同地域和施氮水平对杂交中稻氮、磷、钾吸收累积的影响 [J]. 作物学报，2011，37（5）：882-894.

[2] 徐富贤，熊洪，张林，等. 杂交中稻在不同地域和施氮水平下氮、磷、钾稻谷生产效率的差异研究 [J]. 作物研究，2017，31（3）：211-217.

[3] 徐富贤，熊洪，张林，等. 杂交中稻在不同地域和施氮水平下氮素吸收利用效率的变异（英文）[J]. Agr Sci Tech，2011，12（7）：1001-1009，1012.

[4] 徐富贤，熊洪，朱永川，等. 杂交中稻籽粒性状在不同生态区和施氮水平下的变异研究 [J]. 杂交水稻，2011（2）：45-51，57.

第六章 不同生态条件下杂交中稻的
肥料高效施肥量

第一节 杂交中稻产量的地域差异及其高效施氮量

近年来，我国各地水稻高产纪录层出不穷，但施氮水平也显著增加，高产与高效的统一性较差。同一水稻品种（组合）在不同生态区种植不仅产量差异较大，而且对氮肥的吸收利用特点也截然不同。因此，探明不同地区水稻高产现状及高效施氮量十分重要。提高稻田氮肥利用率是国内外长期以来研究的热点课题。氮肥的精准施用包括计算机决策支持系统指导施肥和实地氮肥管理技术两个方面。前者有水稻管理系统、氮素管理模式和实地施肥管理模式3种。它们的共同特点是根据土壤养分供给状况、气候条件、施肥水平、目标产量及水稻不同生长时期的营养状况等，通过计算机模拟为稻农提出更为经济有效的施肥方案。虽然其具有较好的增产增收效果，但受条件限制很难在水稻大面积生产上推广应用。氮肥精准施用技术在不同地区应有不同的模式。西南地区包括四川、重庆、贵州、云南4省（市）的345个县（区），现有稻田面积467万 hm² 以上。该区生态条件复杂，水稻以杂交一季中籼为主，三系杂交水稻种植面积比例大，全国较多水稻高产纪录出自该区，但缺乏相应的水稻精准施肥系统。为此，作者以2个杂交中稻品种为材料，在7个不同生态点，设统一的施氮处理和栽培密度，研究杂交中稻产量及其穗粒结构与试验地点、土壤养分、施氮水平及其互作关系，以期为该生态区杂交中稻高产、氮肥高效利用栽培提供理论与实践依据。

一、不同试验地点不同施氮水平下稻谷产量及其穗粒结构

（一）各试验地点不同施氮水平下稻谷产量及其穗粒结构的差异

从试验结果（表6-1）可见，相同地点各试验处理间产量及其相关性状有不同程度的差异。联合方差分析结果（表6-2）显示，产量在试验地点间、供试品种间、施氮处理间及以上3因子间的互作均达显著或极显著差异，部分

产量相关性状的差异达显著水平。表明在不同生态条件下，选择品种和确定适宜的施氮量均是水稻高产、高效的重要途径。

（二）西南区水稻高产的重要穗粒结构目标

穗粒结构决定产量的高低，不同地区因生态条件及土壤条件的差异，水稻高产主攻的穗粒结构目标各异。从试验结果（表6-3）可以看出，有效穗（y_2）、穗粒数（y_3）、结实率（y_4）和千粒重（y_5）对产量的偏相关系数达显著或极显著水平，表明这4个性状对产量均具有重要贡献。其中，有效穗（y_2）和结实率（y_4）的直接通径系数明显高于穗粒数（y_3）和千粒重（y_5），两个品种均表现一致。因此，增加有效穗和提高结实率是西南地区提高水稻产量的主攻目标。

（三）影响产量及其穗粒结构的关键环境因子

从7个产量及穗粒结构性状分别与试验因子（表5-1）的偏相关分析结果（表6-4）可见，不同产量性状间受环境影响的关键因子不同，品种间的响应也有一定差异。从参试的两个品种同时受相同的环境因子影响看，最高苗分别与施氮水平（X_4）和全氮（x_6）呈正相关，有效穗只与施氮水平（X_4）呈正相关，穗粒数在两个品种间没有相同响应因子；结实率分别与施氮水平（X_4）、有效磷（x_{11}）呈负相关，与有效氮（x_{10}）呈正相关；千粒重与有机质（x_5）和有效磷（x_{11}）呈正相关，与有效氮（x_{10}）呈负相关；产量与施氮水平（X_4）呈正相关。据此，增施有机肥，适当提高氮肥施用量（过高会降低结实率），是西南区水稻高产的普遍措施。其他响应因子在品种间表现不尽相同，说明因种施肥是十分必要的。

二、西南区水稻氮素高效施用量的预测

方差分析结果（表6-5）表明，Ⅱ优7号和渝香优203两个品种分别在7个地点的施氮水平间差异达显著或极显著水平。根据同一个地点不同施氮量间产量的多重比较结果，确定两个品种分别在7个地点的高效施氮量，方法是在同一个地点不同施氮量间，在较高产的同一档次的施氮处理中，将施氮量较低处理的施氮量确定为高效施氮量。以Ⅱ优7号在四川泸县点为例，N90、N150、N210 3个施氮水平间的产量差异不显著，但均分别比N0处理显著增产，则将在该地点的高效施氮量确定为90kg/hm^2，以此类推。

将表6-5中确定的高效施氮量与试验因子（表5-1）进行回归分析，从表6-6可以看出，Ⅱ优7号的高效施氮量由纬度（x_2）、全钾（x_8）、有效氮（x_{10}）、有效磷（x_{11}）4个因子决定；渝香优203则由经度（x_1）、海拔（x_3）、全氮（x_6）、pH值（x_9）、有效钾（x_{12}）5个因子决定。两个品种的预测高效

施氮量回归方程的决定系数均高达近100%（表6-6）。因此，利用该回归方程预测两个品种在不同地区种植的高效施氮量具有较高的可靠性。

表6-1　不同地点和施氮量下的产量及其穗粒结构

地点	品种	施氮量 （kg/hm²）	最高苗数 （×10⁴/hm²）	有效穗 （×10⁴/hm²）	穗粒数	结实率 （%）	千粒重 （g）	产量 （kg/hm²）
四川泸县	Ⅱ优7号	N0	238.65b	169.35c	189.65a	89.45a	28.37a	8 176.87b
		N90	324.00a	205.95b	168.90b	89.56a	28.58a	8 833.76a
		N150	328.05a	210.00ab	167.75b	87.21a	28.42a	8 759.21a
		N210	355.95a	224.70a	154.62c	88.11a	28.79a	8 775.33a
	渝香优203	N0	225.30c	184.35c	187.07a	81.07a	29.35a	8 019.70b
		N90	292.65b	204.00b	180.65b	80.70a	29.15a	8 507.33a
		N150	350.70a	227.40a	167.51c	80.61a	29.01a	8 493.23a
		N210	371.25a	223.95a	166.34c	80.99a	29.28a	8 287.70ab
重庆永川	Ⅱ优7号	N0	259.50c	205.50b	173.90a	90.80a	30.00a	8 308.85b
		N90	280.50b	222.00a	174.70a	88.60ab	30.20a	8 725.93ab
		N150	346.50a	231.00a	175.80a	89.90ab	29.50a	9 061.23a
		N210	349.50a	220.50a	176.50a	88.30b	29.40a	8 613.48ab
	渝香优203	N0	262.50c	196.50b	178.50a	90.30a	30.00a	8 229.11b
		N90	303.00b	222.00a	179.10a	88.50ab	29.10ab	8 680.95a
		N150	337.50a	231.00a	181.90a	87.60ab	28.90b	8 877.22a
		N210	355.50a	223.50a	180.50a	85.90b	28.60b	8 376.32b
四川广汉	Ⅱ优7号	N0	233.25c	204.60c	161.26c	92.27a	27.29a	8 174.85d
		N90	338.85b	221.40b	167.39b	90.14ab	27.06a	9 161.05b
		N150	348.15b	226.65b	173.61a	87.62b	26.82a	9 363.65a
		N210	392.25a	245.70a	149.35d	87.32b	26.81a	8 645.10c
	渝香优203	N0	211.50d	177.15c	176.28a	78.56a	29.40a	7 302.90b
		N90	331.95c	224.55b	166.01b	77.74a	28.64ab	8 442.00a
		N150	399.45b	228.30ab	160.18c	80.29a	28.58ab	8 380.95a
		N210	440.10a	244.65a	153.93d	63.98b	28.16b	6 901.55c
云南宾川	Ⅱ优7号	N0	277.20d	170.70c	142.30b	96.30a	29.90a	6 923.76b
		N90	355.35c	200.70b	141.70b	94.60a	29.20a	8 349.24a
		N150	406.05b	217.35ab	148.00a	95.30a	29.60a	8 383.18a
		N210	447.00a	228.60a	140.70b	96.90a	29.30a	8 790.46a
	渝香优203	N0	283.35c	191.40c	157.00b	79.20a	29.90a	6 923.76b
		N90	358.05b	198.75bc	157.30b	80.20a	29.90a	7 941.96a
		N150	402.00a	219.30a	164.70a	80.40a	30.40a	8 417.12a
		N210	428.25a	215.40ab	156.30b	78.70a	29.30a	8 451.06a

（续表）

地点	品种	施氮量 （kg/hm²）	最高苗数 （×10⁴/hm²）	有效穗 （×10⁴/hm²）	穗粒数	结实率 （%）	千粒重 （g）	产量 （kg/hm²）
四川东坡	Ⅱ优7号	N0	281.25c	177.00b	147.76c	87.59a	29.75a	5 621.52c
		N90	362.10b	210.15a	157.08b	85.76ab	30.20a	7 292.23b
		N150	411.00a	222.15a	165.63a	86.58ab	29.44a	7 907.76a
		N210	426.30a	225.45a	153.93a	85.01b	29.78a	7 643.96ab
	渝香优203	N0	275.55c	186.90b	160.58c	75.43a	30.23a	5 744.22c
		N90	354.15b	210.75a	180.64b	74.82a	29.85a	7 388.35b
		N150	395.40a	225.75a	192.81a	73.36a	29.86a	7 875.04a
		N210	421.35a	222.90a	184.29b	69.03b	29.79a	7 316.77b
贵州小河	Ⅱ优7号	N0	256.80d	207.75c	149.96c	88.29a	27.51a	7 267.00c
		N90	335.25c	235.35b	154.29b	86.67a	27.70a	8 664.90b
		N150	384.00b	238.80ab	162.01a	88.93a	27.72a	9 491.55a
		N210	433.50a	250.05a	162.30a	86.55a	27.62a	9 482.70a
	渝香优203	N0	280.95c	191.25d	144.75b	85.80a	30.16a	7 115.90b
		N90	322.80b	214.05c	150.46a	85.25a	30.30a	8 129.30a
		N150	352.20b	221.55bc	153.37a	84.20ab	30.16a	8 515.95a
		N210	408.15a	241.50a	152.92a	82.70b	30.15a	8 304.90a
四川中江	Ⅱ优7号	N0	307.50c	186.00c	172.12a	80.23a	27.80a	6 889.61d
		N90	367.50b	216.00b	170.20a	81.18a	26.20b	7 379.95c
		N150	394.50a	228.00ab	171.50a	84.21a	27.10a	8 218.94a
		N210	405.00a	231.00a	173.37a	75.72b	27.80a	7 683.61b
	渝香优203	N0	282.00c	183.00b	161.14b	77.02b	26.90a	5 636.75d
		N90	336.00b	211.50a	165.28ab	81.82a	27.10a	7 051.56c
		N150	369.00a	216.00a	168.07a	84.52a	26.90a	7 757.84a
		N210	363.00a	213.00a	170.41a	81.18a	26.60a	7 391.20b
CV（%）			17.40	8.95	7.73	7.68	4.13	11.00
均值			342.13	213.98	165.08	84.27	28.81	8 018.76

表6-2 试验地点、品种及施肥水平间产量和穗粒结构的差异比较

变异来源		最高苗数 （×10⁴/hm²）	有效穗 （×10⁴/hm²）	穗粒数	结实率 （%）	千粒重 （g）	产量 （kg/hm²）
试验地点	四川泸县	310.82c	206.21b	172.81ab	84.71c	28.87c	8 481.64ab
	重庆永川	311.81c	219.00a	177.61a	88.74a	29.46b	8 609.13a
	四川广汉	336.94b	221.63a	163.50c	82.24d	27.85d	8 296.51c
	云南宾川	369.66a	205.28b	151.00d	87.70ab	29.69ab	8 022.57d
	四川东坡	365.89a	210.13b	167.84bc	79.70e	29.86a	7 098.73f
	贵州小河	346.71b	225.04a	153.76d	86.05bc	28.92c	8 371.52bc
	四川中江	353.06ab	210.56b	168.75b	80.74de	27.05e	7 251.18e
供试品种	Ⅱ优7号	344.48a	215.44a	162.32b	88.18a	28.50b	8 235.35a
	渝香优	339.77a	212.51a	167.75a	80.35b	29.13a	7 802.17b

（续表）

变异来源		最高苗数 （×10⁴/hm²）	有效穗 （×10⁴/hm²）	穗粒数	结实率 （%）	千粒重 （g）	产量 （kg/hm²）
施氮量 （kg/hm²）	N0	262.52d	187.96c	164.43ab	85.17a	28.87a	7 166.77c
	N90	333.01c	214.08b	165.23ab	84.68a	29.46ab	8 182.04b
	N150	373.18b	224.52a	168.02a	85.05a	27.85b	8 535.92a
	N210	399.79a	229.35a	162.48b	82.17b	29.69b	8 190.30b
显著水平（P）							
品种（A）		0.276 4	0.140 0	0.000 3	<0.000 1	<0.000 1	<0.000 1
地点（B）		<0.000 1	0.000 1	<0.000 1	<0.000 1	<0.000 1	<0.000 1
施氮量（C）		<0.000 1	<0.000 1	0.036 8	0.006 9	0.044 2	<0.000 1
AXB		0.144 0	0.058 1	<0.000 1	<0.000 1	<0.000 1	<0.000 1
AXC		0.926 2	0.767 4	0.595 2	0.414 1	0.313 8	0.013 4
BXC		0.042 9	0.404 2	0.000 7	0.248 0	0.326 5	<0.000 1
AXBXC		0.173 8	0.185 7	0.096	0.074 4	0.167 0	0.007 9

注：同一列平均值比较，不同小写字母表示在5%水平差异显著。

表6-3　穗粒结构（Y_i）对其产量（y_y）的回归与通径分析

品种	因子	偏相 关系数	T值	显著水平	直接 作用	间接作用				
						总和	→X_2	→X_3	→X_4	→X_5
Ⅱ优7号	y_2	0.886 2	9.17**	<0.000 1	0.765 2	-0.105 4		-0.005 1	-0.155 1	0.054 8
	y_3	0.793 9	6.26**	<0.000 1	0.556 8	-0.299 9	-0.007 1		-0.334 8	0.034 9
	y_4	0.847 1	7.64*	<0.000 1	0.727 8	-0.326 6	-0.163 1	-0.256 1		-0.070 5
	y_5	-0.388 4	2.02*	0.054 5	-0.178 1	0.179 1	-0.235 6	-0.109 0	0.288 1	
渝香优203	y_2	0.758 3	5.58**	<0.000 1	0.620 3	-0.095 3		-0.005 9	-0.069 4	-0.020 0
	y_3	0.449 1	2.41**	0.024 0	0.266 1	-0.030 7	-0.013 8		-0.011 1	-0.019 6
	y_4	0.723 3	5.02**	<0.000 1	0.557 6	0.008 1	-0.077 2	-0.005 3		0.013 4
	y_5	0.457 8	2.47*	0.021 0	0.273 4	0.008 2	-0.045 3	-0.019 0	0.027 2	

表6-4　产量及其穗粒结构与试验因子间的偏相关分析

性状	Ⅱ优7号				渝香优203			
		RI	Rp	t	P		RI	Rp	t	P

性状	Ⅱ优7号				渝香优203			
	RI	Rp	t	P	RI	Rp	t	P
最高苗 （×10⁴/hm²）	$r(y_1, X_4)$　0.950 2	14.62**	<0.000 1		$r(y_1, X_4)$　0.937 0	13.14**	<0.000 1	
	$r(y_1, X_5)$　-0.584 3	3.45**	0.002 1		$r(y_1, X_6)$　0.609 1	3.76**	0.000 9	
	$r(y_1, X_6)$　0.801 1	6.42**	<0.000 1		$r(y_1, X_{11})$　0.381 8	2.02*	0.053 8	
	$r(y_1, X_{10})$　-0.396 1	2.07*	0.049 5					
有效穗 （×10⁴/hm²）	$r(y_2, X_2)$　0.636 0	3.95**	0.000 6		$r(y_2, X_4)$　0.886 7	9.59**	<0.000 1	
	$r(y_2, X_4)$　0.916 9	11.02**	<0.000 1		$r(y_2, X_8)$　-0.516 1	3.01**	0.005 7	
	$r(y_2, X_{10})$　0.581 7	3.43**	0.002 2					
	$r(y_2, X_{12})$　0.421 5	2.23*	0.035 4					

（续表）

性状	II优7号				渝香优203			
	RI	Rp	t	P	RI	Rp	t	P
穗粒数	$r(y_3, X_6)$	-0.701 0	4.92**	<0.000 1	$r(y_3, X_7)$	-0.783 8	6.18**	<0.000 1
	$r(y_3, X_9)$	0.248 4	1.28	0.211 2	$r(y_3, X_{11})$	0.373 8	1.97	0.059 51
结实率 （%）	$r(y_4, X_2)$	-0.685 6	4.42**	0.000 2	$r(y_4, X_4)$	-0.358 3	1.80	0.085 0
	$r(y_4, X_4)$	-0.468 9	2.49*	0.020 5	$r(y_4, X_7)$	-0.442 2	2.31*	0.030 1
	$r(y_4, X_5)$	0.892 5	9.28**	<0.000 1	$r(y_4, X_{10})$	0.566 4	3.22**	0.003 8
	$r(y_4, X_{10})$	0.755 0	5.40**	<0.000 1	$r(y_4, X_{11})$	-0.530 0	2.93**	0.007 5
	$r(y_4, X_{11})$	-0.358 7	1.80	0.084 6	$r(y_4, X_{12})$	0.627 0	3.78**	0.001 0
千粒重 （g）	$r(y_5, X_5)$	0.939 1	12.82**	<0.000 1	$r(y_5, X_4)$	-0.596 4	3.49**	0.002 0
	$r(y_5, X_7)$	-0.914 7	10.61**	<0.000 1	$r(y_5, X_5)$	0.938 4	12.73**	<0.000 1
	$r(y_5, X_{10})$	-0.679 3	4.34**	0.000 2	$r(y_5, X_8)$	-0.859 2	7.88**	<0.000 1
	$r(y_5, X_{11})$	0.784 8	5.94**	<0.000 1	$r(y_5, X_{10})$	-0.749 9	5.32**	<0.000 1
	$r(y_5, X_{12})$	0.730 9	5.02**	<0.000 1	$r(y_5, X_{11})$	0.606 1	3.57**	0.001 6
产量 （kg/hm²）	$r(y_y, X_4)$	0.738 9	5.26**	<0.000 1	$r(y_y, X_2)$	-0.487 1	2.67**	0.013 3
	$r(y_y, X_8)$	-0.305 6	1.54	0.136 8	$r(y_y, X_4)$	0.596 0	3.56**	0.001 6
	$r(y_y, X_{10})$	0.629 0	3.88**	0.000 7	$r(y_y, X_8)$	-0.704 8	4.76**	0.000 1
					$r(y_y, X_{11})$	-0.649 9	4.10**	0.000 4

注：RI，偏相关项；Rp，偏相关系数；t，t值；P，P值；*，**，表示差异显著和极显著。

表6-5　不同地点和施氮量下的收割产量　　　　　　　　　　（kg/hm²）

品种	地点	施氮量					高效施氮量 （kg/hm²）
		N0	N90	N150	N210	F值	
II优7号	四川泸县	8 176.87b	8 833.76a	8 759.21a	8 775.33a	4.57*	90
	重庆永川	8 308.85b	8 725.93ab	9 061.23a	8 613.48ab	4.56*	90
	四川广汉	8 174.85d	9 161.05b	9 363.65a	8 645.10c	140.11**	150
	云南宾川	6 923.76b	8 349.24a	8 383.18a	8 790.46a	9.95**	90
	四川东坡	5 621.52c	7 292.23b	7 907.76a	7 643.96ab	63.66**	150
	贵州小河	7 267.00c	8 664.90b	9 491.55a	9 482.70a	40.88**	150
	四川中江	6 889.61d	7 379.95c	8 218.94a	7 683.61b	165.86**	150
渝香优203	四川泸县	8 019.70b	8 507.33a	8 493.23a	8 287.70ab	5.75*	90
	重庆永川	8 229.11b	8 680.95a	8 877.22a	8 376.32b	86.40**	150
	四川广汉	7 302.90b	8 442.00a	8 380.95a	6 901.55c	40.93**	90
	云南宾川	6 923.76b	7 941.96a	8 417.12a	8 451.06a	7.22**	90
	四川东坡	5 744.22c	7 388.35b	7 875.04a	7 316.77b	66.47**	150
	贵州小河	7 115.90b	8 129.30a	8 515.95a	8 304.90a	8.51**	90
	四川中江	5 636.75d	7 051.56c	7 757.84a	7 391.20b	271.29**	150

注：同一行4个施肥处理之间比较，相同小写字母表示差异不显著；同一列地点间平均值比较，相同小写字母表示差异不显著。*，** 分别表示差异显著和极显著。

表 6-6　氮素高效施用量（y）与试验点的地理位置、

土壤养分和施氮水平的回归分析（x）

品种	回归方程	R^2	F 值	偏相关系数	t 检验值	显著水平
Ⅱ优7号	$y=-392.979\ 1+10.013\ 2x_2$ $+118.687\ 0+0.174\ 4x_{10}$ $+2.062\ 4x_{11}$	0.999 5	910.57**	$r\ (y,\ x_2)=0.999\ 6$	47.96**	<0.000 1
				$r\ (y,\ x_8)=0.998\ 7$	27.55**	0.000 1
				$r\ (y,\ x_{10})=0.975\ 4$	6.26**	0.008 2
				$r\ (y,\ x_{11})=0.999\ 3$	37.76**	<0.000 1
渝香优203	$y=1\ 388.461\ 5-11.776\ 1x_1$ $-0.154\ 8x_3+116.783\ 3x_6$ $-39.769\ 7x_9+0.817\ 3x_{12}$	0.999 9	1 801.85**	$r\ (y,\ x_1)=-0.999\ 3$	27.09**	0.001 4
				$r\ (y,\ x_3)=-0.999\ 9$	76.40**	0.000 2
				$r\ (y,\ x_6)=0.999\ 7$	43.50**	0.000 5
				$r\ (y,\ x_9)=-0.998\ 9$	21.37**	0.002 2
				$r\ (y,\ x_{12})=0.999\ 9$	58.54**	0.000 3

结论：除品种间的最高苗数和有效穗差异不显著外，产量及其穗粒结构在品种间、试验地点间及施氮水平间达显著或极显著差异水平；有效穗、穗粒数、结实率和千粒重对产量的偏相关系数达显著或极显著水平，增加有效穗和提高结实率是西南地区提高水稻产量的主攻目标，而实现的途径是增施有机肥和提高土壤有效氮含量。经逐步回归分析，杂交中稻的氮高效施用量与试验所处的地理位置和土壤养分呈极显著线性关系，决定系数为 0.999 5~0.999 9，可作为制定各地水稻高产高效的氮肥施肥量的科学依据。

第二节　西南地区氮肥后移对杂交中稻产量及构成因素的影响

关于氮肥运筹对水稻产量的影响国内已有较多研究，多数研究结果显示，适当减少前期氮肥施用量，以增加中后期穗、粒肥施用量有明显的增产效果，也有少数研究结果表明氮肥后移没有增产作用。我国西南稻区目前水稻高产施氮仍以重底早追的施肥方式为主，近年有专家主张将氮肥后移以提高氮肥利用效率，但有的研究认为氮后移没有明显的增产效果。因此，作者以杂交中稻组合川香优9838为材料，分别于2011年、2012年在西南稻区5~6个不同生态点，设统一的氮肥运筹方式，研究杂交中稻产量与施氮水平和氮后移比例的关系，以期为该生态区杂交中稻高产和氮肥高效利用栽培提供理论与实践依据。

一、氮肥运筹对稻谷产量的影响

以底肥：蘗肥：穗肥=7:3:0作为对照，两年11个试验点施肥量与氮肥分配比例两个单因子的产量方差分析均达极显著水平（表6-7）。

表6-7　同一试验点上不同氮肥施用量和氮肥分配比例下水稻产量的单因子方差分析

年度	施氮量（kg/hm²）	底施：蘖肥：穗肥	籽粒产量（kg/hm²）					
			重庆永川	云南文山	贵州贵阳	四川绵阳	四川泸县	四川广汉
2011	105	7：3：0	9 219.3a	7 935.3b	10 725.0de	7 636.1d	9 504.2a	–
		6：0：4	8 884.1a	8 036.3ab	10 762.5de	7 511.0d	9 753.3a	–
		5：0：5	8 848.2a	8 940.0a	10 412.6e	7 670.6d	9 718.7a	–
	150	7：3：0	9 159.5a	7 712.7b	11 262.6bc	8 102.0bc	9 573.3a	–
		6：0：4	8 992.9a	8 730.0a	11 325.0bc	8 147.6abc	9 601.1a	–
		5：0：5	8 991.9a	9 012.3a	10 962.6cd	7 977.0c	9 610.2a	–
	195	7：3：0	9 422.9a	7 900.7b	12 325.1a	8 432.0a	9 635.6a	–
		6：0：4	9 303.2a	8 343.9ab	12 175.1a	8 397.5ab	9 541.1a	–
		5：0：5	9 051.8a	8 500.1ab	11 700.0b	8 340.5ab	9 628.7a	–
	0	0：0：0	7 770.6b	6 877.1c	7 200.0f	6 488.6e	7 772.1b	–
	最佳施氮量（kg/hm²）		105	150	150	195	105	–
	单因子分析		2.50*	3.98**	5.72**	66.51**	7.71**	–
	F值	施氮量 A	0.321	0.697	8.557**	40.582**	0.116	–
		施氮比例 B	1.431	12.520**	0.517	0.796	0.205	–
		A×B	0.149	1.567	1.146	2.014	0.305	–
2012	105	7：3：0	9 246.5a	5 951.9c	9 063.5bc	9 073.5d	8 457.9abc	7 225.8i
		6：0：4	8 983.2a	6 548.3ab	9 528.2bc	9 176.0cd	8 727.8ab	8 196.9g
		8：0：2	8 971.4a	6 600.3a	9 390.2ab	9 029.6d	8 501.6abc	8 720.4f
		7：0：3	9 330.2a	6 324.0b	9 266.6bc	9 250.1bcd	8 810.7a	8 488.1f
	150	7：3：0	8 971.4a	6 452.7a	9 384.0bc	9 544.1abc	8 144.6bcd	7 958.9h
		6：0：4	8 923.5a	6 686.3a	10 100.4a	9 941.6a	8 190.9bcd	9 446.0cd
		8：0：2	9 222.5a	6 582.9a	9 957.6ab	9 912.0a	8 549.0abc	9 278.1de
		7：0：3	8 875.7a	6 366.6b	9 653.4ab	9 720.5ab	8 722.5ab	9 828.2a
	195	7：3：0	8 923.5a	6 224.6c	9 615.3ab	9 882.0a	7 943.1cd	9 110.0e
		6：0：4	9 258.3a	6 547.2b	10 021.7ab	9 544.1abc	7 844.6d	9 732.0ab
		8：0：2	8 720.1a	6 835.1a	9 777.8ab	9 706.1ab	7 779.3d	9 548.7bc
		7：0：3	9 057.5a	6 245.1c	8 755.8c	9 573.5abc	8 134.5bcd	9 347.6cde
	0	0：0：0	7 045.5b	5 072.1d	6 804.3d	7 294.5e	7 691.0d	6 077.0j
	最佳施氮量（kg/hm²）		105	150	150	150	105	195
	单因子		4.82**	5.22**	5.29**	4.33**	9.76**	13.89**
	F值	施氮量 A	1.87	36.47**	2.19	18.63**	14.56**	273.81**
		施用比例 B	2.09	15.82**	63.31**	2.25	0.10	143.27**
		A×B	0.95	4.20**	1.88	0.71	1.53	23.49**

　　注：在同一列中不同字母表示在0.05水平差异显著，* 和 ** 分别表示 F 值0.05和0.01水平上差异显著。

　　同一试验点上，不同施氮量处理产量差异极显著的有6个点次（2011年的贵州贵阳、四川绵阳，2012年的云南文山、四川绵阳、四川泸县、四川广汉），不同氮肥分配比例间产量差异极显著的有4个点次（2011年的云南文山，2012 年的云南文山、贵州贵阳、四川广汉），施氮量与氮肥分配比例有显著正协同作用的点仅有 2 个（2012 年的云南文山和四川广汉），分别占总试验点次数的 54.55%、36.36% 和 18.18%。

各试验点的最佳施氮量有一定差异，其中 105kg/hm² 的有 4 个点次（2011年、2012 年均是重庆永川和四川泸县），150kg/hm² 的有 5 个点次（2011 年的云南文山、贵州贵阳，2012 年的云南文山、贵州贵阳、四川绵阳），195kg/hm² 的有 2 个点次（2011 年的四川绵阳，2012 年的四川广汉），分别占试验总占次数的 36.36%、45.45% 和 18.18%。

进一步的多点产量联合方差分析结果（表 6-8）看出，试验地点基础或空白处理产量与施氮量和分配比例以及两者的互作效应均达到极显著相关。试验地点两年都以贵州贵阳产量最高，施氮量间最高产处理 2011 年是 195kg/hm²，2012 年为 150kg/hm²，氮后移比例两年均以"底肥：蘖肥：穗肥=6：0：4"处理最高，但各后移比例间差异均不显著，2011 年两个氮后移比例与传统施肥（底肥：蘖肥：穗肥=7：3：0）差异均不显著，而 2012 年则 3 个氮后移处理比传统施肥增产显著。说明氮后移的增产效果年度间表现有一定差异，氮后移 20%~50% 处理间产量差异不明显。

表 6-8　多个地点试验产量的方差分析

年度	地点-A	地点间产量均值（kg/hm²）	施氮量-B（kg/hm²）	施氮量间产量均值（kg/hm²）	施氮方式-C（BF：TF：FF）	施氮方式间产量均值（kg/hm²）		F 值
2011	贵州贵阳	11 294.6a	195	9 513.2a	6：0：4	9 300.2a	A	793.79**
	四川泸县	9 618.5b	150	9 277.4b	5：0：5	9 291.0a	B	45.04**
	重庆永川	9 096.9c	105	9 037.1c	7：3：0	9 236.4a	C	0.95
	云南文山	8 345.7d					A×B	17.20**
	四川绵阳	8 023.8e					A×C	12.32**
							B×C	2.06
2012	贵州贵阳	9 542.9a	150	8 767.2a	6：0：4	8 744.3a	A	320.74**
	四川绵阳	9 529.4a	195	8 672.0a	8：0：2	8 726.9a	B	12.37**
	重庆永川	9 040.4b	105	8 452.7b	7：0：3	8 652.8a	C	9.09**
	四川广汉	8 906.7b			7：3：0	8 398.5b	A×B	9.56**
	四川泸县	8 317.2c					A×C	3.70**
	云南文山	6 447.0d					B×C	1.98

二、氮肥后移对产量的影响及适宜施氮量与稻田基础产量的关系

氮后移的增产效果及高效施氮量均与试验田地力呈显著负相关，即在稻田基础地力较低的稻田，氮后移才有显著的增产作用（表 6-9）。在本研究两年

11 个试验点次中，增加生育后期氮肥的追施比例比传统的重底早追施氮法显著增产的有 4 个试验点次，其稻田地力产量分别为 6 877.1kg/hm²、5 072.1kg/hm²、6 804.3kg/hm² 和 6 077.0kg/hm²，其他 7 个没有增产的点次，除 2011 年四川绵阳点外，地力产量在 7 000kg/hm² 以上。因此，稻田基础产量差异可能是导致先期众多研究氮后移的增产效果存在较大差异的主要原因。

表 6-9　追施穗肥与蘖肥水稻产量差值（y_1）与施氮量（y_2）和土壤基础产量（x）的关系

回归方程	r	n
$y_1 = 1\ 600.7 - 0.201\ 6x$	$-0.410\ 1^*$	33
$y_2 = 324.61 - 0.026x$	$-0.635\ 8^*$	11

在氮后移增产的 8 个处理中，平均施氮量为 157.65kg/hm²、氮肥分配比例为底：穗 = 7.1：2.9，产量其构成中的有效穗数和结实率与对照施氮法相当，穗粒数和千粒重有所提高；在氮后移减产的 3 个处理中，平均施氮量为 225kg/hm²、氮分配比例为底：穗 = 6.3：3.7，产量构成因素与对照相比均表现出一定程度的降低（表6-10）。说明要高产，施氮量不宜过高，氮后移比例也不宜过大。

表 6-10　两种施氮方式下 8 个增产组与 3 个减产组平均产量性状比较

产量反应	氮分配比例 （基：蘖：穗）	施氮量 （kg/hm²）	最高苗 （×10⁴/hm²）	有效穗 （×10⁴/hm²）	穗粒数	结实率 （%）	千粒重 （g）	产量 （kg/hm²）
增产	7.1：0：2.9	157.65	246.0b	192.60a	184.63a	82.70a	30.91a	8 721.2a
	7：3：0	157.65	263.25a	189.15a	163.53b	83.22a	30.23b	7 705.7b
减产	6.3：0：3.7	225	302.70b	224.40a	154.43b	80.94b	29.81a	8 940.8b
	7：3：0	225	310.20a	225.45a	157.77a	81.86a	30.05a	9 464.4a

三、施氮量与氮肥分配比例对稻谷产量构成因子的影响

回归分析结果显示，稻谷产量与其穗粒结构呈极显著线性关系，决定系数高达 0.811 9~0.938 2，偏相关系数均达显著或极显著水平（表6-11）。为了比较各产量构成因素对产量贡献的主次，进一步通径分析结果可见，对产量直接效应较大的分别是有效穗（x_1）和穗粒数（x_2），结实率（x_3）和千粒重（x_4）相对较小（表6-12）。在施氮措施上，增加底肥和蘖肥比例有利于增加有效穗数，增加穗肥比例则可能减少有效穗数而增加穗粒数。因此，根据土壤

基础肥力确定适宜的后期氮肥比例十分重要。

表 6-11　产量与穗粒结构的回归分析

年度	回归方程	R^2	F 值	偏相关系数	t 检验值
2011	$y=-69.643+35.687x_1$ $+1.402x_2+4.264x_3$ $-14.850x_4$	0.812	48.55**	$r(y, x_1)=0.859$ $r(y, x_2)=0.522$ $r(y, x_3)=0.350$ $r(y, x_4)=-0.462$	11.246** 4.108** 2.509** 3.493**
2012	$y=-1119.043+36.933x_1$ $+2.757x_2+3.684x_3$ $+13.782x_4$	0.938	284.85**	$r(y, x_1)=0.943$ $r(y, x_2)=0.940$ $r(y, x_3)=0.555$ $r(y, x_4)=0.426$	24.536** 23.750** 5.784** 4.082**

表 6-12　穗粒结构对产量的通径分析

年度	性状	相关系数	直接作用	间接作用				
				总和	$x_1 \to y$	$x_2 \to y$	$x_3 \to y$	$x_4 \to y$
2011	x_1	0.6173	0.7742	-0.1569		-0.1602	0.0576	-0.0543
	x_2	0.3709	0.5102	-0.1393	-0.2432		-0.1672	0.2711
	x_3	-0.1364	0.2330	-0.3694	0.1914	-0.3660		-0.1948
	x_4	-0.4979	-0.3543	-0.1436	0.1186	-0.3903	0.1281	
2012	x_1	0.6075	0.7755	-0.1680		-0.2260	0.0624	-0.0044
	x_2	0.5428	0.8418	-0.2990	-0.2082		-0.0200	-0.0708
	x_3	0.3202	0.1850	0.1352	0.2615	-0.0912		-0.0351
	x_4	-0.3393	0.1439	-0.4832	-0.0239	-0.4142	-0.0451	

结论：氮肥施用量与氮后移比例对稻谷产量的影响试验点间表现各异，取决于试验地点的土壤肥力。氮后移的增产效果及高效施氮量分别与地力、产量呈显著负相关，当空白试验产量超过 7 000kg/hm² 时，氮后移没有增产作用。氮后移增产处理表现为施氮量不高、氮后移比例小，并在保持一定有效穗数基础上，通过提高穗粒数和千粒重而增产，提出了西南区杂交中稻氮肥的高效管理途径。

第三节　不同地域杂交中稻的地力产量对氮高效施用量及其农学利用率的影响

水稻精确定量栽培是目前实现高产与氮高效利用的重要途径之一，其关键技术是以稻田地力产量和目标产量确定其最佳高产高效施氮量。我国稻田地域辽阔，不同地区生态条件、稻田肥力水平千差万别，对稻田地力产量和潜力产量均有较大影响，并针对不同地力稻田开展了水稻高产栽培的目标产量确定、不同基础地力土壤优化施肥技术等研究。但就如何因地制宜、精准地确定稻田地力产量和氮高效施用量是一个至今尚未很好解决的生产实际问题。为此，作者通过多点多年氮肥施用量试验，研究了西南区地理位置、土壤养分对稻谷地力产量的影响及其与高效施氮量和氮肥利用效率的关系，以期为该区水稻高产节氮技术的制定与实践提供科学依据。

一、地理位置及稻田基础肥力对稻田地力产量的影响

稻田地力产量受土壤供肥能力影响较大，两个品种在西南区 7 个生态点的地力产量变幅为 5 072.1~8 351.55kg/hm^2（表 6-13、表 6-15、表 6-16、表 6-17）。为了探索地理位置及稻田基础肥力对地力产量的影响，以表 5-1 各试验点的地理位置和试验田的养分测试值为自变量，以表 6-13 地力产量（不施肥处理）的稻谷产量为因变量进行多元回归分析。从分析结果（表 6-14）可见，2009 年杂交稻品种 II 优 7 号的地力产量与有效氮（x_9）呈显著正效应，与有效磷（x_{10}）呈极显著负效应；渝香优 203 则分别与有机质（x_4）、有效氮（x_9）呈极显著正效应，分别与全钾（x_7）、有效磷（x_{10}）和有效钾（x_{11}）呈极显著负效应。2010 年渝香优 203 地力产量分别与全氮（x_5）、有效氮（x_9）和有效磷（x_{10}）呈极显著正效应，分别与有机质（x_4）和 pH 值（x_8）呈显著或极显著负效应。将以上两年数据合并分析结果显示，地力产量分别与全氮（x_5）、全磷（x_6）呈显著正效应，分别与海拔（x_3）、全钾（x_7）和有效磷（x_{10}）呈极显著负效应。

以上结果表明，稻田地力产量主要受土壤供肥能力影响，但不同年度间、品种间受影响的主要因子不完全相同，可能与各年度间、试验点间土壤供肥状况差异明显有关。分品种的回归预测模型的决定系数高达 97.82%~99.99%，总体决定系数 76.77%，表明用以预测稻田地力产量的可靠度较高。总体表现为与全氮或有效氮呈显著正效应，说明供试土壤氮的供应不足，需要补充氮肥才能获得较高产量；而磷、钾则有呈负效应表现，表明供试土壤中磷、钾含量较高，施磷、钾肥不是西南区增产的主攻方向。

表 6-13　各试验点水稻地力产量 （kg/hm^2）

年度	品种	小河	宾川	永川	广汉	中江	东坡	泸县
2009	II 优 7 号	7 813.7b	6 798.0c	8 042.7a	7 697.7b	6 592.7c	5 251.4d	8 319.9a
2009	渝香优 203	7 402.7b	7 039.6bc	7 901.7a	7 779.0ab	5 432.1c	5 331.2c	8 026.1a
2010	渝香优 203	5 605.5d	7 102.5b	6 059.4c	7 284.5b	6 928.7b	8 559.2a	5 656.5

* 同一行数据后跟有相同小写字母表示差异不显著。

表6-14　稻谷地力产量（y：kg/hm²）与试验点的地理位置、
土壤养分（x）的回归分析

年度	品种	回归方程	R^2	F值	偏相关系数	t检验值
2009	Ⅱ优7号	$y = 15\ 802.56 + 28\ 242.04x_5 - 2\ 176.91x_8 + 22.90x_9 - 140.12x_{10}$	0.978 2	22.47*	$r(y, x_5) = 0.802\ 6$	1.90
					$r(y, x_8) = -0.854\ 9$	2.33
					$r(y, x_9) = 0.952\ 9$	4.44*
					$r(y, x_{10}) = -0.966\ 2$	5.30**
2009	渝香优	$y = 9\ 174.34 + 750.39x_4 - 2\ 877.05x_7 + 20.85Xx_9 - 103.45x_{10} - 10.52x_{11}$	0.999 9	3 743.4**	$r(y, x_4) = 0.999\ 3$	27.53**
					$r(y, x_7) = -0.999\ 8$	49.18**
					$r(y, x_9) = 0.999\ 8$	46.99**
					$r(y, x_{10}) = -0.999\ 9$	101.87**
					$r(y, x_{11}) = -0.999\ 9$	47.99**
2010	渝香优203	$y = 7\ 429.91 - 4\ 365.84x_4 + 25\ 869.54x_5 - 560.64x_8 + 85.15x_9 + 106.70x_{10}$	0.997 8	88.50**	$r(y, x_4) = -0.995\ 34$	10.32**
					$r(y, x_5) = 0.995\ 0$	9.95**
					$r(y, x_8) = -0.974\ 2$	4.31*
					$r(y, x_9) = 0.996\ 5$	11.86**
					$r(y, x_{10}) = 0.994\ 3$	9.29**
合计		$y = 12\ 753.54 - 122.00x_2 - 2.41x_3 + 15\ 791.98x_5 + 20\ 122.19x_6 - 3\ 649.48x_7 + 13.50x_9 - 93.46x_{10}$	0.767 7	3.73*	$r(y, x_2) = -0.476\ 6$	1.95
					$r(y, x_3) = -0.623\ 9$	2.88**
					$r(y, x_5) = 0.523\ 0$	2.21*
					$r(y, x_6) = 0.571\ 7$	2.51*
					$r(y, x_7) = -0.708\ 5$	3.62**
					$r(y, x_9) = 0.436\ 7$	1.75
					$r(y, x_{10}) = -0.711\ 8$	3.65**

二、水稻氮高效施用量及其农学利用率与地力产量关系

从试验结果（表6-15）看出，在7个试验地点的两个品种共14个处理，均表现为未施氮处理（施 P_2O_5 75kg/hm²、K_2O 75kg/hm²）与无肥区（CK）产量差异不显著，说明试验基础土壤不缺磷、钾。因此，以后试验均用无氮区产量代表空白区产量研究氮肥高效施用量（高效施氮量为各施氮水平中产量在较高产水平中的最低施氮量）及其农学利用率 [（高效施氮量处理的产量-无氮区产量）/高效施氮量] 与地力产量的关系。

本研究结果表明，不同年度和试验地点间的稻田地力产量、氮高效施用量及其农学利用效率差异较大，如 2009 年的变幅分别为 5 625.60 ~ 8 312.70kg/hm²、90 ~ 150kg/hm² 和 4.98 ~ 15.48 Grain kg/kg N（表 6-15），2011 年、2012 年的变幅分别为 5 072.1 ~ 8 070.6kg/hm²、105 ~ 195kg/hm² 和 8.82 ~ 25.31 Grain kg/kg N（表 6-16），2015 年、2016 年的变幅分别为 6 694.56 ~ 8 351.55kg/hm²、75 ~ 150kg/hm² 和 10.68 ~ 15.74 Grain kg/kg N

（表6-17）。不同品种地力产量对高产的贡献率（地力产量/施氮最高产量×100%），以渝香优203最高为71.22%~94.43%，平均83.67%；Ⅱ优7号为71.14%~92.57%，平均82.29%（表6-15）；蓉18优1015为73.93%~89.60%，平均80.68%（表6-17）；以川香优9838最低为58.03%~89.74%，平均73.55%（表6-16），西南区地力产量对高产的平均贡献率为80.05%。

为了明确水稻地力产量对氮高效施氮量及其农学利用效率的影响，用试验结果表6-15、表6-16、表6-17中不同施氮量试验数据，分别将水稻氮高效施用量及其农学利用率与地力产量的回归分析结果列于表6-18、表6-19。从分析结果看出，水稻氮高效施用量（表6-18）、农学利用率（表6-19）分别与零氮水平下水稻地力产量呈显著负相关，即地力产量越高的稻田，其氮农学利用率越低，氮高效施用量也越低。

表6-15 不同地点和施氮量下的收割产量（2009）

| 品种 | 地点 | 各施氮处理的产量（kg/hm²） | | | | | 高效施氮量（kg/hm²） | 高效施氮处理的氮农学利用率（Grain kg/kg N） |
		N0	N90	N150	N210	CK		
Ⅱ优7号	小河	7 267.05c	8 664.9b	9 491.55a	9 482.7a	7 813.65c	150	14.83
	宾川	6 924.00c	8 012.50b	8 812.50a	8 803.00a	6 798.00c	150	12.59
	永川	8 312.70b	8 729.85a	9 061.05a	8 613.30ab	8 042.70b	90	4.64
	广汉	8 174.85bc	9 161.10a	9 363.60a	8 645.10b	7 697.70c	90	10.96
	中江	6 889.65c	7 375.50b	8 819.10a	7 686.00b	6 592.65c	150	12.86
	东坡	5 625.60b	7 288.20b	7 907.85a	7 644.00ab	5 251.35b	150	15.22
	泸县	8 182.65b	8 839.20a	8 761.80a	8 780.85a	8 319.90b	90	7.30
渝香优203	小河	7 115.85c	8 129.25b	8 515.95a	8 304.9ab	7 402.65bc	150	9.33
	宾川	6 786.00b	7 627.5b	8 019.00a	7 914.00ab	7 039.50b	150	8.22
	永川	8 232.90b	8 680.80a	8 877.15a	8 380.20ab	7 901.70b	90	4.98
	广汉	7 302.90bc	8 442.00a	8 380.95a	6 901.50c	7 779.00b	90	12.66
	中江	5 634.45c	7 051.50b	7 760.25a	7 389.00ab	5 432.10c	150	14.17
	东坡	5 748.30b	7 386.30b	8 070.95a	7 312.65b	5 331.15b	150	15.48
	泸县	8 038.20b	8 512.50a	8 497.80a	8 292.15ab	8 026.05b	90	5.27

* 同一行数据后跟有相同小写字母表示差异不显著。

表 6-16　不同地点和施氮量下的水稻收割产量（川香优 9838）

| 年度 | 地点 | 各施氮处理的产量（kg/hm²） | | | | 高效施氮量（kg/hm²） | 高效施氮处理的氮农学利用率（Grain kg/kg N） |
		0	105	150	195		
2011	永川	8 070.6b	8 948.2a	8 992.9a	8 951.8a	105	11.22
	文山	6 877.1c	7 935.3b	8 730.0a	8 500.1a	150	12.35
	贵阳	6 200.0d	8 725.0c	10 175.01b	10 525.1a	195	22.18
	绵阳	6 488.6c	7 636.1b	8 647.6a	8 397.5a	150	14.39
	泸县	7 772.1b	9 504.2a	9 601.1a	9 541.1a	150	11.79
2012	永川	8 045.5b	8 971.4a	9 222.5a	9 258.3a	105	8.82
	文山	5 072.1d	6 600.3c	8 586.3b	9 535.1a	195	22.88
	贵阳	6 304.3c	9 390.2b	10 100.4a	10 021.7a	150	25.31
	绵阳	7 294.5c	9 029.6b	9 941.6a	9 882.0a	150	17.65
	泸县	7 691.0c	8 810.7a	8 722.5a	8 134.5b	105	10.66
	广汉	6 077.0d	8 196.9c	9 146.0b	9 732.0a	195	18.74

＊同一行相同小写字母表示差异不显著。

表 6-17　不同密度和施氮量下的水稻收割产量（蓉 18 优 1015）

| 年度 | 密度（×10⁴/hm²） | 各施氮处理的产量 kg/hm²） | | | | 高效施氮量（kg/hm²） | 高效施氮处理的氮农学利用率（Grain kg/kg N） |
		0	75	150	225		
2015	12.50	7 190.14c	8 935.87b	9 355.25a	9 282.47ab	150	14.43
	18.75	7 540.75c	9 155.43b	9 457.12a	9 492.45a	150	12.78
	28.13	8 351.55c	9 194.86ab	9 435.23a	9 068.80b	75	11.24
2016	12.50	6 694.56c	7 912.55b	9 055.06a	8 610.04a	150	15.74
	18.75	6 906.72c	8 365.00b	9 120.24a	8 245.09b	150	14.76
	28.13	7 981.49c	8 782.20a	8 907.53a	7 815.27b	75	10.68

＊同一行相同小写字母表示差异不显著。

表 6-18　水稻氮高效施用量（y：kg/hm²）与稻田地力产量（x：kg/hm²）的回归分析

年度	回归方程	r	R^2	n	RMSE（%）
2009	$y=-0.025\ 8x+308.85$	-0.813 9 **	0.662 4	14	4.61
2011—2012	$y=-0.031\ 4x+366.58$	-0.866 5 **	0.750 8	11	5.00
2015—2016	$y=-0.053\ 2x+521.02$	-0.876 6 *	0.768 5	6	6.94
合计 Total	$y=-0.031\ 4x+357.06$	-0.816 6 **	0.666 8	31	2.07

表 6-19　水稻氮高效施用量下的农学利用率（y：Grain kg/kg N）与
稻田地力产量（x：kg/hm^2）的回归分析

年度	回归方程	r	R^2	n	RMSE（%）
2009	$y=-0.003\ 2x+33.536$	$-0.788\ 5^{**}$	0.621 8	14	0.63
2011—2012	$y=-0.004\ 9x+49.552$	$-0.828\ 5^{**}$	0.686 4	11	0.91
2015—2016	$y=-0.003\ 1x+36.035$	$-0.958\ 3^{**}$	0.918 4	6	0.25
合计	$y=-0.004\ 1x+41.408$	$-0.809\ 1^{**}$	0.654 6	31	0.59

三、氮高效施用量与目标产量预测

在大面积水稻生产中，为了提高稻田施氮效率，十分需要明确不同稻田地力产量下的氮高效施用量。为此，分别应用表 6-18、表 6-19 中多年合计的氮高效施用量及农学利用率与稻田地力产量的回归方程（r 值分别为 $-0.816\ 6^{**}$、$-0.809\ 1^{**}$，决定程度高达 66.68% 和 65.46%），计算出预测值，再利用试验测定值与预测值之间的均方差根（RMSE）对模型进行检验，RMSE 分别为 2.07% 和 0.59%，测定数据与预测值之间表现较好一致性（表 6-18、表 6-19）。因此可用这两个回归方程作为预测不同地力产量下的氮高效施用量及农学利用率。从预测结果（表 6-20）可见，稻田地力产量从 5 250kg/hm^2 到 9 000kg/hm^2，其氮高效施用量为 192.21~74.46kg/hm^2，氮高效农学利用率为 19.88~4.51Grain kg/kg N），可作为指导大面积高效施氮的参考依据。

表 6-20　不同稻田地力产量下的氮高效施用量与氮农学利用率

稻田地力产量（kg/hm^2）	氮高效施用量（kg/hm^2）	氮农学利用率（Grain kg/kg N）
5 250	192.21	19.88
6 000	168.66	16.81
6 750	145.11	13.73
7 500	121.56	10.66
8 250	98.01	7.58
9 000	74.46	4.51

结论：稻田地力产量受土壤供肥能力影响较大，在西南区 4 个省（市）的 7 个生态点的地力产量变幅为 5 072.1~8 351.55kg/hm^2，4 个品种的地力产量对施氮高产处理的平均贡献率 73.55%~83.67%；7 个地点的地力产

量对施氮高产处理的平均贡献率为 80.05%，建立了稻田地力产量与土壤养分的回归预测模型，决定系数 76.77%~99.99%。指出地力产量分别与土壤全氮、全磷呈显著正效应，分别与海拔、全钾和有效磷呈极显著负效应。西南区土壤氮供应不足，需要补施氮肥才能获得较高产量，施磷、钾肥不是西南区增产的主攻方向。进一步分别建立了水稻氮高效施用量及其农学利用率与地力产量的回归预测方程，决定系数分别为 66.68% 和 65.46%。稻田地力产量从 5 250kg/hm² 到 9 000kg/hm²，相应的氮高效施用量为 192.21~74.46kg/hm²、氮高效施用量的农学利用率为 19.88~4.51Grain kg/kg N，可作为指导大面积高效施氮的参考依据。

第四节　不同生态条件下氮密互作对杂交稻氮、磷、钾吸收积累的影响

在水稻生产实践中，必须根据不同稻区生态条件确定施肥方案和栽插密度，方能在实现高产的同时降低生产成本，提高肥料利用率，减少环境污染。由于四川地理环境和气候特点，其境内杂交稻品种多为重穗型（大穗型）品种，为了充分发挥其大穗优势，杂交稻一般在低密高氮条件下种植（密度 < 13.5 穴/m²、施氮量 ≥180kg/hm²）。为此作者选取川东南冬水田区和成都平原区，系统地研究了不同生态条件下施氮量（中氮 120kg/hm²、高氮 180kg/hm²）和移栽密度（低密 12.0 穴/m²、中密 16.5 穴/m²、高密 22.5 穴/m²）对杂交稻氮磷钾养分吸收积累及利用率的影响，以期为相似稻区杂交稻的肥料高效管理和最佳密度的确定提供理论和实践依据。

一、杂交稻产量表现

由表 6-21 可知，不同生态地点之间杂交稻产量差异极显著，德阳点 2 年平均产量为 10.75t/hm²，较泸州点高了 19.2%。施氮量对杂交稻产量影响不显著。与 N₁₂₀ 相比，德阳点 N₁₈₀ 的产量平均下降了 1.8%；而泸州点 N₁₈₀ 的产量平均增加了 4.2%。不同移栽密度之间杂交稻产量差异极显著。随着移栽密度的增加，杂交稻产量显著增加。德阳点以中氮高密组合的产量最高，为 10.87~11.72t/hm²，较其他 5 个肥密组合高了 0.4%~11.9%；而泸州点则是以高氮高密组合的产量最高，为 9.25~9.85t/hm²，较其他 5 个肥密组合高了 0.4%~16.2%。可见，不同生态地点之间杂交稻获得最高产的最佳施氮量和移栽密度组合并不一致。即在水稻生产上因地制宜地确定施氮量和移栽密度是水稻实现高产、高效、环境友好目的的关键。此外，由表 6-21 还可以看出，年

份对杂交稻产量影响不显著，为此本文其他测定数据均用两年平均值表示。

表 6-21　不同生态条件下施氮量和移栽密度对杂交稻产量的影响　　（t/hm²）

施氮量	移栽密度	德阳		平均	泸州		平均
		2014	2015		2014	2015	
N₁₂₀	D_1	10.47c	10.39ab	10.85	8.39b	8.48c	8.83
	D_2	10.86abc	10.76a		8.83a	8.70c	
	D_3	11.72a	10.87a		9.21a	9.39ab	
N₁₈₀	D_1	10.63bc	9.95b	10.66	8.35b	9.05bc	9.20
	D_2	10.81abc	10.18ab		9.11a	9.59ab	
	D_3	11.56ab	10.83a		9.25a	9.85a	
平均				10.75			9.02

方差分析	
年份（Y）	ns
地点（L）	**
施氮量（N）	ns
移栽密度（D）	**
年份×地点 Y×L	**
年份×施氮量 Y×N	ns
年份×移栽密度 Y×D	ns
地点×施氮量 L×N	**
地点×移栽密度 L×D	ns
施氮量×移栽密度 N×D	ns
年份×地点×施氮量 Y×L×N	*
年份×地点×移栽密度 Y×L×D	ns
年份×施氮量×移栽密度 Y×N×D	ns
地点×施氮量×移栽密度 L×N×D	ns
年份×地点×施氮量×移栽密度 Y×L×N×D	ns

注：同列内平均数后跟不同小写字母表示达 0.05 显著水平，* 表示差异达 0.05 显著水平。** 表示差异达 0.01 显著水平，ns 表示差异不显著。D_1、D_2、D_3 分别表示密度 12.0 穴/m²、16.5 穴/m²、22.5 穴/m²。

二、杂交稻氮素、磷素、钾素吸收量

由表 6-22 可知，德阳点杂交稻氮吸收量为 15.4 ~ 16.8g/m²，与泸州点相比，平均增加了 24.0%。增加施氮量，杂交稻氮吸收量呈增加趋势。与 N₁₂₀ 相比，N₁₈₀ 氮吸收量增加了 2.3%（德阳点）、8.0%（泸州点）。不同移栽密度之间杂交稻氮吸收量差异显著，随着移栽密度的增加，杂交稻氮吸收量显著增加。与泸州点相比，德阳点杂交稻磷、钾吸收量平均分别高了 3.3% 和 9.5%。与 N_{120} 相比，N_{180} 磷吸收量平均增加了 2.2%（德阳点）、7.0%（泸州点）；钾吸收量平均增加了 3.7%（德阳点）、2.6%（泸州点）。随着移栽密度的增加，杂交稻磷、钾吸收量呈增加趋势。由表 6-22 还可以看出，不论是德阳点还是泸州点，均一致以高氮高密组合的氮、磷、钾吸收量最高。

表 6-22 不同生态条件下施氮量和移栽密度对杂交稻氮磷钾养分吸收量的影响

（g/m²）

地点	施氮量	移栽密度	吸氮量	吸磷量	吸钾量
德阳	N_{120}	D_1	15.4b	2.9b	15.8d
		D_2	15.8ab	3.0ab	17.1bc
		D_3	16.2ab	3.2a	18.1ab
	N_{180}	D_1	15.5b	3.0ab	16.7cd
		D_2	16.2ab	3.1a	17.6abc
		D_3	16.8a	3.2a	18.6a
		Mean	16.0	3.1	17.3
泸州	N_{120}	D_1	11.6c	2.7c	14.3b
		D_2	12.4bc	2.9bc	15.4ab
		D_3	13.3ab	3.0b	17.1ab
	N_{180}	D_1	12.6bc	2.9bc	14.8ab
		D_2	13.5ab	3.0ab	15.9ab
		D_3	14.2a	3.3a	17.3a
		Mean	12.9	3.0	15.8

注：同列同地点平均数后跟不同小写字母表示达 0.05 显著水平。D_1、D_2、D_3 分别表示密度 12.0 穴/m²、16.5 穴/m²、22.5 穴/m²。

三、杂交稻氮素、磷素、钾素收获指数

由表 6-23 可以看出，德阳点杂交稻氮、磷、钾收获指数分别为 69.1% ~ 71.8%、78.6% ~ 85.3%、12.6% ~ 14.1%，与泸州点相比，平均分别高了 9.2%、9.4%、5.6%。增加施氮量，德阳点杂交稻氮、磷收获指数呈下降趋势，与 N_{120} 相比，N_{180} 氮、磷收获指数分别下降了 1.5%、2.5%，N_{120} 钾收获指数与 N_{180} 相当；泸州点 N_{180} 氮、钾收获指数较 N_{120} 分别下降了 2.6%、3.6%；而磷收获指数则增加了 1.4%。除磷收获指数外，不同移栽密度对杂交稻氮、

钾收获指数影响不显著。

表 6-23　不同生态条件下施氮量和移栽密度对杂交稻氮素、磷素、钾素收获指数的影响

地点	施氮量	移栽密度	氮收获指数（%）	磷收获指数（%）	钾收获指数（%）
德阳	N_{120}	D_1	71.8a	82.1ab	13.9a
		D_2	70.7a	85.3a	13.2a
		D_3	69.1a	82.7a	12.6a
	N_{180}	D_1	69.2a	82.7a	14.1a
		D_2	69.4a	78.6b	13.1a
		D_3	69.9a	82.7a	13.1a
		平均	70.0	82.3	13.3
泸州	N_{120}	D_1	66.5a	76.2a	13.4a
		D_2	64.8a	76.1a	13.6a
		D_3	63.5a	71.8b	11.5a
	N_{180}	D_1	64.6a	75.8a	12.9a
		D_2	61.4a	75.4a	12.3a
		D_3	63.8a	76.1a	11.9a
		平均	64.1	75.2	12.6

　　注：同列同地点平均数后跟不同小写字母表示达 0.05 显著水平。D_1、D_2、D_3 分别表示密度 12.0 穴/m^2、16.5 穴/m^2、22.5 穴/m^2。

四、每生产 1 000 千克稻谷杂交稻氮素、磷素、钾素的需要量

　　由表 6-24 可知，杂交稻每生产 1 000kg 稻谷氮素、磷素、钾素需要量分别为 13.7~15.9kg、2.7~3.4kg、15.2~18.5kg。与泸州点相比，德阳点杂交稻每生产 1 000kg 稻谷氮素需要量平均高了 4.2%，但其杂交稻每生产 1 000kg 稻谷磷素、钾素需要量平均分别减少了 15.2%、8.0%。增加施氮量，德阳点杂交稻每生产 1 000kg 稻谷氮素、磷素、钾素需要量呈增加趋势，与 N_{120} 相比，N_{180} 每生产 1 000kg 稻谷氮素、磷素、钾素需要量分别增加了 4.1%、6.0%、5.5%。泸州点 N_{180} 每生产 1 000kg 稻谷氮素、磷素需要量较 N_{120} 高了 4.0%、2.0%，钾素需要量则较 N_{120} 低了 1.5%。德阳点不同移栽密度之间杂交稻每生产 1 000kg 稻谷氮素需要量差异不显著，磷素、钾素需要量以移栽密度 D_1 处理较小。泸州点随着移栽密度的增加，杂交稻每生产 1 000kg 稻谷氮素、磷素、钾素需要量呈增加趋势，但不同移栽密度之间杂交稻每生产 1 000kg 稻谷氮素、磷素、钾素需要量差异不显著。由表 6-23 还可以看出，德阳点和泸州点每生产 1 000kg 稻谷氮素、磷素、钾素需要量的比值分别为 1：（0.16~0.2）：（1.03~1.12、1）：（0.23~0.24）：（1.17~1.29）。不同施氮量和移栽密度之间每生产 1 000kg 稻谷氮素、磷素、钾素需要量的比值差异较小。

表 6-24　不同生态条件下施氮量和移栽密度对杂交稻
每生产 1 000kg 稻谷氮、磷、钾需要量的影响　　　　　（kg）

地点	施氮量	移栽密度	氮需要量	磷需要量	钾需要量	N：P：K
德阳	N_{120}	D_1	14.8a	2.7b	15.2b	1：0.18：1.03
		D_2	14.7a	2.8ab	15.9ab	1：0.19：1.09
		D_3	14.3a	2.8ab	16.0ab	1：0.20：1.12
	N_{180}	D_1	15.1a	2.9ab	16.3ab	1：0.19：1.08
		D_2	15.5a	3.0a	16.8a	1：0.16：1.09
		D_3	15.0a	2.9ab	16.6a	1：0.19：1.11
		平均	14.9	2.8	16.1	1：0.19：1.08
泸州	N_{120}	D_1	13.7a	3.2a	17.0a	1：0.24：1.24
		D_2	14.1a	3.3a	17.5a	1：0.23：1.25
		D_3	14.3a	3.3a	18.5a	1：0.23：1.29
	N_{180}	D_1	14.5a	3.3a	17.0a	1：0.23：1.17
		D_2	14.5a	3.3a	17.0a	1：0.23：1.17
		D_3	14.8a	3.4a	18.2a	1：0.23：1.23
		平均	14.3	3.3	17.5	1：0.23：1.23

注：同列同地点平均数后跟不同小写字母表示达 0.05 显著水平。D_1、D_2、D_3 分别表示密度 12.0 穴/m²、16.5 穴/m²、22.5 穴/m²。

结论：德阳点土壤全氮、碱解氮、水稻全生育期平均太阳辐射、最高温度、最低温度、昼夜温差、积温均高于泸州点。不同生态条件对杂交稻产量和氮、磷、钾吸收量影响显著。德阳点杂交稻产量、氮、磷、钾吸收量分别较泸州点增加了 19.2%、24.0%、3.3%、9.5%，但德阳点杂交稻生产单位稻谷产量的磷、钾需要量较泸州点分别减少了 15.2%、8.0%，氮需要量与泸州点相当。良好的温光条件有利于杂交稻灌浆结实，促进氮、磷、钾养分向籽粒运转，进而提高氮、磷、钾收获指数。与泸州点相比，德阳点杂交稻氮、磷、钾收获指数分别增加了 9.2%、9.4%、5.6%，进而减少生产单位稻谷氮磷钾需要量。不同生态条件下杂交稻具有不同的氮磷钾吸收特点和利用特性。德阳点：增加施氮量杂交稻产量呈下降趋势，氮、磷、钾吸收量呈增加趋势；杂交稻产量、氮磷钾吸收量随着移栽密度的增加而增加，以中氮高密组合产量最高，为 10.87～11.72t/hm²，且该密肥组合下成熟期植株体内氮、磷、钾养分吸收量处于中等水平，氮、磷、钾收获指数处于相对较高水平，生产单位稻谷产量的氮、磷、钾需要量相对较低。泸州点：杂交稻产量和氮磷钾吸收量随着施氮量和移栽密度的增加而增加，以高氮高密组合杂交稻产量最高，为 9.25～9.85t/hm²，该密肥组合下成熟期植株体内氮、磷、钾吸收量也相对较高，但不同肥密组合之间生产单位稻谷产量的氮、磷、钾需要量差异不显著。

第五节　不同生态条件下氮密互作对杂交稻产量及稻米品质的影响

　　水稻作为我国重要的粮食作物，最大限度地发挥其产量潜力，一直以来都是我国农业科学家的研究热点，而氮肥管理和种植密度作为水稻生产的主要栽培技术，更是研究重点。已有研究结果表明，通过优化氮肥管理和密植可显著提高水稻产量和减少氮肥的用量。同时，水稻产量和稻米品质还受生态条件的影响。但针对生态条件、施氮量、移栽密度及其互作对杂交稻产量形成、稻米品质影响的研究不足，为此作者等选取川东南冬水田区和成都平原区，研究不同生态条件下施氮量和移栽密度对杂交稻产量和稻米品质的影响，以期为不同生态环境稻区提供最佳的密肥组合。

一、两个试验点的生态条件比较

（一）土壤肥力比较

　　由表 6-25 可知，两试验点土壤有机质含量相当，pH 值分别为 7.6（德阳点）和 5.2（泸州点）。与泸州点相比，德阳点土壤全氮、全磷、碱解氮分别高了 51.9%、185.7%、8.2%；全钾、速效磷、速效钾分别降低了 85.2%、87.0%、9.0%。可见，德阳点土壤肥力比泸州点相对较优。

表 6-25　德阳和泸州试验田基础肥力

土壤肥力	德阳	泸州
pH 值	7.6	5.2
有机质（g/kg）	41.8	42.1
全氮（g/kg）	2.4	1.6
全磷（g/kg）	1.2	0.4
全钾（g/kg）	2.4	16.2
碱解氮（mg/kg）	132.0	122.0
速效磷（mg/kg）	13.0	100.2
有效钾（mg/kg）	123.0	135.1

（二）气候条件比较

由表6-26可知，德阳点播种至移栽平均最高温度、平均最低温度、太阳辐射均较泸州点高（2015年平均最低温低除外）。与泸州相比，德阳移栽至齐穗平均最高温度、平均最低温度、太阳辐射较泸州高了3.6～4.1℃、1.5～1.7℃、2.8～3.6kJ/m²；齐穗至成熟平均最高温度、平均最低温度、太阳辐射较泸州低了1.9～3.6℃、1.1～2.2℃、2.2～2.8kJ/m²。播种至移栽、移栽至齐穗降雨量泸州高于德阳，齐穗至成熟降水量，2014年德阳是泸州的6.7倍，2015年德阳较泸州减少了21.2%。

表6-26 德阳和泸州杂交稻生长期的气候条件比较

年份	气象因子	播种-移栽		移栽-齐穗		齐穗-成熟	
		德阳	泸州	德阳	泸州	德阳	泸州
2014	平均最高温度（℃）	24.2	18.2	28.3	24.7	29.0	32.6
	平均最低温度（℃）	14.6	11.4	20.2	18.5	21.4	23.6
	太阳辐射（kJ/m²）	18.6	13.2	18.3	15.5	16.4	19.2
	降水量（mm）	25.2	128.5	471.1	482.3	293.4	43.6
2015	平均最高温度（℃）	24.2	21.4	29.8	25.7	29.7	31.6
	平均最低温度（℃）	13.6	14.1	20.3	18.8	21.4	22.5
	太阳辐射（kJ/m²）	19.4	14.1	20.0	16.4	17.1	19.3
	降水量（mm）	40.5	59.0	175.8	358.0	186.9	237.3

二、不同生态条件下施氮量和密度对杂交稻产量的影响

由表6-27可知，德阳点施氮量对杂交稻产量影响不显著，以MN产量较高，为10.67～11.02t/hm²，较HN增加了0.2%～3.4%。移栽密度对杂交稻产量影响显著，但其与施氮量互作对杂交稻产量影响不显著。随着移栽密度的增加，杂交稻产量呈增加趋势，2年均一致以中氮高密组合的产量最高，分别为11.72t/hm²（2014年）和10.87t/hm²（2015年）。与MN相比，泸州点HN杂交稻产量增加了1.0%～7.2%。随着移栽密度的增加，杂交稻产量呈显著增加趋势，2年均以高氮高密组合的产量最高，分别为9.25t/hm²（2014年）和9.85t/hm²（2015年）。不同生态条件对杂交稻产量影响显著，与泸州点相比，德阳点2014年和2015年杂交稻平均产量分别为11.01t/hm²和10.50t/hm²，高了24.3%和14.3%。

表 6-27　不同生态条件下施氮量和密度对杂交稻产量的影响

施氮量	密度	2014 年		2015 年	
		德阳	泸州	德阳	泸州
MN	D1	10.47c	8.39b	10.39ab	8.48c
	D2	10.86abc	8.83a	10.76a	8.70c
	D3	11.72a	9.21a	10.87a	9.39ab
HN	D1	10.63bc	8.35b	9.95b	9.05bc
	D2	10.81abc	9.11a	10.18ab	9.59ab
	D3	11.56ab	9.25a	10.83a	9.85a
方差分析					
地点（S）		**		**	
施氮量（N）		ns		ns	
密度（D）		**		**	
地点×施氮量 S×N		ns		**	
地点×密度 S×D		ns		ns	
施氮量×密度 N×D		ns		ns	
地点×施氮量×密度 S×N×D		ns		ns	

　　注：同列内平均数后跟不同小写字母表示达 0.05 显著水平，* 表示差异达 0.05 显著水平，** 表示差异达 0.01 显著水平，ns 表示差异不显著。D1、D2、D3 分别表示密度 12.0 穴/m²、16.5 穴/m²、22.5 穴/m²。

三、不同生态条件下施氮量和密度对杂交稻产量构成的影响

　　由表 6-28 可知，随着施氮量的增加，杂交稻有效穗呈增加趋势，与 MN 相比，HN 有效穗高了 3.9%~5.8%（德阳点）和 3.0%~6.1%（泸州点）。相同施氮量下，不同移栽密度有效穗呈 D3>D2>D1。不同施氮量处理每穗粒数差异较小，随着施氮量的增加，每穗粒数呈下降趋势。相同施氮量下，随着移栽密度的增加，每穗粒数呈减少趋势（除 2014 年泸州点外）。随着施氮量的增加，结实率呈下降趋势。移栽密度对杂交稻结实率影响不显著（除 2014 年泸州点外，相同施氮量下，随着移栽密度的增加，杂交稻结实率呈下降趋势）。2014 年，随着施氮量和移栽密度的增加，杂交稻粒重呈下降趋势；2015 年，德阳点施氮量和移栽密度对杂交稻粒重影响不显著；泸州点，随着施氮量和移栽密度的增加，杂交稻粒重呈增加趋势。德阳点有效穗、每穗粒数、结实率 2 年平均分别较泸州点高了 19.3%、8.7%、1.2%；粒重与泸州点相当。

表6-28　不同生态条件下施氮量和密度对杂交稻产量构成的影响

年份	施氮量	密度	有效穗		每穗粒数		结实率（%）		粒重（mg）	
			德阳	泸州	德阳	泸州	德阳	泸州	德阳	泸州
2014	MN	D1	239.7c	175.4d	172.7a	167.5ab	88.8a	89.3a	25.8a	25.0a
		D2	251.0c	190.4cd	168.7a	177.9a	89.4a	87.5ab	25.4ab	24.6ab
		D3	285.3b	215.5ab	159.3a	161.2b	89.4a	81.7c	24.9ab	24.1b
	HN	D1	253.0c	183.9cd	176.7a	173.6ab	88.9a	87.9ab	25.5ab	25.0a
		D2	258.0c	203.8bc	163.7a	172.4ab	89.2a	84.3bc	25.1ab	24.3ab
		D3	310.0a	229.3a	151.7a	175.4ab	88.9a	83.7bc	24.6b	24.2ab
2015	MN	D1	261.0c	250.8b	161.0a	125.6a	91.2a	91.4a	24.9	
		D2	285.9abc	258.0b	153.0a	123.4a	88.4a	92.3a	24.8	26.0ab
		D3	294.1ab	267.8b	149.7a	119.2a	90.6a	92.8a	24.5a	26.2ab
	HN	D1	274.6bc	223.6c	160.0a	132.1a	91.5a	91.5a	24.7a	25.9ab
		D2	298.7ab	261.3b	145.3a	122.2a	90.2	91.9a	24.8a	26.3ab
		D3	300.1a	315.3a	145.0a	104.2b	90.6a	92.0a	24.7a	26.4a

注：同列内平均数后跟不同小写字母表示达 0.05 显著水平。D1、D2、D3 分别表示密度 12.0 穴/m²、16.5 穴/m²、22.5 穴/m²。

四、不同生态条件、施氮量和密度杂交稻分蘖特性

由表6-29可知，与泸州点相比，德阳点杂交稻最高分蘖和成穗率平均分别高了 20.2% 和 10.7%。施氮量对杂交稻最高分蘖和成穗率影响不显著。随着移栽密度的增加，杂交稻最高分蘖呈增加趋势；杂交稻成穗率呈下降趋势。相关分析结果表明，杂交稻成熟期有效穗与最高分蘖呈显著线性正相关，与成穗率相关性不显著（图6-1）。

表6-29　不同生态条件下施氮量和密度对杂交稻最高分蘖和成穗率的影响（2014年）

施氮量	密度	最高分蘖（个/m²）		成穗率（%）	
		德阳	泸州	德阳	泸州
MN	D1	337.7b	249.7c	71.3a	70.2a
	D2	363.7b	327.3b	69.3ab	58.3b
	D3	463.7a	376.0a	61.7b	57.5b

（续表）

施氮量	密度	最高分蘖（个/m²）		成穗率（%）	
		德阳	泸州	德阳	泸州
HN	D1	337.0b	267.0c	75.2a	68.7a
	D2	366.0b	330.3b	71.0a	61.8b
	D3	450.3a	379.0a	68.8ab	60.5b

注：同列内平均数后跟不同小写字母表示达 0.05 显著水平。D1、D2、D3 分别表示密度 12.0 穴/m²、16.5 穴/m²、22.5 穴/m²。

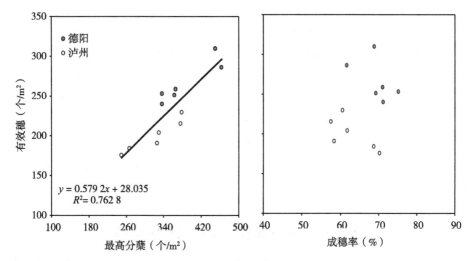

图 6-1 不同生态条件下杂交稻有效穗与最高分蘖、成穗率的关系（2014 年）

五、不同生态条件下施氮量和密度对杂交稻干物质的影响

由表 6-30 可知，德阳点：随着施氮量和移栽密度的增加，杂交稻成熟期干物质呈增加趋势。与 MN 相比，HN 干物质增加了 1.4%～3.0%。2014 年不同密度间干物质差异不显著，2015 年 D3 干物质显著高于 D1，与 D2 差异不显著。与 MN 相比，德阳点 HN 收获指数减少了 1.3%～2.2%。泸州点：2014 年以 MN 收获指数略高于 HN，2015 年以 HN 收获指数略高于 MN。2014 年不同密度间收获指数差异不显著，2015 年随着移栽密度的增加，收获指数呈增加趋势。泸州点施氮量对杂交稻产量影响不显著；随着移栽密度的增加，杂交稻干物质呈增加趋势。D3 干物质显著高于 D1，与 D2 差异不显著。2014 年随着施氮量和移栽密度的增加，收获指数呈下降趋势。2015 年施氮量和移栽密度

对杂交稻收获指数影响不显著。与泸州点相比，德阳点杂交稻干物质、收获指数分别高了 14.8%~16.7%、4.9%~12.0%。

六、不同生态条件下施氮量和密度对杂交稻品质的影响

由表 6-31 可知，与泸州点相比，德阳点杂交稻糙米率、精米率、直链淀粉分别增加了 0.9%~1.9%、0.7%~5.3%、0.5%~4.0%；垩白粒率、垩白度平均分别高了 15.2%、11.3%；胶稠度下降了 2.1%~8.6%。施氮量和移栽密度对杂交稻糙米率和精米率影响较小。随着施氮量的增加，杂交稻垩白粒率、垩白度呈增加趋势（2015 年德阳点），与 MN 相比，HN 垩白粒率、垩白度平均分别高了 18.8%、22.1%。不同移栽密度间杂交稻垩白粒率、垩白度变化趋势不明显，一般以 D3 垩白粒率、垩白度相对较小。与 MN 相比，HN 胶稠度下降了 0.3%~3.7%（德阳点）、1.0%（泸州点）。不同移栽密度间杂交稻胶稠度变化趋势不明显。随着施氮量的增加，杂交稻直链淀粉呈下降趋势；移栽密度对杂交稻直链淀粉影响不显著。

表 6-30 不同生态条件下施氮量和密度对杂交稻干物质和收获指数的影响

年份	施氮量	密度	干物质（g/m²）		收获指数（%）	
			德阳	泸州	德阳	泸州
2014	MN	D1	1 662.3a	1 404.2c	56.0a	55.8a
		D2	1 741.3a	1 453.9bc	57.9a	54.7ab
		D3	1 790.3a	1 566.2ab	55.8a	50.3c
	HN	D1	1 732.0a	1 399.3c	55.7a	54.7ab
		D2	1 779.7a	1 535.6b	56.4a	52.0bc
		D3	1 837.0a	1 674.9a	55.4a	53.9abc
2015	MN	D1	1 602.1c	1 525.8ab	57.0a	48.3a
		D2	1 810.8ab	1 560.8a	55.8a	48.9a
		D3	1 881.9a	1 577.3a	53.5c	49.2a
	HN	D1	1 712.3bc	1 408.7b	54.7b	49.6a
		D2	1 775.1ab	1 586.6a	54.5bc	48.6a
		D3	1 879.7a	1 624.6a	53.5c	49.1a

注：同列内平均数后跟不同小写字母表示达 0.05 显著水平。D1、D2、D3 分别表示密度 12.0 穴/m²、16.5 穴/m²、22.5 穴/m²。

表6-31 不同生态条件下施氮量和密度对杂交稻稻米品质的影响

年份	施氮量	密度	糙米率(%)		精米率(%)		垩白粒率(%)		垩白度(%)		胶稠度(mm)		直链淀粉(%)	
			德阳	泸州	德阳	泸州	德阳	泸州	德阳	泸州	德阳	泸州	德阳	泸州
2014	MN	D1	80.1a	78.5a	67.0ab	65.4a	4.7b	9.7a	0.9b	1.7ab	73.3bc	74.7a	15.6ab	15.0a
		D2	80.4a	78.7a	66.3ab	63.2ab	13.3a	10.3a	2.1ab	2.1ab	76.7ab	75.3a	15.9a	15.0a
		D3	80.3a	78.6a	67.8a	62.8ab	11.0ab	12.3a	1.6ab	2.4ab	75.3abc	76.0a	15.4b	14.7a
	HN	D1	80.0a	78.7a	67.4a	63.5ab	14.0a	13.0a	2.9a	2.8a	79.7a	77.7a	15.4b	15.1a
		D2	80.2a	79.3a	67.2ab	63.2ab	11.7ab	11.0a	2.4ab	2.1ab	74.3abc	77.7a	15.6ab	14.9a
		D3	80.1a	78.4a	64.9b	62.4b	13.0a	9.3a	1.8ab	1.6b	70.7c	78.0a	15.3b	14.9a
2015	MN	D1	79.4ab	78.6ab	70.1ab	69.6ab	10.0ab	7.0ab	2.2a	1.6ab	80.0a	82.7ab	15.6a	15.4a
		D2	79.3ab	78.2b	70.0ab	69.2bc	11.5ab	7.5ab	1.7ab	1.1bc	78.7ab	82.7ab	15.6a	15.2a
		D3	78.8bc	78.3b	69.5bc	69.0c	8.0bc	5.0b	1.4b	0.5d	73.0b	82.7ab	15.6a	15.6a
	HN	D1	79.2ab	77.5c	69.9abc	68.7c	12.5a	7.5ab	2.0ab	1.0cd	75.7ab	83.0a	15.1a	15.3a
		D2	79.7a	79.0a	70.4a	69.8a	5.5c	6.5ab	0.7c	0.8cd	72.7b	81.0b	15.4a	15.2a
		D3	78.5c	79.1a	69.3c	70.1a	10.5ab	10.0a	1.9ab	1.7a	74.7ab	81.7ab	15.2a	15.3a

注：同列内平均数后跟不同小写字母表示达0.05显著水平。D1、D2、D3分别表示密度12.0穴/m²、16.5穴/m²、22.5穴/m²。

结论：与泸州点相比，德阳点产量增加了 14.3%~24.3%。两种生态条件下的最佳移栽密度均为 22.5 穴/m²。在此移栽密度下，德阳点表现为中氮（MN）产量较高氮（HN）高；而泸州点则表现为高氮（HN）产量较中氮（MN）高，其增产优势主要表现在有效穗和生物产量上。德阳点优越的温光资源和较高的土壤肥力是中氮（MN）也可获得高产的重要原因。与泸州点相比，德阳点糙米率、精米率分别增加了 0.9%~1.9%、0.7%~5.3%，这可能与德阳点齐穗至成熟期平均最高温度和最低温度相对较低有关。施氮量和移栽密度对杂交稻糙米率、精米率影响较小。德阳点以中氮水平（MN）高密度（D3）组合垩白粒率、垩白度相对较低，胶稠度相对较长；泸州点则以高氮水平（HN）高密度（D3）组合垩白粒率、垩白度相对较低，胶稠度相对较长。可见，德阳点和泸州点最佳施氮量和移栽密度组合分别为 120kg N/hm²、22.5 穴/m² 和 180kg N/hm²、22.5 穴/m²，且采用最佳肥密组合既可提高杂交稻产量，又可改善稻米品质。

第六节　优质杂交中稻渝香优 203 产量的地域差异及其磷钾高效施用量

平衡施肥是提高稻谷产量的关键技术，但在过去的众多研究中偏重于氮肥利用率的研究，对磷钾肥的研究相对较少。提高肥效利用效率的核心技术应该是怎样根据稻田土壤养分状况确定其高效施用量。先期研究均是基于本试验土壤条件下而获得的结论，当应用于在大面积生产中时则因土壤肥力的差异而影响其施肥效率。因此，作者以优质杂交中稻品种渝香优 203 为材料，在西南稻区 7 个不同生态点，设统一的磷、钾肥施用量处理和本田栽培密度，研究杂交中稻产量与试验地点、土壤养分、施肥水平关系，以期为该生态区杂交中稻高产、磷钾肥高效利用栽培提供理论与实践依据。

试验于 2010 年在西南稻区的四川、重庆、云南、贵州 4 省（市）的 7 个生态点进行（表6-32），均采用相同的试验方案。以全国审定的优质高产新品种渝香优 203 为材料，按各地常年春季高产播种期播种，地膜湿润育秧，中苗移栽，按 30cm×16.7cm 规格每穴栽双株。设磷、钾施用量试验，即在施 N 150kg/hm² 基础上（其中底肥占 60%、蘖肥 20%、穗肥 20%），设施 P_2O_5 量 0、37.5kg/hm²、75.0kg/hm²、112.5kg/hm²、150kg/hm²（均施 K_2O 90kg/hm²）和施 K_2O 量 0、45kg/hm²、90kg/hm²、135kg/hm²、180kg/hm²（均施 P_2O_5 75kg/hm²），P、K 肥均作底肥一次施用，分别表示为 $N_0P_0K_0$、$N_{150}K_{90}P_0$、$N_{150}K_{90}P_{37.5}$、$N_{150}K_{90}P_{75}$、$N_{150}K_{90}P_{112.5}$、$N_{150}K_{90}P_{150}$、$N_{150}P_{75}$

K_0、$N_{150} P_{75} K_{45}$、$N_{150} P_{75} K_{135}$、$N_{150} P_{75} K_{180}$，以不施肥的空白处理为 CK，共 10 个处理，采用随机区组设计。小区面积 $16.5m^2$，3 次重复，小区间走道 53.3cm，扎单埂，区组间走道 86.6cm，扎双埂，均用地膜包覆。

统计分析，首先对产量进行试验地点及施肥处理间方差分析，然后利用各试验点、各试验处理的产量平均值与经度（x_1）、纬度（x_2）、海拔（x_3）、pH 值（x_4）、有机质（x_5）、全氮（x_6）、全磷（x_7）、全钾（x_8）、有效氮（x_9）、有效磷（x_{10}）、有效钾（x_{11}）、施氮量（x_{12}）、施磷量（x_{13}）、施钾量（x_{14}）间进行逐步回归分析，再分别以各试验点的磷、钾高效施用量（同一试验点的磷、钾施用量处理中，产量较高但差异不显著处理中施肥量最低者确定为高效施肥量）与经度（x_1）、纬度（x_2）、海拔（x_3）、pH 值（x_4）、有机质（x_5）、全氮（x_6）、全磷（x_7）、全钾（x_8）、有效氮（x_9）、有效磷（x_{10}）、有效钾（x_{11}）间进行逐步回归分析。

表 6-32 各试验点的地理位置与土壤养分状况

项 目	四川泸县	重庆永川	四川广汉	四川东坡	贵州小河	云南宾川	四川中江
经度（°）	105.23	105.71	104.11	103.83	106.39	100.35	105.02
纬度（°）	29.10	29.75	31.03	30.12	36.30	25.49	30.61
海拔（m）	301	297	450	420	1134	1420	350
pH	6.07	5.80	6.74	6.02	6.96	6.76	6.87
有机质（%）	2.02	3.47	3.38	3.17	3.22	3.40	3.17
全氮（%）	0.134	0.16	0.20	0.19	0.17	0.11	0.21
全磷（%）	0.074	0.040	0.11	0.075	0.078	0.243	0.12
全钾（%）	2.02	1.6	1.50	1.40	1.50	1.82	2.30
有效氮（mg/kg）	77.4	148.7	133.3	145.4	134.1	167.5	122.0
有效磷（mg/kg）	3.7	2.0	18.0	10.0	3.5	11.0	12.0
有效钾（mg/kg）	109	97.6	49.5	49.5	229	209	184

一、各试验点施肥处理的产量表现及其高效施肥量

方差分析结果表明，7 个试验点的施肥处理间产量差异显著，但各试验点磷、钾的高效施用量有较大差异，其中泸县、宾川和永川 3 个点施磷的增产作用不明显，泸县、东坡、中江、宾川、永川 5 个点施钾的增产作用不显著，其高效施用量均为 0（表 6-33）。7 个试验点中，10 个施肥处理平均产量宾川点最高，泸县最低，可见各试验点因所处地理生态和土壤条件差异对产量影响较大；在 10 个施肥处理中，7 个试验点平均产量以 $N_{150} P_{75} K_{90}$（当前大面积推荐

施肥）处理最高，除空白处理外，$N_{150}P_0K_{90}$ 和 $N_{150}P_{75}K_0$ 2 个不施磷和钾处理产量较低（表 6-34），说明平衡施肥是获得高产的重要技术措施之一。

表 6-33　不同地点各施肥处理下的产量表现* 　　　　　　（kg/hm²）

处理	四川泸县	四川东坡	四川中江	云南宾川	重庆永川	四川广汉	贵州小河
$N_0P_0K_0$	5 656.5b	8 559.2e	6 928.7c	12 102.5b	6 059.4c	7 284.5e	5 605.5g
$N_{150}P_0K_{90}$	7 156.5a	9 659.4bcd	7 344.8bc	12 440.0a	7 214.1a	9 551.4cd	9 351.2bc
$N_{150}P_{37.5}K_{90}$	7 156.5a	9 684.8bcd	7 914.8ab	13 101.9a	7 303.7a	9 970.8abc	8 963.7cd
$N_{150}P_{75}K_{90}$	7 135.5a	10 377.5a	7 787.6ab	12 870.0a	8 194.5a	10 072.2ab	9 779.7ab
$N_{150}P_{112.5}K_{90}$	6 823.5a	9 285.6d	8 090.4a	12 453.3a	7 289.1a	9 986.4abc	9 572.6ab
$N_{150}P_{150}K_{90}$	7 062.0a	9 319.5cd	7 706.3ab	12 680.3a	7 565.1a	10 169.6a	8 367.9ef
$N_{150}P_{75}K_0$	6 541.5a	10 052.3ab	7 606.7ab	12 660.0a	7 492.5a	9 561.6cd	8 082.9f
$N_{150}P_{75}K_{45}$	7 167.0a	9 902.3abc	7 666.5ab	12 952.7a	7 637.7a	9 753.3abcd	8 782.4de
$N_{150}P_{75}K_{135}$	6 855.0a	9 549.6bcd	8 037.6a	12 878.1a	7 843.5a	9 633.5bcd	9 909.3ab
$N_{150}P_{75}K_{180}$	6 855.0a	9 317.4cd	7 478.7abc	12 356.4a	7 492.5b	9 466.2d	10 142.4a
磷高效施用量（kg/hm²）	0	75	37.5	0	0	37.5	75
钾高效施用量（kg/hm²）	0	0	0	0	0	45.0	75

*同一列平均值比较，相同小写字母分别表示差异不显著，下同。

表 6-34　地点与施肥处理间产量的差异比较

地点	平均产量（kg/hm²）	处理	平均产量（kg/hm²）
云南宾川	12 649.5a	$N_{150}P_{75}K_{90}$	9 459.6a
四川东坡	9 570.8b	$N_{150}P_{75}K_{135}$	9 243.8ab
四川广汉	9 544.9b	$N_{150}P_{37.5}K_{90}$	9 156.6ab
贵州小河	8 855.8c	$N_{150}P_{75}K_{45}$	9 123.1ab
四川中江	7 656.2d	$N_{150}P_{112.5}K_{90}$	9 071.6ab
重庆永川	7 409.2d	$N_{150}P_{75}K_{180}$	9 015.5ab
四川泸县	6 840.9e	$N_{150}P_{150}K_{90}$	8 981.5ab
		$N_{150}P_0K_{90}$	8 959.6ab
		$N_{150}P_{75}K_0$	8 856.8b
		$N_0P_0K_0$	7 456.6c

二、产量及磷钾高效施用量的影响因子分析

从试验分析结果（表 6-35）看出，稻谷产量和磷钾高效施用量受多种因

素的制约。

（1）稻谷产量（Y_1）与纬度（X_2）、土壤全氮含量（X_6）、施氮量（X_{12}）呈正效应，与土壤有机质含量（X_5）和全钾含量（X_8）呈负效应，如本试验有 5 个试验点施钾处理间产量差异不显著。因此，随着纬度北移和施氮量的增加，适当控制有机肥和钾肥施用量，有利于稻谷增产。

（2）磷高效施用量（Y_2）与经度（X_1）、海拔（X_3）、土壤有效磷（X_{10}）呈负效应，与纬度（X_2）和土壤有效钾（X_{11}）呈正效应。因此，随着经度东移、海拔增加和土壤有效含磷量高的地区，磷高效施用量下降，纬度北移和土壤有效钾含量高的地区，磷高效施用量增高。

（3）钾高效施用量（Y_3）与经度（X_1）、海拔（X_3）和土壤有效磷含量（X_{10}）呈正效应，与土壤有效钾含量（X_{11}）呈负效应。因此，随经度东移、海拔升高和土壤有效磷含量增加地区，钾高效施用量提高，土壤有效钾含量高的稻田则减少施钾量。

以上仅对稻谷产量及磷钾高效施用量的影响因素初步有了一个定性的概念，但要显著提高稻田的磷钾利用效率，必须做到磷钾的精确定量施用。从表 6-35 的回归分析结果可见，磷（Y_2）和钾（Y_3）与地理位置和土壤基础养分间线性关系的决定系数高达 99.51%～99.96%，说明利用其回归方程预测磷钾高效施用量的可行度极高，可以通过其预测量指导大面积生产。

表 6-35　稻谷产量（Y_1）及磷（Y_2）钾（Y_3）高效施用量与试验点的地理位置、土壤养分和施肥水平（X）的回归分析

回归方程	r	R^2	F 值	偏相关系数	t 检验值	显著水平
$Y_1 = 6\,774.96 + 67.968\,7X_2$ $- 1\,216.994\,3X_5 + 39\,188.275\,7X_6$ $- 3\,062.421\,2X_8 + 10.932\,3X_{12}$	0.972 7 **	0.946 1	224.85 **	$r(Y, X_2) = 0.309\,6$	2.61 **	0.011 4
				$r(Y, X_5) = -0.641\,4$	6.69 **	0.000 0
				$r(Y, X_6) = 0.944\,1$	22.91 **	0.000 0
				$r(Y, X_8) = -0.865\,4$	13.82 **	0.000 0
				$r(Y, X_{12}) = 0.739\,8$	8.80 **	0.000 0
$Y_2 = 6\,859.16 - 75.693\,4X_1$ $+ 39.838\,1X_2 - 0.185\,6X_3$ $- 5.857\,7X_{10} + 0.235\,0X_{11}$	0.999 8 **	0.999 6	452.63 **	$r(Y, X_1) = -0.999\,3$	27.06 **	0.001 4
				$r(Y, X_2) = 0.999\,6$	34.10 **	0.000 9
				$r(Y, X_3) = -0.999\,1$	23.05 **	0.001 9
				$r(Y, X_{10}) = -0.998\,6$	19.03 **	0.002 8
				$r(Y, X_{11}) = 0.996\,3$	11.57 **	0.007 4
$Y_3 = -2\,947.30 + 27.220\,4X_1$ $+ 0.150\,2X_3 + 40.692\,9X_8$ $+ 2.923\,2X_{10} - 0.500\,3X_{11}$	0.997 5 **	0.995 1	40.26 **	$r(Y, X_1) = 0.992\,8$	8.26 **	0.014 4
				$r(Y, X_3) = 0.982\,5$	5.27 *	0.034 1
				$r(Y, X_8) = 0.877\,3$	1.83	0.209 1
				$r(Y, X_{10}) = 0.987\,5$	6.28 *	0.024 5
				$r(Y, X_{11}) = -0.952\,8$	4.14 *	0.048 3

结论：7个试验点的各施肥处理间产量差异显著，10个施肥处理平均产量宾川点最高，7个试验点平均产量以 $N_{150}P_{75}K_{90}$ 处理最高，平衡施肥是获得水稻高产的重要技术措施。经多元逐步回归分析，杂交中稻磷、钾高效施用量与试验所处的地理位置和土壤养分呈极显著线性关系，决定系数为0.9951～0.9996，可作为制定各地水稻高产高效相应的磷钾高效施肥量的科学依据。

参考文献

[1] 徐富贤，熊洪，张林，等. 西南稻区杂交中稻产量的地域差异及其高效施氮量研究［J］. 植物营养与肥料学报，2012，18（2）：273-282.

[2] 徐富贤，熊洪，张林，等. 西南地区氮肥后移对杂交中稻产量及构成因素的影响［J］. 植物营养与肥料学报，2014，20（1）：29-36.

[3] 徐富贤，刘茂，张林，等. 西南区不同地域杂交中稻的地力产量对氮高效施用量及其农学利用率的影响［J］. 中国稻米，2017，23（4）：44-49.

[4] 蒋鹏，熊洪，张林，等. 不同生态条件下施氮量和移栽密度对杂交稻氮、磷、钾吸收积累的影响［J］. 植物营养与肥料学报，2017，23（2）：342-350.

[5] 蒋鹏，熊洪，张林，等. 不同生态条件下施氮量和移栽密度对杂交稻旌优127产量及稻米品质的影响［J］. 核农学报，2017，31（10）：2007-2015.

[6] 徐富贤，何希德，熊洪，等. 优质杂交中稻渝香203产量的地域差异及其磷钾高效施用量的研究［J］. 西南农业学报，2014，27（5）：1984-1988.

第七章 实地管理下水稻高产与肥料高效利用

第一节 冬水田底肥一道清专用肥研发与应用

在"十一五"和"十二五"期间，国家通过各种项目实施创水稻超高产，四川省小面积水稻亩产量先后突破了 700kg、800kg、900kg 和 1 000kg 大关。生产调查表明，水稻超高产主要是通过肥料、农药、人工的高投入而获得，存在高产不增收的现象，以致其品种或技术在大面积推广中的适用性不强、技术难度大，如最终全省平均水稻单产与前 10 年相比并没有实质性的提高。因此，应改变水稻生产观念，作者认为在实现大面积水稻一般性高产（如亩产600kg）前提下，通过大幅降低生产成本和平衡增产，以实现全省水稻总量增加，将是丘陵区实现水稻高产高效的重要技术发展方向。

我国西南稻区常年冬水（闲）田面积在 1 500 万亩左右，以年种一季中稻为主，施肥主要采用重底早追或增施粒肥模式，每年施肥次数 2~3 次，加之田间除草工作，生产成本较高。为此，作者研发了冬水田杂交中稻底肥一道清专用肥，深受广大稻农欢迎。

一、冬水（闲）田稻草与稻桩养分积累量状况

冬水田区杂交中稻收后其稻桩比两季田要高，一般稻桩高度在 30~50cm。为了提高冬水田施肥效率，探明稻田养分还田量状况，可为冬水田高效施肥提供科学依据。

从表 7-1 可看出，5 个杂交组合地上部积累的氮、磷、钾分别在 7kg/亩、0.8kg/亩和 11kg/亩左右，其中籽粒分别占 68.43%、68.60% 和 15.67%，茎上、中、下的积累量差异不大。表明氮、磷主要被籽粒吸走，而钾主要积累在茎秆上，因此，稻草还田是补充钾的重要途径。因此，若冬水田稻草全部还田，其钾肥施用量只要总需求量的 15% 左右即可。而氮、磷则应施总量的70% 左右。在没有稻草还田情况下，稻桩中养分还田量略为地上部茎秆的

1/3。从表 7-2 的测定结果来看，36 块田平均稻桩还田的氮、磷、钾分别为 0.8kg/亩、0.3kg/亩和 2.4kg/亩左右。

表 7-1　水稻地上不同部位干物重与养分吸收量

品种	部位	干物重（kg/亩）	养分含量（%）			养分吸收量（kg/亩）		
			氮	磷	钾	氮	磷	钾
冈优 725	茎上部	75.00	0.689	0.058	1.840	0.517	0.044	1.380
	茎中部	100.00	0.492	0.070	2.240	0.492	0.070	2.240
	茎下部	133.33	0.352	0.058	1.600	0.469	0.077	2.133
	籽粒	445.83	0.953	0.069	0.420	4.249	0.308	1.872
Ⅱ优 838	茎上部	66.67	0.695	0.050	2.160	0.463	0.033	1.440
	茎中部	116.67	0.507	0.053	2.640	0.592	0.062	3.080
	茎下部	166.67	0.284	0.065	2.000	0.473	0.108	3.333
	籽粒	408.33	0.951	0.092	0.350	3.883	0.376	1.429
川香 9838	茎上部	133.33	0.891	0.079	2.560	1.188	0.105	3.413
	茎中部	120.83	0.673	0.071	3.040	0.813	0.086	3.673
	茎下部	129.17	0.384	0.062	2.640	0.496	0.080	3.410
	籽粒	558.33	1.040	0.082	0.380	5.807	0.458	2.122
川香 6203	茎上部	95.83	0.872	0.054	2.240	0.836	0.052	2.147
	茎中部	141.67	0.623	0.039	3.680	0.883	0.055	5.213
	茎下部	141.67	0.439	0.028	2.880	0.622	0.040	4.080
	籽粒	491.67	1.140	0.072	0.340	5.605	0.354	1.672
泸恢 7329	茎上部	83.33	1.230	0.094	2.080	1.025	0.078	1.733
	茎中部	150.00	0.768	0.140	2.640	1.152	0.210	3.960
	茎下部	225.00	0.441	0.040	2.560	0.992	0.090	5.760
	籽粒	408.33	1.060	0.270	0.400	4.328	1.102	1.633
平均	茎上部	90.83	0.875	0.067	2.176	0.806	0.062	2.023
	茎中部	125.83	0.613	0.075	2.848	0.786	0.097	3.633
	茎下部	159.17	0.380	0.051	2.336	0.610	0.079	3.743
	籽粒	462.50	1.029	0.117	0.378	4.774	0.520	1.746
	合计	838.33				6.976	0.758	11.145
	收获指数	0.5517				0.6843	0.6860	0.1567

表 7-2　冬水田稻桩养分还田量

取样地点	干物重（kg/亩）	稻桩养分含量（%）			稻桩养分还田量（kg/亩）		
		氮	磷	钾	氮	磷	钾
仪陇县双胜镇	131.51	0.750	0.061	0.660	0.986	0.080	0.868
仪陇县双胜镇	120.75	0.692	0.083	1.640	0.836	0.100	1.980
仪陇县双胜镇	132.90	0.564	0.082	1.340	0.750	0.109	1.781
仪陇县双胜镇	118.95	0.588	0.110	0.580	0.699	0.131	0.690

（续表）

取样地点	干物重 （kg/亩）	稻桩养分含量（%）			稻桩养分还田量（kg/亩）		
		氮	磷	钾	氮	磷	钾
仪陇县双胜镇	102.83	0.641	0.082	1.160	0.659	0.084	1.193
仪陇县新政镇	100.22	0.410	0.040	1.800	0.411	0.040	1.804
仪陇县新政镇	88.95	0.677	0.049	0.680	0.602	0.044	0.605
仪陇县新政镇	178.26	0.488	0.037	1.080	0.870	0.066	1.925
仪陇县新政镇	137.45	0.600	0.073	0.800	0.825	0.100	1.100
仪陇县新政镇	183.95	0.589	0.100	1.480	1.083	0.184	2.722
岳池县顾县镇	152.59	0.510	0.065	1.720	0.778	0.099	2.625
岳池县顾县镇	81.48	0.576	0.064	0.680	0.469	0.052	0.554
岳池县顾县镇	118.48	0.765	0.120	1.000	0.906	0.142	1.185
岳池县顾县镇	142.64	0.698	0.100	1.380	0.996	0.143	1.968
岳池县顾县镇	98.04	0.769	0.100	0.400	0.754	0.098	0.392
岳池县九龙镇	146.12	0.490	0.160	2.000	0.716	0.234	2.922
岳池县九龙镇	137.05	0.330	0.046	2.180	0.452	0.063	2.988
岳池县九龙镇	120.17	0.563	0.086	0.700	0.677	0.103	0.841
岳池县九龙镇	160.72	0.410	0.056	1.100	0.659	0.090	1.768
岳池县九龙镇	111.57	0.494	0.078	0.940	0.551	0.087	1.049
翠屏区李庄镇	187.24	0.671	0.070	1.720	1.256	0.131	3.221
翠屏区李庄镇	109.84	0.570	0.045	1.360	0.626	0.049	1.494
翠屏区李庄镇	162.81	0.759	0.099	1.220	1.236	0.161	1.986
翠屏区李庄镇	250.78	1.040	0.160	1.140	2.608	0.401	2.859
翠屏区李庄镇	181.07	0.661	0.087	1.320	1.197	0.158	2.390
南溪区大观镇	366.00	0.841	0.130	2.500	3.078	0.476	9.150
南溪区大观镇	421.00	0.874	0.120	1.720	3.680	0.505	7.241
泸县福集镇	126.00	0.047	0.840	1.360	0.059	1.058	1.714
泸县福集镇	109.67	0.059	0.539	1.760	0.065	0.591	1.930
泸县福集镇	121.33	0.043	0.668	1.760	0.052	0.810	2.135
泸县天兴镇	109.67	0.053	0.816	2.560	0.058	0.895	2.808
泸县天兴镇	121.33	0.052	0.674	3.200	0.063	0.818	3.883
泸县天兴镇	144.67	0.073	0.838	3.440	0.106	1.212	4.977
泸县牛滩镇	128.33	0.052	0.929	2.720	0.067	1.192	3.491
泸县牛滩镇	91.00	0.090	0.788	2.240	0.082	0.717	2.038
泸县牛滩镇	116.67	0.090	0.783	3.280	0.105	0.914	3.827
平均	147.56	0.488	0.255	1.573	0.806	0.337	2.392

以上结果反映了大面积生产水稻地上部植株的积累情况，其中磷每亩积累不足1kg，为平衡施肥条件下的1/5左右，而钾的积累量则较高。这可能与冬水田区长期单一施氮和稻草还田有关。因此，冬水田区应适当增施磷肥和减少钾的施用量。在大面积生产上可根据稻草还田量，测算出相应减少的肥料施用量，有利于提高施肥效率。特别应注意的是稻草、稻桩中含有大量的钾，生产上可减少钾肥施用量。按目前冬水田区大面积施肥水平为氮8kg/亩，氮∶磷∶钾=1∶0.5∶1的比例情况，在没有稻草还田情况下可减少钾30%以上。

二、底肥一道清专用肥特点与应用效果

（一）底肥一道清专用肥构成

根据冬水田保水保肥能力强的特点、杂交中稻的需肥规律和稻草养分还原量，研发的冬水田水稻底肥一道清专用肥构成为每亩 N 7kg、P_2O_5 3kg、K_2O 4kg，另含适量的稻田除草剂。

（二）底肥一道清专用肥的突出特点

（1）在水稻移栽前作耙面肥一次性施用，水稻全生育期只施一次肥，与传统高产施肥技术比较，减少1~2次施肥和1次施用除草剂用工，每亩节省施肥及除草剂人工费40~60元。

（2）在大面积生产中，水稻专家给出的水稻高产高效施肥量，因肥料种类繁多，每种肥料养分含量各异，具体到每块田时其施用量很难掌握。本产品好处是每亩施肥量1包（25kg），适用90%以上的冬水田，对极少数确因土壤肥力较低的稻田，可通过中后期补施粒肥，有效解决了水稻大面积生产上农民不好掌握高产高效施肥量的问题。

（3）该产品在保证杂交中稻亩产600kg左右条件下，每亩比传统施肥技术减少氮1~2kg，在一定程度上降低了稻田面源污染程度，有利于改善生态环境。

（三）底肥一道清专用肥的应用效果

2016—2017年，分别在泸县、合江县、古蔺县、叙永县、纳溪区、开江县、重庆三峡农业科学院、绵阳西科种业等县（区）和单位进行了2 000余亩生产性示范，平均亩产稻谷636.3kg，比传统高产施肥技术增产2.8%，每亩同时降低生产成本61.9元，社会、经济、生态效益显著。

结论：冬水田平均稻桩还田的氮、磷、钾分别为0.8kg/亩、0.3kg/亩和2.4kg/亩左右。研发的底肥一道清专用肥具有每亩节省施肥、除草剂人工2~3次，有效解决了水稻大面积生产上农民不好掌握高产高效施肥量的问题，每亩

比传统施肥技术减少氮 1~2kg，生产示范可实现亩产稻谷 600kg 以上，每亩减低生产费用 60 元左右。

第二节　杂交中稻机插秧条件下缓释肥种类与运筹对产量的影响

缓释肥的作用是在早期一次性施用后，其养分在不同规定时段内释放，使其养分的供给时机与水稻需肥规律同步，达到水稻高产并减少养分损失的目的。为此，作者等于 2014 年、2015 年在西南稻区采用统一试验方案，开展了机插秧条件下缓释肥种类与运筹对产量影响研究，以期为指导大面积水稻生产提供参考依据。

一、适宜机插秧缓释氮种类筛选

2014 年以 7329 为材料，分别在西南稻区的贵阳、温江、云南、简阳、广汉 5 个生态点，开展不同缓释肥种类（重庆硝化抑制剂缓释肥，含氮为 46.2%；北京树脂包膜缓释肥，含氮为 42%；江苏硫包膜缓释肥，含氮为 36.8%；金正大树脂包膜缓释肥，含氮为 44%；加阳树脂包膜缓释肥，含氮为 44%；云南榕风牌，含氮为 28%）比较试验，缓释肥以底肥一道清施用。以尿素常规运筹、基肥：分蘖肥：穗肥=5：3：2 为对照。所有肥料总施氮量均为 10kg/亩。水稻采取机插秧，小区面积 0.05 亩，3 次重复，不同肥料处理小区间筑埂并用塑料薄膜包裹，以防串水串肥。本田按当地高产栽培技术实施。主要考查生育期、产量及其穗粒结构。

从试验结果（表 7-3）表明，在机插秧情况下，不同缓释肥品种在各试验点的产量差异显著。贵阳点表现较好的有云南榕风牌、树脂包衣类——山东金正大、树脂包衣类——加阳、树脂包衣类——北京农科院 4 个产品，温江点和简阳点的树脂包衣类——加阳产品最好，云南点的硫包衣类——江苏汉风，广汉点的树脂包衣类——加阳和消化抑制剂类——重庆渝江 2 个产品较好。其中，树脂包衣类——加阳产品在 4 个点均有较好增产作用。也有个别品种比施用普通尿素处理产量显著降低。不同地点间产量差异显著，但因各缓释肥品种在各试验点的表现不一致，最终 6 个缓释肥品种和尿素的产量差异均不显著（表 7-4）。因此，缓释肥品种因地筛选。

表 7-3 不同缓释肥对机插水稻产量及产量构成的影响

地点	缓释肥	有效穗 （万/亩）	穗粒数 （粒/穗）	结实率 （%）	千粒重 （g）	实际产量 （kg/亩）
贵阳	云南榕风牌	11.13	178.03	89.63	27.63	508.07a
	树脂包衣类——山东金正大	10.8	172.07	87.4	27.57	523.13a
	硫包衣类——江苏汉风	12.23	167.67	81.17	27.77	469.90b
	树脂包衣类——加阳	10.59	175.7	86.23	27.67	500.80a
	树脂包衣类——北京农科院	12.03	165.77	81.03	27.63	509.23a
	消化抑制剂类——重庆渝江	12.57	158.67	81.9	27.6	430.57c
	普通尿素（CK）	11.5	162.63	87.37	27.9	470.17b
温江	云南榕风牌					
	树脂包衣类——山东金正大	14.76	164.23	81.57	33.61	654.57ab
	硫包衣类——江苏汉风	13.12	148.17	89.69	33.74	584.58d
	树脂包衣类——加阳	15.25	168.45	80.14	33.14	675.11a
	树脂包衣类——北京农科院	13.27	184.5	80.68	32.81	626.81c
	消化抑制剂类——重庆渝江	11.99	164.51	80.2	33.16	514.88e
	普通尿素（CK）	13.54	178.03	82.61	33.63	635.68bc
云南	云南榕风牌	15.41	156.86	86.51	29.41	557.14ab
	树脂包衣类——山东金正大	15.55	174.06	78.59	25.26	476.46b
	硫包衣类——江苏汉风	16.33	150.52	89.96	31.31	575.07a
	树脂包衣类——加阳	15.41	156.54	80.63	25.8	489.66ab
	树脂包衣类——北京农科院	15.28	177.23	80.76	28.66	543.57ab
	消化抑制剂类——重庆渝江	14.5	183.32	78.78	28.93	535.20ab
	普通尿素（CK）	15.81	178.34	80.94	28.2	523.34ab
简阳	云南榕风牌					
	树脂包衣类——山东金正大	182.1	30.75	204	89.2	700.01ab
	硫包衣类——江苏汉风	186.7	31.38	199	90.6	720.53ab
	树脂包衣类——加阳	209.9	30.63	182	90.2	725.17a
	树脂包衣类——北京农科院	205.6	30.62	184	88.4	703.75ab
	消化抑制剂类——重庆渝江	194.2	31.22	192	89.8	710.35ab
	普通尿素（CK）	184	31.19	168	92.2	623.81b
广汉	云南榕风牌					
	树脂包衣类——山东金正大	223.33	158.69	74.62	31.57	556.09b
	硫包衣类——江苏汉风	247.41	152.78	72.54	31.06	567.28ab
	树脂包衣类——加阳	234.93b	155.89	75.74	31.49	581.78a
	树脂包衣类——北京农科院	229.26b	152.64	74.85	31.52	550.06b
	消化抑制剂类——重庆渝江	237.41	155.48	75.23	31.53	583.50a
	普通尿素（CK）	222.67	154.05	71.16	31.43	511.37c

表7-4 多点试验地点与缓释肥种类间产量多重比较

地点	产量（kg/亩）	缓释肥	产量（kg/亩）
贵阳	483.97d	树脂包衣类——山东金正大	582.05a
温江	615.27b	硫包衣类——江苏汉风	583.47a
云南	523.88cd	树脂包衣类——加阳	594.50a
简阳	697.27a	树脂包衣类——北京农科院	586.68a
广汉	558.35c	消化抑制剂类——重庆渝江	554.90a
		普通尿素（CK）	552.87a

二、适宜机插秧缓控释肥运筹与产量关系

2015 年以树脂包衣类——山东金正大缓控释氮肥品种为材料的试验结果从表7-5 可见，缓控释氮肥配比及用量各处理 5 个点平均差异不显著，可能与试验地基础肥力较高有关，除中江点基础地力在 500kg/亩以下外，其他点在 500kg/亩以上。表明，在基础肥力较高条件下，缓控释氮肥处理与尿素产量水平相当，从经济角度看还是以施尿素为宜。

表7-5 缓控释氮肥配比及用量试验产量统计 （kg/亩）

施氮量（kg/亩）	缓释氮与尿素比例	广汉	温江	中江	绥阳	德宏	平均
7	7:3	724.35	794.00	626.45	634.3	626.45	700.72a
	5:5	729.73	770.67	639.57	641.7	639.57	688.66a
	3:7	731.74	770.00	591.33	627.5	591.33	686.18a
	10:0	691.64	786.00	635.65	600.5	635.65	684.25a
	（全尿素底：蘖＝7:3）	675.27	680.67	604.30	595.8	604.30	681.11a
10	7:3	724.35	801.33	638.77	700.4	638.77	679.34a
	5:5	729.73	780.00	646.58	640.4	646.58	669.89a
	3:7	731.74	780.00	589.02	653.8	589.02	668.72a
	10:0	691.64	794.00	638.99	667.3	638.99	662.38a
	（全尿素底：蘖＝7:3）	675.27	733.33	677.59	632.9	677.59	632.07ab
0	CK	527.57	632.67	574.20	436.6	574.20	549.05b

结论：缓释肥品种在不同地点表现不完全一致，多数点的树脂包衣类——加阳产品较好。缓释肥的增产效果与稻田地力有关，基础肥力较高稻田的增产效果不佳。

第三节　杂交中稻粒肥高效施用量与齐穗期 SPAD 值关系

氮肥是影响水稻生育和产量最敏感的因素。随着水稻产量的不断提高，施用氮肥量也逐步增加。在高产水稻的肥料运筹技术上，许多专家、学者十分强调水稻生长后期粒肥的增产作用，但认为在施用促花肥、保花肥或基肥的基础上过多施用粒肥，籽粒的充实度变小，其中强势花的减少幅度大于弱势花。而作者等在四川冬水田条件下研究杂交中稻抛秧高产栽培技术的试验结果表明，粒肥的增产作用不明显，并发现有的试验中粒肥的增产效果显著，有的则不然。以上结论的不同，是否与施用粒肥当时植株营养水平有关，目前这方面的研究文献还不多。

叶色卡、便携式叶绿素计等无损营养诊断技术备受关注，有助于方便、快速获取植物生长状况及体内生化组分，尤其是便携式叶绿素计读数（SPAD 值），可用来预测作物叶片单位重量含氮量、单位面积含氮量、籽粒蛋白和淀粉的积累。部分学者进而对水稻不同叶位氮含量、叶色（SPAD 值）的空间变化规律及其与植株含氮量之间的关系进行了研究。然而，有关水稻齐穗期群体库源结构与粒肥高效施用量的基本关系目前尚不清楚。为此，作者通过在头季稻不同施氮量基础上分别设粒肥施用量处理，试图探明粒肥高效施用量与头季稻齐穗期群体库源性状关系，为水稻的高产、精准施肥提供理论与实践依据。

一、基蘖肥和粒肥施用量对稻谷产量的影响

从表 7-6 可看出，稻谷产量与基蘖肥施用量呈极显著正相关，与粒肥施用量无显著相关。基、蘖肥使稻谷增产是以全面提高产量构成因素，而粒肥则不然，施用粒肥时，有效穗数和着粒数已经形成，粒肥是靠结实率和千粒重的提高而增产（图 7-1、图 7-2）。表明提高基蘖肥施用量对水稻高产起着十分重要的作用，粒肥的增产作用相对较小。

方差分析显示，粒肥施用效果与基、蘖肥的施用量互作效应显著（$F = 13.68$）。当基、蘖肥的施用量不高（0、60kg/hm²、120kg/hm² 3 个处理）时，粒肥达到一定施用量后增产作用才显著，在过多施用基、蘖肥（180kg/hm²、240kg/hm² 2 个处理）条件下，无论粒肥施用量高与低，其增产作用均不显著（表 7-6、图 7-3）。这种差异可能与施用粒肥当时植株自身营养水平有关。因此，尚需继续探索粒肥的增产效果与齐穗期植株库源结构的关系。

表7-6 不同施氮处理的稻谷产量及其构成因素

施氮量（kg/hm²）		最高苗	有效穗	着粒数	结实率	千粒重	产量
基蘖肥	粒肥	（10⁴/hm²）	（×10⁴/hm²）	（粒/穗）	（%）	（g）	（kg/hm²）
0	0	222.75	167.25	170.0	92.02	30.05	7 541.0b
0	67.5	249.00	168.00	169.6	94.44	30.23	7 768.2b
0	135.0	219.75	168.75	171.2	95.56	31.63	8 177.3a
0	202.5	243.75	171.75	169.8	95.80	31.72	8 450.1a
60	0	267.30	189.75	159.8	92.24	30.41	7 959.2b
60	67.5	282.15	193.05	160.2	93.39	30.44	8 127.3b
60	135.0	264.00	200.55	153.2	95.46	31.60	8 586.5a
60	202.5	277.20	199.65	156.6	95.76	31.89	8 799.9a
120	0	301.95	202.95	156.3	92.74	30.53	8 835.0b
120	67.5	311.20	217.80	150.4	93.89	31.55	9 387.6a
120	135.0	316.05	216.15	152.1	95.86	31.62	9 395.4a
120	202.5	292.95	208.80	155.0	95.63	31.73	9 540.9a
180	0	302.10	221.10	151.9	94.75	31.70	9 454.1a
180	67.5	284.70	222.75	149.1	94.63	31.19	9 590.9a
180	135.0	316.05	217.80	156.4	95.63	31.38	9 600.0a
180	202.5	332.55	217.80	155.3	94.92	31.98	9 750.0a
240	0	323.40	230.25	150.8	94.62	31.53	9 731.9a
240	67.5	318.45	232.65	147.1	95.22	31.81	9 827.3a
240	135.0	324.45	222.75	154.9	94.37	31.73	9 762.6a
240	202.5	329.40	225.30	152.7	94.81	31.66	9 950.1a
0.914 1**	0.287 1	0.881 1**	0.930 7**	−0.820 4**	0.460 3*	0.726 1**	与产量的 r

注：基、蘖肥施氮量相同处理的产量数据后，跟有相同字母表示其差异未达0.05显著水平。

二、粒肥增产效果与齐穗期库源结构的关系

从表7-7看出，基、蘖肥施用量分别与齐穗期各库源性状呈极显著正相关，与粒肥增产量呈极显著负相关；粒肥增产量分别与剑叶的SPAD值、群体单位面积的绿叶总量、单位颖花的绿叶占有量呈显著或极显著负相关，分别与叶片含氮量、群体单位面积的总颖花量不相关。表明基、蘖肥施氮量对其齐穗期的库源结构及粒肥的增产效果有显著影响，粒肥的增产作用受齐穗期植株库源结构制约较大。

以基、蘖肥施用量不同（均不施粒肥）的5个处理的数据（表7-6、表7-7）为基础，进行齐穗期的库源结构对产量影响的通径分析结果（表7-8）表明，在齐穗期的7个库源性状中，稻谷产量（y）主要由剑叶SPAD值

（x_1）、叶片含氮率（x_4）和单位颖花叶片干重占有量（x_7）3 个因子决定，$y=-11\ 799.448\ 1+512.336\ 2x_1+916.755\ 4x_4-3\ 673.587\ 2x_7$，$r=0.999\ 8$，$R^2=0.999\ 7$，$F$ 值 $=1\ 068.539\ 9$，$P=0.022\ 5$。为进一步开展粒肥高效施用量的预测提供了科学依据。

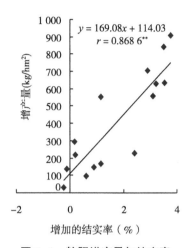

图 7-1　粒肥增产量与结实率
提高的关系

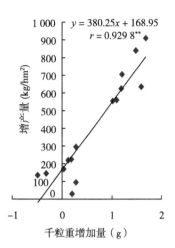

图 7-2　粒肥增产量与千粒重
增加量的关系

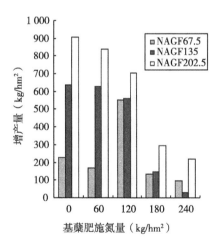

图 7-3　在不同基、蘖肥下粒肥
施用量的增产效应

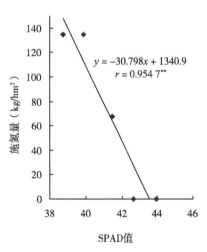

图 7-4　粒肥高效施用量与
剑叶 SPAD 值关系

表 7-7　不同基蘖肥下齐穗期库源结构及粒肥的增产效果

施氮量 (kg/hm²)		SPAD 值 X_1	总绿叶量		叶片含氮率 (%) X_4	总颖花量 (×10⁴/m²) X_5	单位颖花绿叶占有量 (mg/grain)		粒肥增产 (kg/hm²)
基蘖肥	粒肥		鲜重 (kg/m²) X_2	干重 (g/m²) X_3			鲜重 X_6	干重 X_7	
0	0	38.23	0.538 2	17.78	2.26	2.84	18.95	0.626	
0	67.5	38.50	0.532 7	17.81	2.07	2.85	18.69	0.625	227.2
0	135.0	38.10	0.535 2	18.03	2.22	2.89	18.52	0.624	636.3
0	202.5	38.73	0.535 2	18.43	2.37	2.92	18.33	0.631	909.1
60	0	39.08	0.609 6	19.70	2.29	3.03	20.12	0.650	
60	67.5	39.03	0.633 3	21.58	2.37	3.10	20.43	0.696	168.1
60	135.0	39.78	0.649 2	22.77	2.43	3.23	20.10	0.705	627.3
60	202.5	39.90	0.681 0	22.44	2.32	3.33	20.45	0.674	840.7
120	0	41.55	0.725 3	25.49	2.34	3.35	21.65	0.761	
120	67.5	41.20	0.758 7	26.38	2.54	3.49	21.74	0.756	552.6
120	135.0	41.48	0.749 1	27.53	2.44	3.53	21.22	0.780	560.4
120	202.5	41.60	0.711 2	26.00	2.39	3.30	21.55	0.788	705.9
180	0	42.68	0.763 3	27.47	2.58	3.40	22.45	0.808	
180	67.5	42.70	0.761 5	28.03	2.50	3.41	22.33	0.822	136.8
180	135.0	42.66	0.782 6	27.72	2.47	3.41	22.95	0.813	145.9
180	202.5	42.58	0.746 8	28.65	2.49	3.37	22.16	0.850	295.9
240	0	43.55	0.886 1	31.61	2.70	3.56	24.89	0.888	
240	67.5	43.96	0.849 7	30.69	2.60	3.52	24.14	0.872	95.4
240	135.0	44.07	0.852 1	31.40	2.62	3.54	24.07	0.887	30.7
240	202.5	43.93	0.886 9	32.40	2.61	3.62	24.50	0.895	218.2
-0.654 4**	0.518 5*	-0.591 8*	-0.541 9*		-0.553 9*	-0.385 1	-0.370 5	-0.643 6**	-0.617 5*	与产量的 r
与基蘖肥量的 r	0.988 3**	0.974 6**	0.979 7**	0.891 5**	0.903 3**	0.986 3**	0.985 8**	-0.654 4**	

表 7-8　齐穗期库源结构 (x) 对产量 (y) 的通径分析

性状	相关系数	直接效应	间接作用			
			总的	$x_1 \rightarrow y$	$x_4 \rightarrow y$	$x_7 \rightarrow y$
SPAD 值 x_1	0.997 8	1.246 8	-0.248 9		0.173 3	-0.422 2
叶片含氮率 x_4	0.927 1	0.189 8	0.737 3	1.138 4		-0.401 1
单位颖花叶干重占有量 x_7	0.984 8	-0.426 9	1.411 6	1.233 3	0.178 4	

注：剩余通径系数=0.017 7。

表7-9　产量（y）及其相关因子（x）偏相关的显著性测验

偏相关项目	偏相关系数	t 值	显著水平
SPAD 值和产量	0.9948	9.7955	0.0103
叶片含氮率和产量	0.9610	3.4733	0.07383
单位颖花叶干重占有量和产量	−0.9422	2.8127	0.1066

三、粒肥高效施用量的预测

前已述及，基、蘖肥施用量影响齐穗期的库源性状，在这些性状中剑叶 SPAD 值、叶片含氮率和单位颖花叶片干物重占有量是影响产量的主要库源性状因子（表7-8、表7-9），而粒肥的增产效果又受这 3 个库源性状因子制约（表7-7）。因此，只要探明粒肥高效施用量与这 3 个库源性状因子的关系，便可预测出粒肥的高效施用量。

在齐穗期剑叶 SPAD 值、叶片含氮率和单位颖花叶片干物重占有量 3 个因子中，剑叶 SPAD 值对产量的直接作用明显比另 2 个因子大，另 2 个因子的间接作用较大，并主要通过剑叶 SPAD 起作用（表7-8）；再从偏相关的显著性测验结果（表7-9）看，叶片含氮率和单位颖花叶片干物重占有量 2 个因子对产量偏相关不显著。因此，只有剑叶 SPAD 值才是影响产量的关键因子。而且头季稻齐穗期剑叶 SPAD 值又与叶片含氮率和单位颖花叶片干物重占有量极显著相关，头季稻施氮量越多，其齐穗期叶片含氮量越高，其剑叶 SPAD 值越大，则单位面积的总颖花量越多，单位面积的总叶重和叶粒比也越大（表7-10）。

生产实践中面对的是数以万计的稻田，需要在尽可能短的时间内预测出粒肥的高效施用量，而叶片含氮率和单位颖花叶片干物重占有量的测定工作需在室内完成，难以适应生产的需求。只有 SPAD 值可在很短的时间内，在田间现场测出数据，具有较强的生产实用性。因此，探索粒肥高效施用量与齐穗期库源结构的关系，范围可缩小到粒肥高效施氮量与剑叶 SPAD 值间为最好。为此，根据表7-6产量方差分析结果，将基、蘖肥施氮量相同条件下，不同粒肥施用量处理中稻谷较高产处理相应的粒肥施用量确定为高效施用量（如在基蘖肥施纯氮 120kg/hm² 条件下，4 个粒肥施氮量中施纯氮 67.5kg/hm²、135.0kg/hm² 和 202.5kg/hm² 3 个处理的产量，均比不施粒肥处理显著增产，但这 3 个处理间产量差异不显著，则将粒肥的高效施用量确定为 67.5kg/hm²），与其所在基蘖肥施氮处理齐穗期的 SPAD 值 4 次重复的平均值（表7-7）间进行回归分析。结果表明，粒肥高效施氮量与剑叶 SPAD 值呈极显著负相关关系,决定系数(R^2)高达0.911 4(图7-4)。因此可以用SPAD实测值作为自变量(x)预测粒肥的高效施氮量(y),作为大面积生产确定粒肥最佳施用量的参考依据。

前述结果表明,粒肥的施用效果与施粒肥当时头季稻植株的营养水平有关,当头季稻植株营养充足时,粒肥的增产作用甚微(表7-6),但头季稻植株营养充足的诊断指标尚不明确。为此,根据图7-4所示回归方程,令$y=0$,预测出相应的SPAD值$x=43.5$,以此为临界诊断指标,当齐穗期剑叶的SPAD值高于43.5时,可判断头季稻植株营养充足,不需再施粒肥。

表7-10 头季稻齐穗期库源结构间的回归分析

x	y	回归方程	r	R^2	n
施氮量 (kg/hm²)	叶片含氮量 (%)	$y=0.001\ 6x+2.238\ 0$	0.891 5 **	0.794 8	20
叶片含氮量 (%)	SPAD 值	$y=11.603\ 0x+12.965\ 0$	0.873 0 **	0.762 1	20
SPAD 值	总颖花量 (10⁴/m²)	$y=0.112\ 7x-1.352\ 8$	0.915 5 **	0.838 1	20
总颖花量 (10⁴/m²)	叶片鲜重 (kg/m²)	$y=0.441\ 3x-0.740\ 1$	0.965 0 **	0.931 2	20
总颖花量 (10⁴/m²)	叶片干重 (kg/m²)	$y=18.453\ 0x-35.514\ 0$	0.956 6 **	0.915 1	20
总颖花量 (10⁴/m²)	单位颖花叶片鲜重占有量 (mg/grain)	$y=7.156\ 6x-2.043\ 7$	0.906 3 **	0.821 4	20
总颖花量 (10⁴/m²)	单位颖花叶片干重占有量 (mg/grain)	$y=0.344\ 3x-0.373\ 4$	0.908 0 **	0.824 5	20

结论:粒肥施用效果与稻齐穗期植株营养水平关系密切,齐穗期剑叶SPAD值、叶片含氮量和群体单位面积的总颖花量3个因子决定粒肥高效施用量。建立了根据齐穗期剑叶 SPAD 值(x)预测粒肥的高效施氮量(y kg/hm²)的回归方程,$y=-30.798\ 0x+1\ 340.9$,$R^2=0.911\ 4$,并指出当齐穗期剑叶的 SPAD 值高于43.5时,植株营养充足,不需施粒肥,以此为临界的苗情诊断指标。

第四节 密肥运筹对杂交中稻产量和抗倒性的影响及其调控

提高单位面积产量是大面积水稻生产永恒的主题。然而水稻高产常伴随着倒伏发生，以致稻谷产量降低、品质下降、机收难度增大。因此，在高产前提下如何控制植株倒伏已成为一个长期未解决的世界性难题。

关于水稻倒伏国内外已有较多研究，主要涉及 3 个方面的内容。一是水稻植株茎秆机械强度与抗倒性关系研究指出，采取遗传改良降低植株高度，缩短基部 1、2 节间长度，增加茎粗度、茎壁厚度、基部节间充实度、非结构性碳水化合物含量和单位体积内木质数和纤维素含量，可增强品种自身抗倒机能；二是农艺措施对抗倒力的影响研究表明，通过降低本田栽秧密度、减少施氮量、适期晒田、及时防治病虫害等田间管理措施能显著提高植株抗倒性；三是化学调控防止倒伏研究认为，在水稻拔节以前喷施化学药品来防止水稻植株基部第Ⅰ、Ⅱ节过度生长，如多效唑和缩节胺等植物生长调节剂，可通过调控水稻株型以降低倒伏风险。以上研究对提高水稻抗倒能力虽有较大作用，但对有倒伏风险稻田如何早期诊断并及时采取相应措施实现高产稳产方面的研究极少。为此，本文试图通过本田密肥与多效唑运筹塑造植株具有不同倒伏风险群体和对产量的影响，以期为水稻高产条件下控制倒伏提供理论与实践依据。

一、本田密肥与多效唑运筹对植株抗倒性和产量的影响

从试验结果（表 7-11）可见，水稻植株抽穗后的重心高度、弯曲力矩、折断弯矩和倒伏指数 4 个抗倒性指标分别在不同密肥处理间差异达显著或极显著水平（F 值 2.86～5.33），最高苗期施用多效唑处理的折断弯矩增强，而重心高度、弯曲力矩和倒伏指数则下降，成对数据差异 t 检验值为 3.28～10.52。就各试验处理的产量及其穗粒结构表现来看，所有产量性状在不同密肥处理间的差异均达显著或极显著水平（F 值 2.61～12.37），最高苗期施用多效唑处理的穗粒数比未施用处理显著减少，成对数据差异 t 检验值为 2.56～4.82，其他产量性状在两处理间差异不显著（表 7-12）。以上两年试验结果表现趋势一致。

表 7-11　各试验处理间抗倒性表现

处理		重心高度（cm）		弯曲力矩（g·cm）		折断弯矩（g·cm）		倒伏指数（%）	
施氮量（kg/hm²）	密度（×10⁴/hm²）	多效唑（g/hm²）							
		0	3 000	0	3 000	0	3 000	0	3 000
2015 年									
75	12.50	54.77	50.22	2 012.93	1 832.15	1 349	1 422	149.22	128.84
75	18.75	51.62	50.84	1 865.12	1 757.82	1 221.31	1 343.0	152.71	130.89
75	28.13	49.68	47.76	1 912.17	1 638.58	1 154.31	1 247.5	165.65	131.35

（续表）

处理		重心高度（cm）		弯曲力矩（g·cm）		折断弯矩（g·cm）		倒伏指数（%）	
施氮量（kg/hm²）	密度（×10⁴/hm²）	多效唑（g/hm²）							
		0	3 000	0	3 000	0	3 000	0	3 000
150	12.50	53.62	47.50	1 955.67	1 835.11	1 287.5	1 394.19	151.90	131.63
150	18.75	52.17	51.97	1 895.85	1 657.79	1 196.25	1 229.56	158.48	134.83
150	28.13	52.68	50.73	2 188.31	1 930.39	1 303.31	1 244.31	167.90	155.14
225	12.50	49.91	48.52	1 946.65	1 782.35	1 112.19	1 255.56	175.03	141.96
225	18.75	51.01	48.16	2 249.03	1 953.38	1 125.19	1 273.25	199.88	153.42
225	28.13	53.69	49.65	1 987.98	1 650.34	978.44	989.38	203.18	166.81
F 值		2.86*	3.54*	4.62**	3.17*	4.05**	4.22**	3.93**	4.41**
平均值		52.13	49.49	2 001.52	1 781.99	1 191.94	1 266.53	169.33	141.65
多效唑与0处理均差		−2.64		−219.53		74.59		−27.68	
成对数据 *t* 值		4.12**		8.21**		3.28**		7.91**	
2016 年									
75	12.50	52.33	48.95	1 805.73	1 624.13	1 504.6	1 546.98	120.01	104.99
75	18.75	46.90	45.90	1 363.48	1 343.98	1 092.25	1 266.75	124.83	106.10
75	28.13	48.03	44.05	1 261.95	1 217.13	978.28	1 117.83	129.00	108.88
150	12.50	54.25	49.55	1 771.73	1 611.23	1 233.55	1 287.98	143.63	125.10
150	18.75	52.33	48.18	1 607.88	1 534.03	1 077.28	1 169.2	149.25	131.20
150	28.13	51.48	45.65	1 749.83	1 531.43	1 029.85	1 102.1	169.91	138.96
225	12.50	54.88	49.10	1 725.43	1 690.63	1 083.9	1 191.2	159.19	141.93
225	18.75	50.33	49.53	1 782.68	1 568.85	1 051.08	1 096.73	169.60	143.05
225	28.13	51.55	50.10	1 781.43	1 650.23	968.53	1 085.53	183.93	152.02
F 值		3.85*	3.61*	3.80*	4.17**	5.33**	3.94**	4.25**	5.16**
平均值		51.34	47.89	1 650.02	1 530.18	1 113.26	1 207.14	149.93	128.03
多效唑与0处理均差		−3.45		−119.84		93.88		−21.90	
成对数据 *t* 值		5.31**		4.58**		6.24**		10.52**	

表7-12 各试验处理产量及其穗粒结构表现

施氮量 (kg/hm²)	密度 (×10⁴/hm²)	最高苗 (×10⁴/hm²) 0	3000	有效穗 (×10⁴/hm²) 0	3000	穗粒数 0	3000	结实率 (%) 0	3000	千粒重 (g) 0	3000	产量 (kg/hm²) 0	3000
2015													
75	12.50	278.70	288.30	207.45	208.80	190.18	177.04	78.47	79.29	30.74	30.45	8 935.87	8 230.82
75	18.75	337.50	350.70	227.40	221.85	171.1	162.76	81.77	81.63	30.90	31.38	9 155.43	8 432.26
75	28.13	400.20	384.45	245.10	243.90	153.51	148.61	81.60	81.45	31.70	31.43	9 194.86	8 850.457
150	12.50	320.85	334.95	226.65	230.85	186.98	172.49	78.85	80.58	30.56	31.20	9 355.25	9 200.40
150	18.75	388.65	368.85	259.35	248.85	161.93	154.69	78.97	79.51	31.27	31.25	9 457.12	9 238.06
150	28.13	414.30	422.70	272.85	268.35	142.37	145.12	83.48	83.12	30.98	31.25	9 535.23	9 574.22
225	12.50	359.10	362.90	240.60	245.55	168.41	170.61	79.64	79.41	30.23	30.93	9 282.47	9 600.37
225	18.75	414.45	416.35	276.15	275.65	147.97	145.42	78.05	81.62	30.21	31.88	9 492.45	9 808.6
225	28.13	501.45	495.00	301.95	292.35	132.5	131.02	76.52	80.94	30.42	31.41	9 068.80	9 527.25
F值		5.28**	9.05**	7.17**	4.36**	8.43**	6.81**	3.61*	2.88*	5.80**	4.30**	4.04**	5.66**
平均值		379.47	380.46	250.83	248.46	161.66	156.42	79.71	80.84	30.78	31.24	9 275.28	9 162.50
多效唑与0处理均差		-1.01		-2.37		-5.24		1.133		0.46		-112.78	
成对数据 t 值		0.242 3		1.277 0		2.559 1*		1.927 1		2.198 7		0.779 1	

（续表）

处理 施氮量 (kg/hm²)	密度 (×10⁴/hm²)	最高苗 (×10⁴/hm²) 多效唑 (g/hm²) 0	3000	有效穗 (×10⁴/hm²) 0	3000	穗粒数 0	3000	结实率 (%) 0	3000	千粒重 (g) 0	3000	产量 (kg/hm²) 0	3000
2016													
75	12.50	197.85	209.85	153.00	153.60	227.73	218.35	81.51	82.58	29.72	29.54	7 912.55	7 237.56
75	18.75	245.40	250.80	173.40	176.20	197.49	188.22	87.41	86.78	29.83	30.30	8 565.00	8 010.04
75	28.13	313.20	323.10	191.70	203.70	184.34	170.34	87.01	86.90	29.91	29.70	8 782.20	8 445.18
150	12.50	228.60	230.40	164.85	166.80	223.03	213.77	81.44	82.94	29.20	29.11	8 655.06	8 430.00
150	18.75	278.40	285.60	193.20	199.80	190.06	179.98	85.50	87.08	29.16	29.18	8 820.24	8 692.53
150	28.13	364.50	330.75	205.80	215.10	182.36	168.89	83.07	82.97	29.32	29.72	8 707.53	8 790.07
225	12.50	245.55	226.35	173.85	172.95	218.68	217.28	80.86	81.08	29.08	29.45	8 610.04	8 520.81
225	18.75	286.35	306.15	205.80	202.05	188.15	186.76	76.67	81.96	28.62	29.36	8 245.09	8 602.59
225	28.13	394.35	396.75	224.55	226.65	167.93	165.37	75.49	79.34	28.69	29.80	7 815.27	8 617.54
F 值		7.23**	4.81**	12.37**	9.07**	6.89**	10.22**	2.76*	3.48*	4.62**	2.78*	4.16**	7.32**
平均值		283.80	284.42	187.35	190.76	197.75	189.88	82.11	83.51	29.28	29.57	8 457.00	8 371.81
多效唑与 0 处理均差		0.62		3.41		-7.87		1.41		0.29			-85.18
成对数据 t 值		0.110 8		2.043 5		4.817 5**		2.134 2		1.951 8			0.560 2

为了进一步明确不同试验处理间抗倒性和产量差异性，利用表7-11、表7-12数据分别进行不同年度、施氮量、移栽密度和多效唑用量的联合方差分析，其多重比较结果（表7-13）显示，年度间除植株重心高度差异不显著外，其他抗倒性指标和产量表现为2015年比2016年高；不同施氮量间的重心高度差异不显著，弯曲力矩、倒伏指数和产量随着施氮量提高而呈增加趋势，折断弯矩则呈下降趋势；随着移栽密度增加，重心高度、弯曲力矩、折断弯矩呈下降趋势，倒伏指数和产量则呈上升趋势；施用多效唑后，植株重心高度、弯曲力矩、倒伏指数、产量显著降低，折断弯矩则明显提高。

综上所述，本田密肥运筹和施用多效唑对植株抗倒性和产量有明显影响，随着施氮量和移栽密度的增加，表现为抗倒力下降和产量提高趋势，以每公顷施氮150kg和移栽18.75万穴产量较高。施用多效唑后植株抗倒力增强，产量因穗粒数下降而减产，但在不同密肥处理下多效唑处理对产量影响各异，尚需进一步分析。

表7-13 不同试验处理间抗倒性和产量比较

项目		重心高度（cm）	弯曲力矩（g·cm）	折断弯矩（g·cm）	倒伏指数（%）	产量（kg/hm²）
年度	2015	50.81a	1 891.76a	1 229.24a	155.49a	9 218.88a
	2016	49.62a	1 590.10b	1 160.20b	138.99b	8 414.41b
	F值	4.03	213.43**	13.02*	148.71**	540.29**
施氮量	75	49.25a	1 636.26c	1 270.32a	129.37c	8 479.35b
	150	50.43a	1 739.96b	1 197.93b	145.99b	9 037.98a
	225	50.95a	1 846.56a	1 115.90c	166.34a	8 932.61a
	F值	2.87	34.58**	21.74**	249.23**	98.07**
密度	12.50	51.55a	1 831.95a	1 320.71a	139.96c	8 664.27b
	18.75	49.91ab	1 714.99b	1 178.49b	146.19b	8 876.62a
	28.13	49.17b	1 675.84b	1 084.96c	155.56a	8 909.05a
	F值	5.88*	20.63**	51.34**	44.84**	19.68**
多效唑	0（CK）	51.74a	1 825.77a	1 152.60b	159.63a	8 866.14a
	3 000	48.69b	1 656.09b	1 236.84a	134.84b	8 767.15b
	F值	26.49**	67.53**	19.39**	335.10**	8.18*

二、多效唑对稻谷产量作用与本田密肥运筹关系

从研究结果（表7-14）发现，施用多效唑对稻谷产量有显著影响，但不同密肥处理间对产量影响效应各异。2015年、2016年两年试验中施氮量

75kg/hm² 下栽秧 12.5 万穴/hm²、18.75 万穴/hm²、28.13 万穴/hm²，施氮量 150kg/hm² 下栽秧 12.5 万穴/hm²、18.75 万穴/hm²，及 2016 年施氮量 28.13kg/hm² 下栽秧 12.5 万穴/hm² 处理，表现为相同密肥条件下施用多效唑比未施处理减产 89.23 ~ 723.17kg/hm²；而其他处理则增产 38.99~802.7kg/hm²。表明施用多效唑在低密低肥下减产、高肥高密处理则增产。究其原因，从施用多效唑与未施处理产量构成因素差值对产量差值的通径分析（表7-15）可见，有效穗差值对产量差值因直接作用和间接作用分别为正效应和负效应，相抵后对产量影响极小，而穗粒数、结实率和千粒重均表现为较高的正效应。因此，施用多效唑对稻谷产量的影响主要是穗粒数、结实率和千粒重间的差异所致。理论而言，施用多效唑时水稻正处于幼穗分化始期，对颖花形成有一定抑制作用，以致施用多效唑处理比未施用处理穗粒数平均减少了5.24~7.78粒，同时由于多效唑增强了植株的抗倒力（表7-11），使其在高肥高密下仍未倒伏，而未施多效唑的相同处理则因倒伏致结实率和千粒重有所下降（表7-12、表7-14）。换言之，施用多效唑在低密低肥下因穗粒数减少而减产，高肥高密条件下则因植株未倒伏籽粒灌浆结实正常，比未施抗倒剂处理植株发生倒伏后的结实率和千粒重高而增产。

表 7-14   不同密肥处理下施用多效唑对稻谷产量的影响

施氮量 (kg/hm²)	密度 (×10⁴/ hm²)	2015 年					2016 年				
		CK (kg/hm²)	倒伏情况	多效唑 (kg/hm²)	倒伏情况	差值 (kg/hm²)	CK (kg/hm²)	倒伏情况	多效唑 (kg/hm²)	倒伏情况	差值 (kg/hm²)
75	12.50	8 935.87d	立 ST	8 230.82e	立 ST	-705.05	7 912.55c	立 ST	7 237.56d	立 ST	-674.99
75	18.75	9 155.43bcd	立 ST	8 432.26de	立 ST	-723.17	8 565.00a	立 ST	8 010.04c	立 ST	-554.96
75	28.13	9 194.86abcd	立 ST	8 850.46d	立 ST	-344.403	8 782.20a	立 ST	8 445.18b	立 ST	-337.02
150	12.50	9 355.25abc	立 ST	9 200.40c	立 ST	-154.85	8 655.06a	立 ST	8 430.00b	立 ST	-225.06
150	18.75	9 457.12ab	斜 SL	9 238.06bc	立 ST	-219.06	8 820.24a	立 ST	8 692.53ab	立 ST	-127.71
150	28.13	9 535.23a	倒 LO	9 574.22ab	斜 SL	38.99	8 707.53a	立 ST	8 790.07a	立 ST	82.54
225	12.50	9 282.47abcd	倒 LO	9 600.37a	斜 SL	317.90	8 610.04a	斜 SL	8 520.81ab	立 ST	-89.23
225	18.75	9 492.45ab	卧 LD	9 808.60a	倒 LO	316.15	8 245.09b	倒 LO	8 602.59ab	斜 SL	357.50
225	28.13	9 068.80cd	卧 LD	9 527.25abc	倒 LO	458.45	7 815.27c	卧 LD	8 617.54ab	斜 SL	802.27
F 值		3.25 *		5.41 **			3.67 *		3.82 *		

表 7-15　施用多效唑与未施产量构成因素差值对产量差值的通径分析

年度	因子	R^2	r	直接作用	间接作用				
					总和	$\to x_1$	$\to x_2$	$\to x_3$	$\to x_4$
2015	x_1	0.853 9	-0.022 9	0.232 9	-0.255 8		-0.131 5	-0.124 3	
	x_2		0.693 6	0.745 4	-0.051 8	-0.041 1		-0.010 7	
	x_3		0.555 8	0.615 8	-0.060 0	-0.047 0	-0.013 0		
2016	x_1	0.917 3	-0.190 3	0.785 7	-0.976 0		-0.486 5	-0.304 4	-0.185 1
	x_2		0.541 1	0.572 5	-0.031 4	-0.667 7		0.351 4	0.302 9
	x_3		0.714 0	0.534 0	0.180 0	-0.447 8	0.376 7		0.251 1
	x_4		0.810 2	0.451 1	0.359 1	-0.322 4	0.384 3	0.297 2	
合计	x_1	0.776 2	-0.073 3	0.382 9	-0.456 2		-0.276 9	-0.132 6	-0.046 7
	x_2		0.599 2	0.548 2	0.051 0	-0.193 4		0.121 6	0.122 8
	x_3		0.641 3	0.453 0	0.188 3	-0.112 1	0.147 2		0.153 2
	x_4		0.718 6	0.257 9	0.460 7	-0.069 4	0.261 1	0.269 04	

注:* x_1: 有效穗, x_2: 穗粒数, x_3: 结实率, x_4: 千粒重。

三、适宜施用多效唑稻田的诊断方法

前已述及,施用多效唑在水稻低肥低密小群体下会减产,而在高肥高密大群体下则增产。因此,只有在大群体下施用多效唑才有生产意义,则需要进一步明确大群体的诊断指标。众所周知,水稻本田施氮量和移栽密度越大其最高苗数越多。本研究最高苗与施氮量和移栽密度呈线性关系的二元回归分析的决定系数 R^2 极高(2015 年、2016 年 R^2 分别为 0.9466 和 0.9734),而倒伏指数又与最高苗数呈显著或极显著正相关(图 7-5),则可把最高苗数作为衡量后期是否倒伏的早期诊断指标。

为此,特统计了施用多效唑处理比不施处理增产的相应密肥处理的最高苗数,2015 年为 359.1 万~501.45 万穴/hm²,平均值 423.28 万穴/hm²;2016 年为 286.35 万~396.75 万穴/hm²,平均值 364.47 万穴/hm²。再利用相同密肥处理下施用多效唑与不施处理间产量差值(y)与施用多效唑当时最高苗数差值(x)间的回归方程(图 7-6)预测,令 $y = 0$ kg/hm²(表示施用多效唑与不施处理间产量平产),解得 2015 年、2016 年两年的 x 值分别为 401.6 万苗/hm²、298.8 万苗/hm²,表明 2015 年、2016 年施用多效唑当时最高苗数分别高于 401.6 万苗/hm²、298.8 万苗/hm² 以上时,施用多效唑才不会减产。综合两年试验结果,施用多效唑应选择最高苗数达 300 万苗/hm² 以上田块为宜。

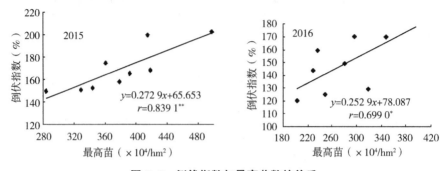

图 7-5　倒伏指数与最高苗数的关系

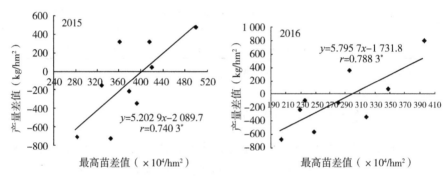

图 7-6　产量差值与最高苗数差值的关系

结论：随着施氮量和移栽密度的增加，抗倒力下降和产量呈提高趋势。水稻最高苗期施用多效唑使植株重心高度、弯曲力矩、倒伏指数显著降低、折断弯矩则明显提高，穗粒数平均减少了 5.24 ~ 7.78 粒。多效唑对产量影响表现为低密低肥下因穗粒数减少而减产，高肥高密条件下则因植株未倒伏籽粒灌浆结实正常，比未施多效唑处理植株发生倒伏后的结实率和千粒重高而增产。倒伏指数与最高苗数呈显著或极显著正相关，可把最高苗数作为衡量后期是否倒伏的早期诊断指标。最高苗数 300 万苗/hm² 以下的田块，其后期发生倒伏风险较小，施用多效唑在增强了抗倒性同时因减少了穗粒数反而减产；多效唑施用应选择最高苗数达 300 万苗/hm² 以上田块为宜。

第五节　冬水田免耕与翻耕下关键高产栽培技术对杂交中稻产量的影响

为了提高冬水田水稻种植效益，2010—2014 年在泸县试验基地，以杂交中稻川香9838为材料，于3月上旬播种，地膜湿润培育中苗秧，4月上旬移栽，每穴栽双株。试验设本田耕作方式、栽秧密度、施氮量与栽秧方式4个因素，共24个处理，含盖了冬水田区现行的主要高产栽培技术。其中2010—2014年为试验定位试验，2015年为5年定位试验结束后的后效试验（不施肥，栽培规格相同为18.75万穴/hm²）。小区面积33.4m²，不设重复。主要考查小区实产，2014年成熟期测地上部干物质生产及氮积累量和土壤养分含量。本节以2014年、2015年试验数据进行分析。

一、各栽培技术处理稻谷产量表现

各试验处理稻谷产量及穗粒结构列于表7-16，利用表7-16中产量数据进行多因素无重复方差分析。结果表明：翻耕方式产量均值高于免耕方式，高氮（195kg N/hm²）处理产量均值高于低氮（120kg N/hm²）处理，高密（18.75万/hm²）处理产量均值高于稀植（12万/hm²）处理，栽插方式间产量均值三角形>等行距>宽窄行（表7-17），但耕作方式、施氮量、密度、栽插方式及互作间均未达到显著水平（表7-18）。

表7-16　稻谷产量及产量相关性状

耕作方式 A	密度 B	施氮量 C	栽秧方式 D	最高苗 (万/hm²)	有效穗 (万/hm²)	成穗率 (%)	结实率 (%)	千粒重 (g)	着粒数 (粒/穗)	实产 (kg/hm²)	总干物重 (kg/hm²) (kg/亩)
A1	B1	C1	D1	240.6	162.6	67.59	90.42	29.48	166.30	7 387.8	12 014.0
			D2	283.4	176.7	62.35	88.46	29.53	181.81	7 853.9	13 396.1
			D3	284.0	174.0	61.27	90.46	30.59	168.58	7 542.9	11 686.1
		C2	D1	335.4	189.6	56.52	83.20	29.50	149.29	7 675.1	12 553.2
			D2	385.4	188.6	48.92	86.12	31.60	154.13	8 045.6	11 184.5
			D3	357.3	191.7	53.64	87.98	30.00	162.61	7 332.0	11 987.6
	B2	C1	D1	322.1	188.7	58.59	90.88	29.46	167.78	7 654.8	11 842.1
			D2	286.1	176.0	61.54	89.06	30.52	178.10	7 761.0	11 338.1
			D3	331.4	148.1	44.67	90.76	30.33	176.03	8 123.1	12 624.0
		C2	D1	351.0	184.4	52.52	89.39	31.44	161.09	7 907.0	10 325.0
			D2	306.3	191.7	62.59	87.19	29.78	176.47	8 818.4	11 525.0
			D3	444.8	195.9	44.03	82.72	29.95	144.64	7 765.8	13 784.4

（续表）

耕作方式 A	密度 B	施氮量 C	栽秧方式 D	最高苗 （万/hm²）	有效穗 （万/hm²）	成穗率 （%）	结实率 （%）	千粒重 （g）	着粒数 （粒/穗）	实产 （kg/hm²）	总干物重 （kg/hm²） （kg/亩）
A2	B1	C1	D1	290.7	167.4	57.57	86.76	30.69	169.46	7 753.4	11 884.1
			D2	274.7	180.6	65.78	88.02	29.79	179.89	7 202.3	12 218.0
			D3	312.6	170.7	54.58	90.44	30.05	167.38	7 982.9	12 442.1
		C2	D1	378.2	191.7	50.69	88.08	29.79	167.85	7 972.7	12 406.2
			D2	391.7	229.2	58.51	83.41	30.69	163.06	7 733.9	16 478.1
			D3	398.0	208.4	52.36	80.37	30.59	129.83	7 412.9	13 265.7
	B2	C1	D1	357.3	195.3	54.66	88.91	30.05	164.80	7 929.5	12 968.0
			D2	266.7	163.4	61.25	88.97	29.43	183.82	7 962.8	13 564.1
			D3	350.0	156.0	44.57	86.58	29.98	167.54	8 375.4	13 804.1
		C2	D1	409.4	194.9	47.58	85.96	30.52	151.90	8 298.0	11 725.1
			D2	426.0	264.6	62.10	84.42	30.17	143.80	7 703.7	11 818.8
			D3	409.4	249.0	60.81	88.18	30.76	153.22	7 795.1	14 178.2

注：A1，免耕，A2，翻耕；B1，12万穴/hm²，B2，18.75万穴/hm²；C1，120kg N//hm²，C2，195kg N//hm²；D1，等行距，D2，三角形，D3，宽窄行。后同。

表 7-17 试验处理因子各水平产量均值及其标准差

因子	头季稻		再生稻		两季总产	
	均值 （kg/hm²）	标准差	均值 （kg/hm²）	标准差	均值 （kg/hm²）	标准差
A1	7 822.2	26.24	1 243.3	6.79	9 065.5	24.54
A2	7 843.5	21.89	1 344.8	13.25	9 188.3	30.86
B1	7 658.0	18.73	1 248.0	7.79	8 905.9	20.95
B2	8 007.9	22.83	1 340.1	12.86	9 347.9	26.05
C1	7 794.2	21.39	1 314.4	12.10	9 108.5	29.58
C2	7 871.7	26.40	1 273.7	9.81	9 145.3	26.70
D1	7 822.2	18.01	1 357.3	13.47	9 179.5	27.46
D2	7 885.2	30.25	1 197.7	7.08	9 082.9	30.12
D3	7 791.3	23.96	1 327.1	9.10	9 118.4	28.54

表 7-18 产量方差分析

变异来源	df	头季稻				再生稻				两季总产			
		平方和	均方	F值	P值	平方和	均方	F值	P值	平方和	均方	F值	P值
A	1	12.0	12.0	0.0	0.9	274.9	274.9	31.8	0.0	402.0	402.0	0.7	0.5
B	1	3 265.7	3 265.7	5.3	0.1	226.5	226.5	26.2	0.0	5 210.9	5 210.9	9.5	0.1
C	1	160.3	160.3	0.3	0.7	44.3	44.3	5.1	0.2	36.0	36.0	0.1	0.8
D	2	162.8	81.4	0.1	0.9	511.1	255.5	29.6	0.0	169.9	85.0	0.2	0.9
A×B	1	6.4	6.4	0.0	0.9	93.0	93.0	10.8	0.1	50.5	50.5	0.1	0.8
A×C	1	422.4	422.4	0.7	0.5	28.8	28.8	3.3	0.2	231.1	231.1	0.4	0.6
A×D	2	3 282.3	1641.1	2.7	0.3	306.6	153.3	17.8	0.1	5 299.8	2 649.9	4.8	0.2
B×C	1	0.2	0.2	0.0	1.0	507.7	507.7	58.8	0.0	488.0	488.0	0.9	0.4
B×D	2	172.8	86.4	0.1	0.9	334.9	167.4	19.4	0.0	44.2	22.1	0.0	1.0
C×D	2	3 472.7	1 736.4	2.8	0.3	29.2	14.6	1.7	0.4	3 536.2	1 768.1	3.2	0.2
A×B×C	1	330.5	330.5	0.5	0.5	2.8	2.8	0.3	0.6	273.2	273.2	0.5	0.6
A×B×D	2	26.8	13.4	0.0	1.0	316.6	158.3	18.3	0.1	395.3	197.6	0.4	0.8
A×C×D	2	297.0	148.5	0.2	0.8	7.5	3.8	0.4	0.7	262.1	131.1	0.2	0.8
B×C×D	2	23.8	11.9	0.0	1.0	11.3	5.7	0.7	0.6	5.5	2.7	0.0	1.0
误差	2	1 222.7	611.4			17.3	8.6			1 098.3	549.1		
总和	23	12 858.4				2 712.4				17 503.0			

二、地上部干物质生产及氮积累量比较

从定位试验第 5 年成熟期地上部干物质生产及氮积累量（表 7-19）看，地上部氮积累量 A2（翻耕）> A1（免耕），密度 B2（18.75 万穴/hm²）>B1（12 万穴/hm²），施氮量 C2（195kg/hm²）> C1（120kg/hm²）；地上部干物质量表现为施氮量 C2（195kg/hm²）> C1（120kg/hm²），稻谷收获指数、氮收获指数、氮肥偏生产力、氮素稻谷生产效率均表现为 C1（120kg/hm²）> C2（195kg/hm²）。D（栽秧方式）间的地上部干物质生产及氮积累量的差异均不显著。表明翻耕、高密、高氮虽然其从土壤中吸收的氮素较多，但因氮素利用率不高，最终没能表现出增产效果，24 个处理 5 年间的产量差异均不显著（F=0.89）。因此，在本试验条件下，免耕、低密、低氮及等行距栽培，能保证一定高产水平条件下，因节省整田用工、提高了肥料利用效率，是冬水田区高产高效重要栽培途径。

表 7-19　成熟期地上部干物质生产及氮积累量比较

耕作方式 A	密度 B (×10⁴ 穴/hm²)	施氮量 C (kg/hm²)	栽秧方式 D	地上部干物质质量 (kg/hm²)	稻谷收获指数	地上部氮积累量 (kg/hm²)	氮收获指数	氮肥偏生产力 (Grain kg/kg N)	氮素稻谷生产效率 (Grain kg/kg N)
免耕 A1	12 B1	120 C1	等行距 D1	12 014.0	0.61	89.96	0.73	61.57	82.12
			三角形 D2	12 396.1	0.63	89.59	0.69	65.45	87.66
			宽窄行 D3	12 686.1	0.59	96.00	0.70	62.86	78.57
		195 C2	等行距 D1	13 853.2	0.55	95.62	0.67	39.36	80.27
			三角形 D2	13 884.5	0.58	111.27	0.63	41.26	72.31
			宽窄行 D3	12 987.6	0.56	100.83	0.65	37.60	72.72
	18.75 B2	120 C1	等行距 D1	12 842.1	0.60	93.59	0.73	63.79	81.79
			三角形 D2	12 738.1	0.61	98.19	0.76	64.68	79.04
			宽窄行 D3	12 624.0	0.64	97.63	0.72	67.69	83.20
		195 C2	等行距 D1	13 325.0	0.59	107.78	0.68	40.55	73.36
			三角形 D2	14 825.0	0.59	107.20	0.66	45.22	82.26
			宽窄行 D3	13 784.4	0.56	102.86	0.68	39.82	75.50
翻耕 A2	12 B1	120 C1	等行距 D1	12 884.1	0.60	94.58	0.73	64.61	81.98
			三角形 D2	12 218.0	0.59	91.37	0.71	60.02	78.83
			宽窄行 D3	12 442.1	0.64	94.07	0.74	66.52	84.86
		195 C2	等行距 D1	13 406.2	0.59	104.53	0.69	40.89	76.27
			三角形 D2	13 478.1	0.57	108.52	0.69	39.66	71.27
			宽窄行 D3	13 265.7	0.56	102.37	0.68	38.01	72.41
	18.75 B2	120 C1	等行距 D1	12 968.0	0.61	103.72	0.67	66.08	76.45
			三角形 D2	12 864.1	0.62	106.21	0.72	66.36	74.97
			宽窄行 D3	12 604.1	0.66	106.49	0.74	69.80	78.65
		195 C2	等行距 D1	13 725.1	0.60	115.75	0.64	42.55	71.69
			三角形 D2	13 818.8	0.56	111.82	0.69	39.51	68.89
			宽窄行 D3	13 578.2	0.57	115.84	0.65	39.97	67.29
A1				13 163.3a	0.59a	99.21b	0.69a	52.49a	79.07a
A2				13 104.4a	0.60a	104.61a	0.70a	52.83a	75.30a
B1				12 959.6a	0.59a	98.23b	0.69a	51.48a	78.27a
B2				13 308.1a	0.60a	105.59a	0.70a	53.84a	76.09a
C1				12 606.7b	0.62a	96.78b	0.72a	64.95a	80.68a

（续表）

耕作方式 A	密度 B（×10⁴穴/hm²）	施氮量 C（kg/hm²）	栽秧方式 D	地上部干物质量（kg/hm²）	稻谷收获指数	地上部氮积累量（kg/hm²）	氮收获指数	氮肥偏生产力（Grain kg/kg N）	氮素稻谷生产效率（Grain kg/kg N）
C2				13 661.0a	0.57b	107.03a	0.67b	40.37b	73.69b
D1				13 127.2a	0.59a	100.69a	0.69a	52.43a	77.99a
D2				13 277.8a	0.59a	103.02a	0.69a	52.77a	76.90a
D3				12 996.5a	0.60a	102.01a	0.70a	52.78a	76.65a

三、第 5 年定位试验结束后各处理稻田土壤养分状况

表 7-20 为第 5 年定位试验结束后各处理稻田土壤养分情况，结果表明，有机质表现为 A2（翻耕）> A1（免耕），密度 B2（18.75 万穴/hm²）>B1（12 万穴/hm²），施氮量 C2（195kg/hm²）> C1（120kg/hm²）；全钾表现为施氮量 C2（195kg/hm²）> C1（120kg/hm²）。其余养分指标在各试验因素的水平间差异均不显著。说明翻耕和高施肥量有利于提高稻田土壤肥力。

表 7-20 2014 年水稻收割后土壤养分含量及其多因素无重方差分析

耕作方式 A	密度 B（×10⁴穴/hm²）	施氮量 C（kg/hm²）	栽秧方式 D	pH 值	有机质（%）	全氮（%）	全磷（%）	全钾（%）	有效氮（mg/kg）	有效磷（mg/kg）	有效钾（mg/kg）
免耕 A1	12 B1	120 C1	等行距 D1	5.1	2.83	0.12	0.03	1.76	134.0	1.4	87.8
			三角形 D2	5.0	2.89	0.13	0.03	1.64	124.0	1.3	94.9
			宽窄行 D3	5.2	2.89	0.13	0.04	1.60	114.0	1.3	95.1
		195 C2	等行距 D1	5.1	3.16	0.14	0.04	1.68	94.3	1.2	95.6
			三角形 D2	4.5	3.13	0.13	0.03	1.72	126.0	1.4	89.9
			宽窄行 D3	4.9	2.90	0.13	0.03	1.88	108.0	1.4	95.7
	18.75 B2	120 C1	等行距 D1	4.8	3.13	0.13	0.04	1.64	112.0	1.7	85.2
			三角形 D2	5.1	3.06	0.13	0.04	1.80	93.7	1.6	95.2
			宽窄行 D3	4.9	2.85	0.13	0.04	1.92	110.0	1.5	89.3
		195 C2	等行距 D1	5.2	3.40	0.14	0.04	1.72	104.0	1.4	87.5
			三角形 D2	4.9	3.16	0.13	0.04	1.64	78.3	1.4	92.8
			宽窄行 D3	4.8	3.35	0.14	0.04	1.88	119.0	1.7	97.8

（续表）

耕作方式A	密度B（×10⁴穴/hm²）	施氮量C（kg/hm²）	栽秧方式D	pH值	有机质（%）	全氮（%）	全磷（%）	全钾（%）	有效氮（mg/kg）	有效磷（mg/kg）	有效钾（mg/kg）
翻耕 A2	12 B1	120 C1	等行距 D1	5.0	3.14	0.13	0.03	1.88	103.0	1.9	79.2
			三角形 D2	4.8	3.20	0.14	0.03	1.68	103.0	2.1	88.5
			宽窄行 D3	4.8	3.38	0.14	0.03	1.76	119.0	1.9	79.2
		195 C2	等行距 D1	5.1	3.01	0.13	0.03	1.68	92.8	1.9	87.9
			三角形 D2	5.0	2.98	0.13	0.03	1.64	104.0	2.1	78.0
			宽窄行 D3	5.0	2.94	0.13	0.03	1.68	89.1	1.7	90.4
	18.75 B2	120 C1	等行距 D1	5.2	3.01	0.13	0.03	1.88	97.8	1.5	95.8
			三角形 D2	5.0	3.32	0.14	0.04	2.00	106.0	1.9	90.9
			宽窄行 D3	5.2	3.01	0.14	0.04	2.00	97.0	2.2	95.5
		195 C2	等行距 D1	5.1	3.40	0.15	0.03	1.72	97.6	1.9	94.5
			三角形 D2	5.2	3.32	0.15	0.04	1.92	107.0	1.4	95.3
			宽窄行 D3	4.7	3.66	0.16	0.04	1.72	112.0	1.2	80.2
A1				5.0a	3.06b	0.13a	0.04a	1.74a	109.8a	1.44a	92.2a
A2				5.0a	3.20a	0.14a	0.03a	1.80a	102.4a	1.81a	88.0a
B1				5.0a	3.04b	0.13a	0.03a	1.71b	109.3a	1.63a	88.5a
B2				5.0a	3.22a	0.14a	0.04a	1.82a	102.9a	1.62a	91.7a
C1				5.0a	3.06b	0.13a	0.03a	1.80a	109.5a	1.69a	89.7a
C2				5.0a	3.20a	0.14a	0.04a	1.74a	102.7a	1.56a	90.5a
D1				5.1a	3.14a	0.14a	0.03a	1.76a	104.4a	1.61a	89.2a
D2				4.9a	3.13a	0.14a	0.04a	1.76a	105.3a	1.65a	90.7a
D3				4.9a	3.12a	0.14a	0.04a	1.81a	108.5a	1.61a	90.4a

四、5 年定位试验结束后的后效产量表现

利用 5 年定位试验结束后不施肥相同栽培密度的后效试验产量进行的方差分析结果（表7-21）可见，A（耕作方式）间、B（密度）间及 A（耕作方式）与 C（施氮量）互作达显著或极显著差异。从各处理后效产量（表7-22）看，A2（翻耕）＞A1（免耕），密度 B1（12 万穴/hm²）＞B2（18.75 万穴/hm²），C（施氮量）间和 D（栽培方式）间的后效产量差异均不显著。表明翻耕和低密处理后土壤后续肥力较高，有利于持续高产。

表 7-21　2015 年后效试验产量的多因子无重情况下方差分析

变异来源	平方和	df	均方	F 值	P 值
A	136 892.08	1	136 892.08	32.42*	0.029 5
B	300 731.29	1	300 731.29	71.22*	0.013 8
C	15 524.00	1	15 524.00	3.68	0.195 2
D	107 049.57	2	53 524.78	12.68	0.073 1
A×B	7 869.52	1	7 869.52	1.86	0.305 5
A×C	921 721.38	1	92 1721.38	218.30**	0.004 5
A×D	30 596.19	2	15 298.10	3.62	0.216 3
B×C	620.68	1	620.68	0.15	0.738 3
B×D	82 726.10	2	41 363.05	9.80	0.092 6
C×D	6 386.64	2	3 193.32	0.76	0.569 4
A×B×C	13 971.75	1	13 971.75	3.31	0.210 5
A×B×D	38 238.27	2	19 119.13	4.53	0.180 9
A×C×D	18 355.33	2	9 177.66	2.17	0.315 1
B×C×D	105 466.49	2	52 733.24	12.49	0.074 1
误差	8 444.58	2	4 222.29		
总和	1 794 593.87	23			

表 7-22　2015 年后效试验的多因子无重情况下各处理头季稻产量的多重比较

因子	均值（kg/hm²）	因子	均值（kg/hm²）
A1	6 376.63b	B1	6 564.09a
A2	6 527.68a	B2	6 340.21b
C1	6 477.59a	D1	6 393.75a
C2	6 426.72a	D2	6 417.07a
		D3	6 545.64a

　　结论：冬水田采用"免耕、栽秧 12 万穴/hm²、施氮 120kg/hm² 和等行距栽培"，在保证较高产量前提下，可大幅度降低水稻生产成本。连续免耕和高密种植 5 年后水稻地力产量有所下降，冬水田适度免耕和低密有利于高产高效，但其连续免耕的具体年度数还有待进一步研究。

第六节　冬水田免耕不同施氮方式下的强再生力品种筛选

　　为了降低水稻生产成本，作者在免耕冬水田条件下，研究了 20 个杂交中稻品种对底肥一道清（A1）和底肥：蘗肥：穗肥＝5：3：2（A2）两种施氮方式的适应性。

一、不同施氮方式对中稻品种头季稻产量构成的影响

从表7-23可以看出，不同施氮方式对20个中稻品种头季稻最高苗、有效穗、穗平着粒数、结实率的影响均未达到显著水平。不同品种间头季稻最高苗、有效穗、穗粒数、结实率的差异均达极显著水平。施氮方式与品种互作对20个中稻品种头季稻最高苗、有效穗、穗粒数、结实率的影响均未达到显著水平。

二、不同施氮方式对中稻品种再生稻产量构成的影响

从表7-24可以看出，不同施氮方式对20个中稻品种再生稻有效穗、穗粒数、结实率、第5日出鞘率的影响均未达到显著水平。不同品种间再生稻有效穗、穗粒数、结实率、第5日出鞘率的差异均达极显著水平。施氮方式与品种互作对20个中稻品种再生稻有效穗、穗粒数、结实率、第5日出鞘率的影响均未达到显著水平。

三、不同施氮方式对中稻品种头季稻产量、再生稻产量及两季总产的影响

从表7-25可以看出，不同施氮方式对20个中稻品种头季稻产量、再生稻产量及两季总产的影响均未达到显著水平。在A1处理下，头季稻产量较高的品种有川绿优188、蓉优3324、绵优5323、蓉18优9号、内优103和内优107，再生稻产量较高的品种有川优6203、旌3优177、德优4727、内6优103和Y两优900，两季产量较高的品种有泸优137、天优863、旌3优177、内6优103和内6优107。在A2处理下，头季稻产量较高的品种有川绿优188、蓉优3324，再生稻产量较高的品种有旌优727、旌3优177、内6优103和Y两优900，两季产量较高的品种有旌优727、蓉优3324、旌3优177、蓉18优9号、内6优103和内6优107。

表7-23　两种施氮方式下20个中稻品种头季稻穗粒结构表现

处理	最高苗 (万/hm²)		有效穗 (万/hm²)		穗长 (cm)		穗平着粒数 (粒)		结实率 (%)		千粒重 (g)	
	A1	A2	A1	A2	A1	A2	A1	A2	A1	A2	A1	A2
泸优137	338.13	326.25	195.00	193.13	25.14	28.93	152.18	150.97	93.15	90.04	34.75	34.63
泸优5号	347.50	330.00	180.63	182.50	25.58	26.03	213.22	205.00	88.13	87.34	28.85	29.57
旌优727	344.38	332.50	206.25	194.38	25.92	26.08	180.51	158.45	88.93	90.67	31.43	31.71

（续表）

处理	最高苗（万/hm²）		有效穗（万/hm²）		穗长（cm）		穗平着粒数（粒）		结实率（%）		千粒重（g）	
	A1	A2	A1	A2	A1	A2	A1	A2	A1	A2	A1	A2
川优 6203	395.00	380.63	220.00	219.38	27.36	25.44	168.11	152.90	84.97	84.95	29.06	28.92
川绿优 188	390.00	390.63	210.00	216.88	26.31	27.10	185.61	205.49	79.21	79.86	28.78	28.85
天优 863	306.88	272.50	168.75	160.00	24.35	24.19	217.55	207.17	92.78	93.04	29.41	29.23
宜香优 196	332.50	300.00	191.88	180.00	26.92	28.58	177.50	162.85	82.36	82.44	34.44	34.96
蓉优 3324	339.38	295.63	192.50	181.88	26.54	26.46	181.32	194.35	85.27	88.66	33.32	33.65
绵优 5323	315.63	325.63	186.88	183.75	27.33	26.93	179.91	190.17	86.77	89.21	34.13	33.52
旌优 127	373.75	349.38	209.38	220.00	24.95	25.03	166.60	157.00	92.25	93.08	28.40	29.35
旌 3 优 177	365.63	342.50	208.13	200.00	24.85	26.07	171.52	180.41	88.11	92.50	26.97	27.17
广优 66	314.38	301.88	193.13	196.25	27.32	27.03	201.56	193.84	88.45	88.81	29.78	31.22
绿优 4923	381.88	348.13	205.63	198.75	26.00	25.95	207.54	191.28	85.37	85.40	29.66	30.60
蓉 18 优 9 号	341.88	319.38	213.13	198.13	25.44	25.72	183.70	175.49	83.11	84.09	29.48	30.73
蓉 18 优 1015	322.50	316.25	200.00	208.75	25.59	25.37	160.24	155.35	90.13	90.15	30.88	31.51
德优 4727	334.38	310.63	213.13	200.63	25.61	25.99	147.50	146.90	90.01	90.07	33.52	33.83
内 6 优 103	395.00	366.25	239.38	216.88	25.19	26.82	150.60	149.07	93.30	92.32	31.91	32.07
内 6 优 107	415.63	363.75	228.13	193.13	25.97	25.21	158.87	140.83	92.96	92.96	32.22	31.80
Y 两优 900	306.88	328.13	187.50	170.00	26.12	26.40	237.31	242.37	75.51	79.37	23.73	24.54
越冬稻	346.25	361.25	231.25	251.88	22.11	21.89	156.37	160.30	90.11	92.34	23.79	24.73
平均值	350.34	333.06	204.03	198.31	25.73	26.06	179.89	176.01	87.41	88.36	30.23	30.63
施氮方式（A）	1.264NS		3.984NS		0.36NS		1.542NS		3.505NS		5.828NS	
品种（B）	6.068 **		7.28 **		4.164 **		18.173 **		8.835 **		215.806 **	
A×B	0.618NS		0.891NS		0.907NS		0.922NS		0.368NS		1.812NS	

表 7-24　两种施氮方式下 20 个中稻品种再生稻穗粒结构和出鞘率表现

处理	穗长（cm）		穗平着粒数（粒）		结实率（%）		千粒重（g）		有效穗（万/hm²）		出鞘率（%）	
	A1	A2	A1	A2	A1	A2	A1	A2	A1	A2	A1	A2
泸优 137	20.43	21.13	59.88	88.10	65.54	72.95	31.06	31.10	195.63	174.38	39.57	65.62
泸优 5 号	18.40	17.73	67.62	63.69	63.06	70.77	26.74	26.92	174.38	173.75	66.47	33.64
旌优 727	17.87	18.90	79.58	91.79	74.67	74.63	26.49	26.42	240.00	205.63	87.36	78.62
川优 6203	19.27	19.00	89.65	78.11	74.81	76.11	24.93	25.03	215.63	181.88	61.36	69.24
川绿优 188	17.87	17.43	59.68	48.95	64.10	50.94	26.16	26.12	151.25	181.88	3.20	12.62
天优 863	19.50	19.27	99.44	90.37	64.02	63.07	23.69	23.62	166.88	168.75	60.12	59.65
宜香优 196	20.23	18.57	76.59	60.62	58.51	57.93	30.75	31.16	153.75	170.63	41.43	38.17

（续表）

处理	穗长（cm）		穗平着粒数（粒）		结实率（%）		千粒重（g）		有效穗（万/hm²）		出鞘率（%）	
	A1	A2	A1	A2	A1	A2	A1	A2	A1	A2	A1	A2
蓉优 3324	18.77	18.77	51.80	67.75	62.58	63.23	31.18	30.73	160.00	175.63	6.34	24.64
绵优 5323	19.33	18.77	71.59	68.78	57.79	58.90	31.17	30.98	153.75	166.25	34.41	14.67
旌优 127	17.30	17.07	62.32	55.63	68.07	77.39	24.07	23.24	205.63	273.13	65.72	52.70
旌 3 优 177	19.37	19.43	71.22	65.94	77.87	66.98	23.47	23.07	231.88	234.38	73.15	61.93
广优 66	19.17	18.10	74.94	82.67	66.68	67.26	28.53	28.10	160.63	174.38	33.02	22.93
绿优 4923	18.57	18.43	72.14	51.38	59.84	56.38	26.60	27.22	165.63	175.00	39.24	32.22
蓉 18 优 9 号	18.90	18.40	54.99	61.50	60.99	71.23	27.88	27.34	173.75	205.00	52.65	30.56
蓉 18 优 1015	18.63	18.17	66.97	75.00	76.37	82.51	27.26	26.08	180.00	210.63	64.64	51.71
德优 4727	18.60	18.00	64.83	69.64	69.59	77.29	28.35	27.77	228.13	203.75	61.76	28.67
内 6 优 103	18.17	18.47	65.74	60.36	70.93	77.01	28.18	28.07	200.00	232.50	48.16	56.07
内 6 优 107	19.60	19.47	59.79	54.96	61.71	64.35	28.46	27.71	161.88	210.63	17.94	20.04
Y 两优 900	21.00	20.20	72.21	67.83	56.17	55.25	21.84	21.76	189.38	244.38	8.15	12.72
越冬稻	0.00	0.00	0.00	0.00	0.00	0.00	0.00	0.00	0.00	0.00	1.24	0.00
平均值	18.05	17.77	66.05	65.15	62.67	64.21	25.84	25.62	175.44	188.13	43.30	38.32
施氮方式（A）	0.796NS		0.015NS		0.217NS		2.768NS		34.68NS		0.29NS	
品种（B）	147.437 **		6.729 **		53.791 **		748.354 **		19.218 **		37.015 **	
A×B	0.691NS		0.654NS		1.843NS		0.786NS		1.537NS		4.319NS	

表 7-25　不同施氮方式对头季稻产量、再生稻产量和两季总产的影响多重比较结果

（kg/亩）

处理	头季稻实产		再生稻实产		两季总产	
	A1	A2	A1	A2	A1	A2
泸优 137	681.57abcd	676.49bc	146.60bcd	141.30efgh	828.17abc	817.78bcdef
泸优 5 号	623.60fgh	689.59b	104.90e	113.71j	728.51h	803.30cdefg
旌优 727	630.24efg	649.68bcde	146.18bcd	195.96ab	776.42defg	845.65abc
川优 6203	591.08ghi	563.59g	156.32abc	186.48b	747.40fgh	750.07h
川绿优 188	727.38a	749.91a	38.58f	69.87k	765.97defgh	819.78bcdef
天优 863	677.86bcd	657.30bcde	131.73d	166.03cd	809.59abcd	823.34bcde
宜香优 196	666.05cde	606.64f	109.13e	158.75de	775.19defg	765.39gh
蓉优 3324	682.11abcd	697.12ab	96.27e	140.81efgh	778.38def	837.93abcd
绵优 5323	703.41abc	679.43bc	98.85e	121.23ij	802.26bcde	800.66cdefg
旌优 127	629.26efg	627.90def	96.67e	147.86defg	725.94h	775.75fgh
旌 3 优 177	670.26cd	675.47bc	170.53a	197.87ab	840.79ab	873.33ab
广优 66	671.67bcd	694.49b	94.28e	122.83hij	765.94defgh	817.32bcdef

（续表）

处理	头季稻实产		再生稻实产		两季总产	
	A1	A2	A1	A2	A1	A2
绿优 4923	658.84def	664.26bcd	98.72e	129.24ghij	757.56efgh	793.51defgh
蓉 18 优 9 号	694.80abcd	697.10b	98.56e	138.89fghi	793.36cdef	835.99abcd
蓉 18 优 1015	585.70hi	618.27ef	137.78cd	184.21bc	723.49h	802.49cdefg
德优 4727	657.68def	624.79ef	151.80abc	162.29d	809.48abcd	787.08efgh
内 6 优 103	695.06abcd	692.80b	164.12ab	188.59ab	859.18a	881.38a
内 6 优 107	709.68ab	673.94bc	142.02cd	154.76def	851.70a	828.70abcde
Y 两优 900	562.69i	557.47g	168.94a	209.62a	731.63gh	767.09gh
越冬稻	521.69j	528.06g	0.00g	0.00l	521.69i	528.06i
平均值	652.03	651.22	117.60	146.52	769.63	797.73
施氮方式（A）	0.003NS		6.461NS		9.849NS	
品种（B）	14.015**		46.72**		18.358**	
A×B	1.000NS		1.585NS		0.975NS	

结论：免耕冬水田条件下，两种施氮方式（底肥一道清与底肥：蘖肥：穗肥＝5：3：2）间 20 个中稻品种头季稻产量、再生稻产量以及两季总产差异不显著，从节约劳动力成本考虑，底肥一道清可作为免耕冬水田的氮肥管理方式。本试验 20 个品种中，不同施氮方式下再生稻产量较高的品种有旌优 727、川优 6203、旌 3 优 177、内 6 优 103 和 Y 两优 900。不同施氮方式下两季产量均较高的品种有旌 3 优 177、内 6 优 103 和内 6 优 107，两季产量均在820kg/亩以上，可作为免耕冬水田下中稻-再生稻栽培品种推广应用。

第七节　冬水田免耕底肥一道清的高效施肥量

为了提高冬水田免耕底肥一道清的氮肥利用效率，作者以杂交中稻品种蓉18 优 1015 为材料，在相同磷钾肥作底肥和相同粒芽肥用量条件下，研究了头季稻免耕底肥一道清（NT）与翻耕传统施肥（底：蘖：穗＝5：3：2）（CT）两种耕作施氮方式不同施用量对头季稻和再生稻产量的影响。

一、不同耕作施氮方式和施氮量对头季稻产量和产量构成的影响

从表 7-26 可以看出，翻耕传统施肥的头季稻产量（592.91kg/亩）高于免耕底肥一道清产量（568.08kg/亩），但两者差异未达到显著水平；施氮量极显著影响头季稻产量；在免耕底肥一道清下，施氮量为 12kg/亩头季稻产量

最高，但与施氮量为 9kg/亩产量差异不显著；在翻耕传统施肥下，施氮量为 9kg/亩头季稻产量最高，但与施氮量为 6kg/亩和 12kg/亩产量差异不显著；在不施氮（施氮量为 0kg/亩）条件下，翻耕稻田头季稻产量显著高于免耕稻田；免耕底肥一道清和翻耕传统施肥对头季稻产量构成的影响不显著；施氮量极显著影响头季稻最高苗、有效穗、穗粒数、千粒重，对结实率的影响未达显著水平；耕作施氮方式和施氮量互作极显著影响穗粒数。

二、不同耕作施氮方式和施氮量对头季稻成熟期地上部干物量的影响

从表 7-26 可以看出，免耕底肥一道清和翻耕传统施肥间对头季稻成熟期茎叶干物量和籽粒干物量的影响不显著；施氮量显著影响头季稻成熟期茎叶干物量和籽粒干物量，头季稻成熟期茎叶干物量和籽粒干物量均随施氮量的增加逐渐提高。

三、不同耕作施氮方式和施氮量对再生稻产量和产量构成的影响

从表 7-27 可以看出，两种耕作施氮方式免耕底肥一道清和翻耕传统施肥间对再生稻产量和产量构成的影响不显著；施氮量对再生稻有效穗、穗粒数、千粒重、结实率的影响也未达显著水平。

四、不同耕作施氮方式和施氮量对两季总产量的影响

从表 7-27 可以看出，两种耕作施氮方式免耕底肥一道清和翻耕传统施肥对杂交中稻两季总产影响不显著；施氮量极显著影响杂交中稻两季总产，随施氮量的增加逐渐提高。

表 7-26 不同耕作施氮方式和施氮量对头季稻产量、穗粒结构和成熟期干物质的影响

耕作施氮方式	施氮量（kg/亩）	最高苗（万/hm²）	有效穗（万/hm²）	穗平着粒数（粒）	结实率（%）	千粒重（g）	茎叶干物质重（g/穴）	籽粒干物质重（g/穴）	头季稻产量（kg/亩）
NT	0	276.25c	171.25b	145.98c	91.42a	31.21a	38.85b	40.72b	543.16c
	6	323.13b	199.58a	153.34b	88.27ab	31.27a	44.68a	45.45ab	568.54b
	9	348.75a	205.63a	164.95a	87.17b	30.71a	45.72a	47.14a	573.27ab
	12	356.25a	209.38a	164.33a	89.52ab	29.91a	50.15a	51.92a	587.34a
CT	0	279.38b	187.50a	155.45b	92.07a	31.44a	41.90b	45.57bd	564.09b
	6	324.38a	199.38a	167.50a	93.00a	31.01ab	44.65ab	52.77a	599.81a
	9	330.63a	197.50a	157.39b	93.43a	30.57bc	47.69ab	51.91ab	605.79a

（续表）

耕作施氮方式	施氮量（kg/亩）	最高苗（万/hm²）	有效穗（万/hm²）	穗平着粒数（粒）	结实率（%）	千粒重（g）	茎叶干物质重（g/穴）	籽粒干物质重（g/穴）	头季稻产量（kg/亩）
	12	346.88a	200.00a	156.38b	90.44a	30.17c	50.65a	51.86abc	601.93a
	NT	326.10a	196.46a	157.15a	89.10a	30.77a	44.85a	46.31a	568.08a
	CT	320.32a	196.10a	159.18a	92.24a	30.80a	46.22a	50.53a	592.91a
	0	277.82c	179.38b	150.71b	91.75a	31.33a	40.38b	43.15b	553.63b
	6	323.75b	199.48a	160.42a	90.63a	31.14ab	44.67ab	49.11a	584.18a
	9	339.69ab	201.57a	161.17a	90.30a	30.64bc	46.71a	49.53a	589.53a
	12	351.56a	204.69a	160.36a	89.98a	30.04c	50.40a	51.89a	594.64a
耕作施氮方式（A）		1.673 NS	0.011 NS	0.657 NS	14.746 NS	0.014 NS	0.699 NS	5.429 NS	15.026 NS
施氮量（B）		24.705 **	9.310 **	8.481 **	0.617 NS	7.089 **	4.950 *	4.374 *	19.189 **
A×B		0.579 NS	2.461 NS	11.227 **	2.034 NS	0.382 NS	0.139 NS	0.754 NS	1.042 NS

表 7-27　不同耕作施氮方式和施氮量对再生稻产量、穗粒结构和两季总产量的影响

耕作施氮方式	施氮量（kg/亩）	有效穗（万/hm²）	穗长（cm）	穗平着粒数（粒）	结实率（%）	千粒重（g）	再生稻产量（kg/亩）	两季总产（kg/亩）
NT	0	229.17a	20.97a	100.32a	77.92a	25.71a	190.09a	733.26c
	6	230.00a	20.70a	98.75a	81.86a	25.40a	189.18a	757.72b
	9	251.56a	20.80a	90.14a	80.21a	25.95a	196.01a	769.28ab
	12	260.21a	21.07a	90.05a	78.36a	25.95a	198.11a	785.45a
CT	0	251.88a	20.03b	86.82a	78.16a	25.92a	204.99a	769.09b
	6	250.00a	21.77a	88.88a	76.85a	25.80a	193.78a	793.60a
	9	252.50a	20.83ab	93.08a	74.54a	25.99a	197.41a	803.20a
	12	261.25a	20.80ab	91.80a	80.08a	25.60a	196.74a	798.68a
	NT	242.74a	20.88a	94.82a	79.59a	25.75a	193.35a	761.43a
	CT	253.91a	20.86a	90.15a	77.41a	25.83a	198.15a	791.14a
	0	240.52a	20.50a	93.57a	78.04a	25.82a	197.54a	751.17b
	6	240.00a	21.23a	93.81a	79.35a	25.60a	191.48a	775.66a
	9	252.03a	20.82a	91.61a	77.38a	25.97a	196.71a	786.24a
	12	260.73a	20.93a	90.93a	79.22a	25.78a	197.43a	792.07a
耕作施氮方式（A）		1.998 NS	0.002 NS	4.086 NS	1.478 NS	1.097 NS	0.141 NS	2.354 NS
施氮量（B）		1.039 NS	0.577 NS	0.103 NS	0.251 NS	0.636 NS	0.550 NS	7.122 **
A×B		0.365 NS	1.086 NS	0.851 NS	0.952 NS	0.721 NS	0.828 NS	0.664 NS

　　结论：免耕底肥一道清和翻耕传统施肥对头季稻产量、再生稻产量、两季总产以及头季稻成熟期茎叶干物量和籽粒干物量的影响差异不显著。因此，从节约生产成本考虑，冬水田采用免耕底肥一道清的耕作施氮方式可在保证产量不降低的情况下节约生产成本。

第八章　西南区肥料高效利用集成技术

根据前述相关研究成果，集成了西南区杂交中稻"一种三因"肥料高效施用技术（模式图），具体内容如下。

第一节　"一种"——选用氮肥高效利用杂交中稻品种

一、氮肥高效利用杂交中稻品种的鉴定操作规程

在拟测试品种中需加入当地对照品种，最好为当地区试的对照品种，每个品种为 7 行区，每行 30 穴以上，每 15~20 个品种中加入 1 个对照品种，按当地高产栽培技术种植。分别于齐穗期和成熟期用日本 MINOLTA 生产的 SPAD-502 型叶绿素计，测 SPAD 值的田间操作方法确定为：每个品种按对角线均匀确定 3 个点（即 3 次重复），每个点（即 1 次重复）连续测 4 穴，每穴测 1 个主茎和 3 个分蘖茎，每茎测顶 1 叶和顶 4 叶，每片叶测中部、下部 1/3 和上 1/3，取均值，并计算 SPAD 值衰减指数（%）=（齐穗期 SPAD 值-成熟期 SPAD 值）÷齐穗期 SPAD 值×100。

考虑到品种的氮素利用效率还受土壤、生态条件及栽培措施等多因素的影响，因此，不能直接根据获得的 SPAD 值衰减指数数据的绝对值确定其氮素利用率的高低或分级，还应对测定结果进行方差分析，SPAD 值衰减指数比对照品种显著增加的品种为氮高效率品种，比对照显著降低的为氮低效率品种，与对照差异不显著的为氮效率中等品种。

二、鉴定出的氮肥高效利用品种

项目组历时 11 年，利用自主创新的氮高效利用品种的鉴定方法，从已审定的 216 个杂交中稻品种中，鉴定出了氮肥高效利用品种 47 个，并配套肥料高效利用技术推广。主要有：金优 527、特优航 1 号、D 优 202、准两优 1102、宜香优 2079、宜香优 1577、天龙优 540、D 香 707、蓉稻 415、川农优 527、川香 8108、川农优 498、川香 198、川谷优 399、川谷优 918、宜香 305、花香

7 号、蓉优 918、川谷优 204、天优华占、川香优 506、国杂 7 号、国杂 3 号、绵优 616、国杂 1 号、B 优 827、Ⅱ优 498、Q 优 6 号、Ⅱ优 084、华优 75、准两优 1102、宜香 3728、Ⅱ优 892、内香 8516、内 5 优 306、蓉 18 优 447、内 5 优 317 和川谷优 7329、Ⅱ优 602、川香 9838、Ⅱ优航 2 号、德香 4103、内香 8514、川优 6203、Q 优 7 号、蓉优 1015、宜香 2115。

第二节 "因区"——因西南区杂交中稻肥料利用率和目标产量确定高效施肥量

一、根据生产单位重量稻谷的养分需求量和目标产量确定施肥总量

探明植株对氮、磷、钾的积累量是指导高效施肥的重要基础。不同生态区生产单位重量稻谷的养分需求量各异。本研究以普通杂交中稻的研究结果显示，西南区每生产 1 000kg 稻谷所需的氮、磷、钾量分别为 16. 37～17. 05kg、2. 91～3. 06kg 和 18. 28～20. 28kg，品种间有一定差异，其需要量与稻谷产量水平无相关性。因此，各地区可根据预定的目标产量计算出相应的肥料需求量。如目标产量为 700kg/亩，每亩则需补施的氮、磷、钾量分别为 11. 69～11. 94kg、2. 04～2. 14kg 和 12. 80～14. 20kg，并可保持地力水平不降低。

二、根据地理位置和土壤养分含量确定氮高效施用量

本研究建立了目前已大面积推广的Ⅱ优 7 号（$Y = 392. 979\ 1 + 10. 013\ 2X_2 + 118. 687\ 0 + 0. 174\ 4X_{10} + 2. 062\ 4X_{11}$）和新品种渝香优 203（$Y = 1\ 388. 461\ 5 - 11. 776\ 1X_1 - 0. 154\ 8X_3 + 116. 783\ 3X_6 - 39. 769\ 7X_9 + 0. 817\ 3X_{12}$）的高效氮施用量预测模型。利用该模型，需用 GPS 定位仪和海拔仪测定目标田的经度、纬度和海拔，土壤养分查各县区测土配方施肥项目的田间档案，即可预测出相应的氮高效施用量，从而提高Ⅱ优 7 号在大面积推广中的增产、节肥效益，加快新品种渝香优 203 的推广进程。

三、根据地理位置和土壤养分含量确定磷、钾高效施用量

本研究通过不同生态区的施磷钾量试验，根据地理位置和土壤养分状况，建立了渝香优 203 的磷钾高效施用量的预测模型（$Y_{磷} = 6\ 859. 16 - 75. 693\ 4X_1 + 39. 838\ 1X_2 - 0. 185\ 6X_3 - 5. 857\ 7X_{10} + 0. 235\ 0X_{11}$，$Y_2 = 6\ 859. 16 - 75. 693\ 4X_1 + 39. 838\ 1X_2 - 0. 185\ 6X_3 - 5. 857\ 7X_{10} + 0. 235\ 0X_{11}$）。利用该模型，只需用 GPS

定位仪和海拔仪测定目标田的经度、纬度和海拔，土壤养分查各县区测土配方施肥项目的田间档案，即可预测出相应的磷钾高效施用量，从而加快渝香优203 的推广进程，提高在大面积推广中的增产、节肥效益。

第三节　"因种"——因水稻品种库源特征
确定相应施氮技术

一、根据品种库源特征确定适宜的栽培模式

在 3 种栽培模式间氮的利用效率表现为高密低肥>中密中肥>低密高肥，而磷和钾则表现为高密低肥<中密中肥<低密高肥。就 3 种栽培模式对稻谷产量和氮肥利用效率而言，以高密低肥最佳。在高密低肥栽培模式下，选用齐穗期叶色淡、千粒重大、高产的中大穗型杂交中稻品种，其氮、磷、钾稻谷生产效率高。如川香优 198、川谷优 399、川谷优 918、宜香 305、花香 7 号、蓉优 918、川谷优 204、天优华占、川香优 506、国杂 7 号、国杂 3 号、绵优616、国杂 1 号，能较好地实现高产与养分高效利用的统一。

冬水田的氮、磷、钾施用量，高密低肥分别为 110kg/hm²、27kg/hm²、85kg/hm²，中密中肥分别为 140kg/hm²、25kg/hm²、80kg/hm²，低密高肥分别以 125kg/hm²、24kg/hm²、72kg/hm² 为宜。

二、根据品种分蘖力确定施氮水平

利用 26 个杂交组合在两种施氮水平下的氮素农学利用率（x）和高氮条件下的分蘖力（y）数据，可得线性回归方程 $y = -0.160\ 9x + 9.028\ 7$，$r = -0.869\ 1^{**}$，$R^2 = 0.755\ 3$。根据试验所在地区的尿素和稻谷的市场价格计算，1kg N 与 1.5kg 稻谷等价。因此，理论上当 $x = 1.5$ 时，高氮条件下增产不增收。因而解得高氮比低氮增产又增效的组合分蘖力临界值 $y \leqslant 8.79$。即在本试验高氮（当地高产栽培）条件下，最高苗期单株分蘖数少于 8.79 个的杂交组合是增产又增收的；相反，单株分蘖数多于 8.79 个的杂交组合是增产减收的，应适当降低氮素施用量，方能实现种稻经济效益最大化和降低氮素对环境污染度之功效。根据本研究结果，分蘖力强的杂交组合施氮量可减少到 120kg/hm²左右，分蘖力中等的杂交组合，施氮量可增加到 150~180kg/hm²；对土壤肥力不高、农民肥料投入水平低的中低产田地区，水稻产量的主要限制因子是有效穗数不够，以选择分蘖力强的杂交组合为宜，反之以选择分蘖力中等、耐肥抗倒的大穗型杂交组合为佳。用以上原则指导大面积生产，有利于在保证高产的

前提下提高水稻的氮肥利用效率。

三、根据品种库源特征确定施氮肥方式

前氮后移比重底早追的增产效果与两种施氮方式下杂交组合的穗粒数呈极显著负相关，相关系数分别为-0.787 0** 和-0.798 6** 。其原因在于，穗粒数较少的组合，其分蘖力较强，在前氮后移情况下，仍能确保较多的有效穗数，而且穗粒数和结实率因施用穗肥有一定提高，最终表现为前氮后移下比重底早追法显著或极显著增产；而穗粒数过大的组合，其分蘖力较弱，在前氮后移前期施氮量较少情况下，因最高苗数明显不够，有效穗数显著下降，加之穗粒数有所降低而减产。

本研究已鉴定出了4个杂交组合（内5优306、蓉18优447、内5优317和川谷优7329）适宜前氮后移，可直接用于生产。但生产上种植的水稻品种繁多，难以通过试验进行大量筛选。本文首次建立了前氮后移增产量（y）与杂交组合穗粒数（x）的关系模型：$y = 2\ 607.9 - 11.02x$，决定系数 $R^2 = 0.630\ 8$。并预测出穗粒数≤237粒的杂交组合适宜于前氮后移施氮法。据此，生产可根据种植品种群体的平均穗粒数确定采用相应的施氮方式。即穗粒数≤237粒的杂交组合采用前氮后移施肥法，而>237粒/穗的杂交组合则宜重底早追施氮法。

第四节 "因田"——因稻田水稻实际生长情况确定肥料高效管理措施

一、根据稻田地力产量确定氮高效施用量与是否氮后移

在大面积水稻生产中，为了提高稻田施氮效率，十分需要明确不同稻田地力产量下的氮高效施用量。应用氮高效施用量（y）与稻田地力产量（x）间的显著负相关关系（$y = -0.031\ 4x + 357.06$）可预测其高效施用量。

氮后移的增产效果（y）与试验田的地力产量（x）呈显著负相关关系（$y = 1\ 600.7 - 0.201\ 6x$），并通过提高穗粒数和千粒重而增产。当稻田地力产量在7 000kg/hm² 以上时，氮后移没有增产效果。氮后移的施氮量和氮后移比例过大反而会减产。

二、根据稻田肥力水平确定肥密组合

合理的施氮量和移栽密度可实现杂交稻产量和肥料利用率的协同提高，但

不同生态条件下最佳的肥密组合并不相同。上等肥力田最佳密肥组合为 120kg N/hm² 和 22.5 万穴/hm²，而中等肥力田则为 180kg N/hm² 和 16.5 万~22.5 万穴/hm²，有利于产量和氮肥利用率同步提高。

三、根据最高苗数确定是否施用抗倒剂

随着施氮量和移栽密度的增加，抗倒力下降和产量呈提高趋势。多效唑对产量影响表现为低密低肥下因穗粒数减少而减产，高肥高密条件下则因植株未倒伏籽粒灌浆结实正常，比未施多效唑处理植株发生倒伏后的结实率和千粒重高而增产。倒伏指数与最高苗数呈显著或极显著正相关，可把最高苗数作为衡量后期是否倒伏的早期诊断指标。最高苗数 300 万苗/hm² 以下的田块，其后期发生倒伏风险较小，施用多效唑在增强了抗倒性同时因减少了穗粒数反而减产；多效唑施用应选择最高苗数达 300 万苗/hm² 以上田块为宜，每亩施用量为 150~200g（已申报国家发明专利）。

四、根据齐穗期 SPAD 值确定杂交中稻粒肥高效施用量

粒肥施用效果与稻齐穗期植株营养水平关系密切，齐穗期剑叶 SPAD 值、叶片含氮量和群体单位面积的总颖花量 3 个因子决定粒肥高效施用量。建立了根据齐穗期剑叶 SPAD 值（x）预测粒肥的高效施氮量（y kg/hm²）的回归方程，$y = -30.798\,0x + 1\,340.9$，$R^2 = 0.911\,4$，并指出当齐穗期剑叶的 SPAD 值高于 43.5 时，植株营养充足，不需施粒肥，此为临界的苗情诊断指标。

四川盆地丘陵区杂交中稻"一种三因"技术模式表

月份	3上	3中	3下	4上	4中	4下	5上	5中	5下	6上	6中	6下	7上	7中	7下	8上	8中	8下
生育期	播种			移栽		有效分蘖期			拔节			孕穗		抽穗		灌浆期		

催壮芽 一叶包心 二叶包心

基本苗 5万～6万

有效分蘖终止期 12万～16万

最高分蘖期 18万～21万

有效穗数 14万～16万

八期穗将出
七期谷完绿
六期叶枕平
五期半寸多
四期谷粒现
三期毛笔杆
二期毛现多
一期看不见

主攻目标	秧苗期	分蘖期	幼穗分化期	抽穗—成熟期
	培育多蘖候壮秧	早发、稳长、控制无效分蘖	促足穗、大穗、防止颖花退化	减少空秕粒、提高千粒重

（续表）

关键栽培技术					
	基本措施	选用产量高、氮肥利用率高的杂交中稻品种，3月上中旬地膜湿润育秧，亩播种量1kg。叶龄4~4.5叶及时移栽	合理密植，插足基本苗，按规格插植（26~30）cm×（20~18）cm，每穴插1~2株，每亩插足基本苗5万~6万苗	根据品种穗型适量施穗肥	抽穗期测苗施粒肥
	高效施肥	亩用20kg复合肥（N：P_2O_5：K_2O各15）做基肥，移栽前4~6d亩施8~10kg尿素做送嫁肥	根据地力产量，目标产量确定施肥总量。一般基肥：亩施8~10kg尿素，40~50kg过钙，8~10kg氯化钾。插后1周亩施尿素5~7kg	地力产量低于500kg/亩的稻田和穗粒数≤237粒的品种可氮后移量占30%左右。否则只施底蘖肥	根据齐穗期剑叶SPAD值（x）预测粒肥的高效施氮量（y kg/hm²）的回归方程，$y=-30.798\ 0x+1\ 340.9$，$R^2=0.911\ 4$
	科学管水	出苗前厢面无积水，一叶一心后保持1~3cm水层	浅水插秧，薄水促蘖。苗数达11万~13万（穗），有水源保证地区及时烤（搁）田，烤到脚踩泥不陷或有胸印不粘泥为度	浅水或湿润灌溉	保持浅3~6cm水层
	防病虫草倒伏	移栽前防一次稻蓟马	每亩用化学除草剂新得力10g，或从得时13g，或用新代力10g，结合施促蘖肥与尿素混匀撒施	最高苗数达20万苗/亩以上田块，每亩施用多效唑150~200g防倒伏；第二代螟虫发生期亩用杀虫双水剂0.25~0.5kg，并兑井岗霉素1包兑水75kg喷雾，同时防纹枯病	

第九章　养鱼稻田的肥水管理

第一节　冬水田综合立体开发方向

素称"天府之国"的四川，早在 1985 年有冬水田约 2 500 万亩（含重庆），占稻田面积的 52%，为耕地面积的 26%。冬水田的综合利用发展特快。1983 年以前，全省 90% 以上的冬水田均为年种一季中稻的利用形式，其他种养形式，如"稻田养鱼（鸭）""稻—席草"等。由于其种养技术不高，产量低、效益微。尔后，随着立体农业的兴起，冬水田的综合利用发展迅猛，不仅利用形式由原来的几种发展到了 20 余种，而且产量、产值也有了大幅度提高。如大面积的稻田养鱼，在水稻稳定增长的前提下，鱼亩产量已由 1983 年的 15kg 左右提高到了 50kg 以上，亩产在 100kg 左右的也有较大面积，最高者亩产鱼已达 274.5kg，产值超千元。但是，冬水田的综合利用终因起步较迟、研究不深，还存在许多问题，有待沿着以下几方面深入研究，方能充分利用四川省所有冬水田最大的生态功能。

一、进一步提高冬水田资源利用率的研究

冬水田的综合利用，就是要充分利用其富有的自然资源，而目前主要推广的如"稻田养鱼""稻田养鸭""稻—席草"3 种冬水田的综合利用途径，发展面积是所有综合利用途径的 95% 左右。对冬水田的资源利用率并非很高。"中稻养鱼"的水稻于 4 月中旬栽插到本田，8 月中旬收割，仅利用了年光热资源的 39% 左右。稻田养鱼在 5 月放养，每年的 11 月初就捕捞商品鱼（包括池塘养鱼），对冬水田秋末—冬季—初春时段的 1 680℃左右的水体积温和水域中饵料生物的利用率也极低。"稻田养鸭"更是如此。无论是中稻还是双季稻养双季鸭的冬水田，10 月下旬至下年 4 月上旬近半年时间内，没有种植任何作物和养殖其他动物，白白地浪费了此间的温、光、水、土资源。虽然"稻—席草"对光热资源的利用率提高，但对立体空间、水体及其中的饵料生物的利用也不理想。为此，作者认为，稻田资源利用应从两个方面去努力研

究：一是进行稻田养鱼、稻田养鸭的冬水田，其冬春季节可增种水芹菜等宜冷凉、短日照季节生长的水生经济作物；二是"稻—席草"种植期间可研究养鱼或养鸭。这样冬水田一年四季均有多经作物或动物生长，不仅提高了"稻田养鱼""稻田养鸭""稻—席草"3种途径对冬水田开发利用率，推而广之，还能提高其他途径的资源利用率。

二、综合利用的种养配套技术研究

当前冬水田综合利用各途径的配套技术研究还较粗放，许多途径仅是把各单项技术机械组装于稻田，由于没能将动、植物间的互促互利关系利用好，从而加深了他们对生态条件要求各异的矛盾，以致影响了各单项技术的发挥，未能很好地利用资源，造成有的粮食产量高，但经济动物（鱼、鸭）产量不高。有的虽然粮食和经济动物产量均高，但经济效益不高。如荣昌县杨明金的稻田养鱼，采用高投入高产出方法，投放单尾重250g以上的大规格鱼苗，亩产稻谷462kg、成鱼185.7kg，亩纯收入仅307.2元，产投比较低。而作者同样为中稻养鱼，采用低投入方法，投放单尾重50g左右的鱼苗，亩产稻谷503kg、成鱼106.8kg，亩纯收入仅407.72元。两者相比，后者较前者增收稻谷41kg/亩，虽然每亩欠收成鱼87.9kg，但纯收入却增收100.52元/亩，经济效益较好。

以上同一途径开发冬水田的不同种、养技术，获得的效果完全不同，说明种养配套技术在途径开发冬水田中起着十分重要的作用。作者认为，冬水田综合利用的种养配套技术研究，在各单项高产技术基础上，应着重两个方面的研究。其一，如何利用动、植物间的"相生、相养、相克"关系，减少物质投入，提高经济效益；其二，是产投比的研究，不应走"高投入、高产出、低产投比"之路，应搞以利用自然资源为主，适当补投，提高产投比的方式。如稻田养鱼，应开展鱼苗不同放养时期、规格、数量、品种搭配比例及不同饲料等因素与稻谷和鱼产量与经济效益关系研究。

三、扩展冬水田综合开发途径

当前，虽然冬水田综合利用模式多达24种，但仅仅是水稻、席草、高笋等与鱼、鸭等多经动、植物的排列组合而已。需要积极扩展冬水田综合利用途径的探索，如稻田养革胡子鲶，在亩产稻谷500kg条件下，亩产出革胡子鲶350kg，亩纯收入超1000元。又如稻田养鱼与鸭相结合的研究表明，其矛盾在于鸭要吃鱼，但可通过投放较大规格的鱼苗，如单尾重100g以上，使鱼与鸭同步生长，可在稻田养鸭基础上，每亩增收成鱼100kg，新增收入300元以上。还可将稻田养鸭与养革胡子鲶相结合，7月收了商品鸭后，立即投放3寸（1寸≈0.033m）以上规格的鲶苗，至10月底可亩收革胡子鲶200kg左右，在稻田养鸭基础上，每亩增收500元以上。其他如稻田养泥鳅、鳝鱼、蟹、蛙等模式均可积极探索。

四、综合利用冬水田耕作制度改革

目前冬水田的综合开发，均是同一途径在同一块田连续多年利用，该利用方式有较多弊病，应将多种途径在同一田中进行轮换利用。下面略举几例剖析论证。

首先，谈稻田养鱼。养鱼稻田因鱼不断取食土壤中的水生昆虫、水蚯蚓，在一定程度上起到了中耕松土的作用，加之鱼体排出的粪便和人工投喂的饵料残存物发酵，培肥了土质，形成了乌黑的肥泥即淤泥。淤泥层越来越厚，极易腐败水质，对鱼的生长十分不利，影响其成活率和生长速度；二是淤泥软，对开挖鱼沟、鱼凼不利。如荣昌县清升乡杨明金，1984—1988年连续在同一块稻田中养鱼，1984年和1985年是半旱式养鱼，随着淤泥增厚，1986年和1987年已不能再作半旱式埂，只好改为小厢深沟式养鱼。但随着稻田水位加深和鱼活动能力加强，厢面淤泥逐渐踏入并填平了浅鱼沟。1988年开挖鱼沟就更难了，养鱼能手杨明金不得不将田中淤泥赶出厚约5cm于其下的未养鱼稻田中，才勉强开上了鱼沟。由此可见，稻田养鱼不宜同田多年连续养殖。

其次，谈稻田养鸭。该途径能节约养鸭饲料，降低养鸭成本。栖息在稻田的鸭子以杂草、浮萍等生物为饵料。根据稻田养鸭的承受力测试，大肥田的生物饵料每亩仅能维持10只以内鸭子的取食，按大面积示范亩放养的30只鸭，则半月左右即可将稻田中的生物饵料吃尽，下年再进行稻田养鸭时，田中已没有多少生物饵料了，需从其他田块打捞浮萍繁殖来养鸭，第二年的养鸭成本必然比上年高。再者，若稻田养鸭面积大且成片后，下年养鸭的浮萍来源就难了。因此，稻田养鸭也不宜同田连年饲养。

最后，谈水稻收后种席草。席草属耐肥经济作物，需肥量约为水稻的两倍。因此，种席草应选择大肥田。尽管如此，因目前肥料紧缺，不能满足它的需肥要求，连续种植几年后，不仅席草田肥力明显下降，严重影响了下年的水稻产量。据对泸县几个种草户调查，连续种植席草3年以上的稻田，其稻谷产量比上年减产5%左右，较当年未种草的对照田减产10%左右。而且因大量使用化肥、农药，生态效益较差。可见，席草也不宜同田连年栽种。

结论：为了充分利用冬水田最大的生态功能，今后的主要研究方向包括：进一步提高冬水田秋冬季资源利用率的研究、深入研究主要综合利用模式的种养配套技术、扩展冬水田综合开发途径和综合利用冬水田耕作制度改革。

第二节　冬水田立体种养工程技术

一、冬水田立体种养工程技术设计

为了提高冬水田的产量和经济效益，促进四川省开发农业向更高层次健康发展，我们于1985—1989年在泸州、渠县和荣昌等地开展了冬水稻田立体种养工程技术研究，现将结果报告如下。

设计实现年亩产粮食500kg、产值1 000元、纯收入600元的冬水田立体种养工程模式（图9-1）。由以下四个部分组成。

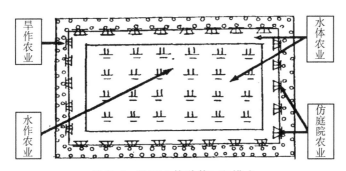

图9-1　稻田立体种养工程模式

1. 水作农业

占全面积的78%～80%，以种稻为主，完成亩产粮食500kg，产值1 000元的30%。双季稻区种双季杂交稻间高笋，中稻区为一季中稻蓄留再生稻。水稻栽培技术按双季稻亩产800kg，中稻亩产600kg、再生稻亩产150kg的技术规程执行，高笋与水稻间作的行窝距为3.5m×0.7m。

2. 水体农业

鱼沟深1m，占全面积的15%左右，养殖成鱼，完成亩产值1 000元的50%。每亩放养个体重50g以上的大规格鱼种500尾，其中草鱼占50%、鲤鱼占30%、鲫鱼占20%。按亩产成鱼150kg的"三看四定"原则饲养。

3. 旱作农业

即田坎部分，占全面积的5%~7%。双季稻区以种多经作物为主，中稻区以种旱粮为主，完成亩产值1 000元的15%和弥补水作农业粮食产量亩产不足500kg的部分。采取高秆喜光与矮秆耐阴作物、深根与浅根作物、豆科与禾本科作物进行间、套、轮种的方式。

4. 仿庭院农业

在靠鱼沟田坎边和鱼沟里搭竹架，使种植在靠鱼沟田坎边上的藤蔓作物如丝瓜、黄瓜、冬瓜、苦瓜等牵到架上，并将本田稻草进行微生物转化，生产以平菇为主的食用菌，完成亩产值 4 000 元的 5%。

二、该技术的主要特点

1. "粮经"生产并重

该技术在设计上是符合我国"绝不放松粮食生产，积极发展多种经营"的农业生产方针的。除田块中和田坎上有足够的粮食种植面积，保证粮食稳定增产外，水作还有高笋，水体有鱼类，旱作有各种蔬菜等多经及仿庭院农业有各种藤蔓作物和食用菌等生产。这种立体种养工程模式，将粮食生产与多种经营结合起来，促进种植业和养殖业的同步协调发展。

2. "陆、海、空"结合

本工程设计中的"海"指养鱼水体，"陆"指田坎旱作，"空"指仿庭院农业的立体空间。这三者的有机结合，将稻田变成了有空间—田坎—水面—水体—田底五个层次的立体结构，有利于发展多层次综合利用。在稻田建立起了鱼沟上空种瓜养菌，田坎种粮、经、菜，水面养萍，水体养鱼，田底栽稻种、笋，养螺、鳝、泥鳅的种养新形式。大大提高了稻田丰富的"水、土、气、温、光、饵"等自然资源利用率，是综合立体开发冬水田，获得高产量、高效益的重要原理。

3. "动、植、微"互促

本研究充分利用了动物、植物和微生物间的互促互利关系。鱼沟上搭架生长藤蔓蔬菜，既为蔬菜提供了良好的光照，产量高、品质优，又为鱼类在闷热的 6—8 月创造了阴凉暖和的水体生境，促进鱼类生长和高产。鱼能为稻除虫、除草、松土、增肥，有利于水稻高产。稻草进行微生物转化，生产食用菌，其残体和作物秸秆还田及鱼粪肥田，田肥有利于水稻和浮萍等稻田饵料生物生长繁殖，为鱼类提供饵料。这种良性循环的多种食草食物链和残渣食链结构，即充分利用了各种产品、副产物及废料，降低了生产成本，提高了经济效益。同时为社会生产出丰富多采、量多质优的稻、菜、鱼、菌等商品，社会效益明显。又因鱼类吃虫抑病及排出粪便，少施化肥和农药，减少了其对土壤和灌溉水质的污染，有较好的生态效益，促进生态平衡。

三、该技术在开发冬水田中的作用

（一）直接作为开发冬水田的重要途径

1985—1988 年在本所、荣昌、渠县共计试验、示范面积 670.68 亩，平均亩产粮食 456.54kg、产值 950.17 元、纯收入 632.37 元。其中，1988 年渠县示范面积 120 亩，平均亩产粮食 506.40kg、产值 1 070.7 元、纯收入 817.19元，实现了冬水田的"双千"指标。与冬水田综合利用的其他途径相比，粮食产量与只种稻的对照和中稻养鱼基本持平，比中稻养鸭略有减产，亩平均减产 40.90kg，而纯收入却比其他途径亩增 409.47~655.99 元（表 9-1）。由此显示了该技术是目前开发冬水田的最优途径，应大力推广应用。

（二）指导冬水田的综合利用

本技术在设计上将"粮、经""动、植、微"和"陆、海、空"有机地融为一体，内容十分丰富，概括了冬水田综合利用的一般原理，是其他冬水田综合利用途径的母体，由它可以衍生出其他综合利用的新途径，如"稻鸭共栖"即是在该立体种养工程技术的机理下研制成功的。因此，本工程技术与其他综合利用途径是一般与特殊的关系。

表 9-1　冬水田不同利用途径单位面积产量及效益比较

途径	粮食产量（kg/亩）	产值（元/亩）	投资（元/亩）	纯利（元/亩）	较其他途径高（元）	位次	试验点
"双千田"立体种养工程技术	506.4	1 070.7	253.51	817.19	0	1	渠县
中稻	516.5	316.2	155.0	161.2	655.99	4	本所
中稻养鸭	547.3	486.1	241.6	244.51	572.68	3	本所
中稻养鱼	503.0	886.1	478.38	407.72	409.47	2	本所

四、试验示范效果

将 1985—1989 年在本所、荣昌、渠县多点进行的双千冬水田的立体种养工程技术试验结果列于下表。从表 9-2 中可以看出，1985—1987 年，由于试验方案在粮食和经济作物种植面积比例、稻田养鱼技术等方面均存在较多的问题，出现了顾此失彼现象。虽然产值、效益比原来单一的一季中稻利用方式有大幅度提高，但距"双千"指标还有一定差距。到 1988 年，在认真总结前几年试验的基础上，通过进一步调整试验方案，正确处理好了养鱼与种稻、种笋与种稻、陆面旱作农业与水作农业和水体农业的关系，使该技术趋于成熟。1988—1989 两年试验结果均达到"双千"指标。两年平均亩产鲜鱼 113.8kg、高笋 407.3kg、旱作蔬菜 393.8kg、食用菌 6.7kg、粮食 584.55kg，亩产值和纯收入分别为 1 241.82 元、834.5 元（计算经济效益的价格：每千克粮食 0.60 元、鲜鱼 5.00 元、高笋 0.50 元；每个人工日 3.00 元；旱作蔬菜和食用菌均为实际销售收入；鱼苗、高笋苗为实际支出，其他种子及化肥按国家规定价格核算。后同）。

为了进一步验证双千冬水田的立体种养工程技术开发冬水田的可靠性和稳定性，1987—1990 年在试验的同时，分别在荣昌、泸县、武胜、南溪、渠县、达县等县共计示范推广了 29 530.2 亩，加权平均亩产粮食 513.09kg、产值 1 012.07 元、纯收入 616.44 元。其中 1990 年 28 490.8 亩。成片 100 亩以上而且达到"双千"的有 27 个示范点，证明该技术开发冬水田是完全能够实现"双千"指标的。

再从 1988—1989 两年冬水田不同利用途径的比较试验可见，双千冬水田技术与冬水田现有的其他利用途径相比，粮食亩产量同只种稻的对照和中稻养鱼两种利用方式基本持平，比中稻养鸭减产 40.9kg，但每亩产值和纯收入却分别比其他途径高 294.6~754.5 元和 309.47~655.99 元，显示了该技术开发冬水田的强大功能，是目前冬水田综合利用的最优途径，可大面积推广。

表 9-2 "双千田"立体种养工程技术试验结果

| 年份 | 面积（亩） | 经济产量（kg/亩） | | | | 粮食产量（kg/亩） | | | | | 产值（元/亩） | 纯利（元/亩） |
		鱼	笋	旱作菜	食用菌	中稻	再生稻	玉米	红苕	小计		
1985	1.22	123.0	—	425.5	78.3	409.8	—	—	—	409.8	944.45	619.08
1986	11.88	88.4	—	768.5	132.1	404.3	—	—	—	404.3	911.82	582.04
1987	11.88	77.3	—	1 065.59	12.46	426.85	—	2.53	—	429.4	745.15	537.78
1988	8.29	122.4	362.5	462.7	15.4	474.5	87.4	12.6	4.8	579.3	1 284.58	869.32
1989	8.29	105.1	452.1	324.9	17.9	445.8	127.3	6.9	9.8	589.8	1 199.05	799.68

结论：提出了冬水田水作、水体、旱作与仿庭院相结合的立体种养工程技术设计模式，具有"粮经"生产并重、"陆、海、空"结合、"动、植、微"互促的特点，在稻田综合立体开发中的作用表现为以下两点：一是直接作为开发冬水田的重要途径，经济效益显著；二是为冬水田的综合利用延伸提供了技术原理。

第三节　养鱼高产的稻田水稻减产原因与对策

稻田养鱼是稻田综合利用中的一条重要途径。我国稻田养鱼面积不断扩大，鲜鱼单位面积产量也不断提高。这在我国粮食生产稳定增长的同时，对于活跃农村商品经济、繁荣市场、改善人民的食物结构和增加国民收入均起着重要的作用。在我国耕地逐年减少、人口日渐增多的严峻形势下，稻田养鱼乃至其他综合利用途径，都必须向粮经双高产的方向发展。但是，目前有相当部分的高产养鱼稻田虽然经济收益大为提高，稻谷产量却大大降低。如荣昌县清升乡1988年的22.85亩稻田养鱼高产示范田，平均亩产鲜鱼141.71kg，稻谷亩产仅404.25kg；又如泸县云龙乡1988年201亩养鱼丰产片，平均亩产鲜鱼125kg，但稻谷亩产仅400kg左右。因此，如何提高养鱼稻田的水稻产量，达到稻鱼双高产，是当前养鱼高产稻田亟待解决的重大问题。

一、鲜鱼产出量与稻谷产量的关系

当前的稻田养鱼截然不同于传统自生自灭的稻田养鱼形式，它具有明显的社会、经济和生态效益特点。目前大面积稻田养鱼的鲜鱼亩产量一般在20kg以上，高者已达150kg左右。为了解决稻鱼共栖对水的需求矛盾，需在稻田中开挖鱼沟、鱼凼，一般宽0.5m左右。这样使得水稻栽插面积减少了，然而具有0.5m宽空隙的鱼沟边行水稻仍具有显著的边际效应。若再加之合理增加鱼沟两边行的密度，基本能弥补因开挖鱼沟、鱼凼而减少的水稻产量。但是，稻田养鱼产出量对水稻产出量则有较大影响，据我们1987年、1988年的试验及1988年大面积调查结果表明，在亩产鲜鱼20~150kg范围内，鲜鱼产出量与稻谷增产率呈显著线性负相关关系$y=11.375-0.1543x$。$r=-0.9951^{**}$。按此预测鲜鱼亩产量为78kg时，稻谷与对照持平；亩产量小于78kg则有促进水稻增产的作用，亩产量大于78kg则水稻产量比对照减产（图9-2）。

二、高产养鱼稻田水稻减产因素分析

水是鱼类生存最基本的条件，水浆管理也是水稻生产最重要的栽培措施之一。鱼是变温动物，一年中的6—8月是其最佳生长时期。当鲜鱼亩产量要求不高时，以6—8月放养最为合适。据我们试验，该期灌水10~15cm不会影响水稻正常生长。由于鱼类在与稻共栖期间不断揽食，起到了中耕、松土、增氧促根，除草、除虫的作用，从而减少了杂草与水稻争肥、争光的矛盾，使穗着粒数、结实率、千粒重有所提高。所以，一般养鱼产量不是很高的稻田，水稻

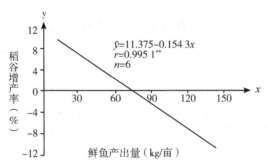

稻谷增产率（%）

$\hat{y}=11.375-0.154\ 3x$
$r=0.995\ 1^{**}$
$n=6$

鲜鱼产出量（kg/亩）

图 9-2　鲜鱼产出量与稻谷增产率的关系

均要增产。然而，高产养鱼稻田则随着鲜鱼产量的逐步提高，必须充分利用前期的温光及水体资源。为此，鱼苗投放期一般提早到栽秧前后一周，稻鱼共栖期相应延长，并要求稻田相应地保持深水。这与水稻分蘖期要求浅水灌溉相矛盾，深水则抑制了分蘖的发生，致使有效穗不足（表 9-3）。尽管高产养鱼稻田的水稻因前述原因其穗粒数、结实率和千粒重仍较对照有所提高，但也不能弥补有效穗明显下降所降低的产量（表 9-4）。这是高产养鱼田水稻减产的实质性原因。

　　为了判断上述各因子对高产养鱼稻田水稻的增减产作用的大小，为制定增产措施提供科学依据，需要进一步进行综合指标的因素分析。因素分析法是农业经济中普遍采用的分析个体指数对总指数影响程度的专门方法，在水稻产量构成因素中的计算公式为：理论产量相对指标＝有效穗指标×穗粒数指标×结实率指标×千粒重指标

　　即　$\dfrac{\sum X_1 Y_1 Z_1 G_1}{\sum X_0 Y_0 Z_0 G_0}=\dfrac{\sum X_1 Y_0 Z_0 G_0}{\sum X_0 Y_0 Z_0 G_0}\times\dfrac{\sum X_1 Y_1 Z_0 G_0}{\sum X_1 Y_0 Z_0 G_0}\times\dfrac{\sum X_1 Y_1 Z_1 G_0}{\sum X_1 Y_1 Z_0 G_0}\times\dfrac{\sum X_1 Y_1 Z_1 G_1}{\sum X_1 Y_1 Z_1 G_0}$

　　绝对增产量分别为以上各工的分子与分母之差。式中各字母意义见表9-4。

表 9-3　高产养鱼的稻田与不养鱼稻田水稻分蘖力和成穗率比较

年份	处理	基本苗（万/亩）	最高苗（万/亩）	分蘖力（个/株）	有效穗（万/亩）	成穗率（%）	实际产量（kg/亩）
	中稻养鱼	3.43	25.50	6.64	18.00	79.07	503.45
1987	CK	3.43	36.30	9.58	23.40	71.19	587.92
	较 CK±	0	-10.80	-3.15	-5.40	7.88	-84.47
	中稻养鲶	3.359	26.00	6.74	18.26	80.71	438.98
1988	CK	3.479	36.96	9.62	22.54	67.36	477.76
	较 CK±	-0.12	-10.90	-3.88	-4.28	13.35	-38.76

（续表）

年份	处理	基本苗（万/亩）	最高苗（万/亩）	分蘖力（个/株）	有效穗（万/亩）	成穗率（%）	实际产量（kg/亩）
合计平均	养鱼	3.394	25.75	6.59	18.13	79.89	471.22
	CK	3.455	36.63	9.60	22.97	69.28	532.82
	较CK±	-0.061	-10.85	-3.01	-4.84	10.62	-61.60

注：* 水稻品种为汕优63，中苗移栽，规格为23.1×16.5（cm），每穴栽双株。

表9-4　高产养鱼的稻田与对照田水稻产量构成因素比较

年份	处理	有效穗（万/亩）		穗粒数（粒/穗）		结实率（%）		千粒重（g）		理论产量（kg/亩）	
		ck X_0	养鱼 X_1	ck Y_0	养鱼 Y_1	ck Z_0	养鱼 Z_1	ck G_0	养鱼 G_1	ck Q_0	养鱼 Q_1
1987	中稻养鱼	23.40	18.00	114.50	118.00	86.61	89.55	26.19	27.63	607.75	525.53
1988	中稻养鲶	22.54	18.26	132.99	138.90	74.90	76.75	25.67	27.60	576.34	537.27
两年平均	合计平均	22.90	18.13	123.75	128.45	80.76	83.15	25.93	27.62	592.05	531.40
	较CK±		-5.23		4.70		2.39		1.34		-60.65

从因素分析结果（表9-5）可见，①高产养鱼稻田较对照减产10.24%（即绝对量60.65kg/亩，后同），是有效穗数不足减产21.09%（124.85kg/亩），穗粒数、结实率、千粒重的提高分别增产3.75%（17.52kg/亩）、2.93%（14.4kg/亩）、6.51%（32.48kg/亩）综合作用的结果。②大面积生产和试验证明，无论是稻谷增产还是减产的稻田养鱼，其水稻的穗粒数、结实率、千粒重较对照总是提高的，加之表9-5中的中稻养鱼和养鲶，鲜鱼产量分别为114.13kg和148.9kg，两者鲜鱼产量相差极大，但两者的穗着粒数、结实率、千粒重较其对照提高程度的差异较小，而有效穗降低程度的差异则大。这说明稻田养鱼对穗粒数、结实率和千粒重提高的程度是较稳定的，其增减产受有效穗的增减变异度的影响较大。故此，表9-5中两处理平均的穗粒数、结实率、千粒重提高的总增产效果为13.74%，基本上能反映一般高产养鱼田这3个因子对水稻总的增产作用。

表9-5　稻田养鱼对中稻和再生稻产量的影响

稻别	处理	基本苗（万/亩）	最高苗（万/亩）	最高苗 较CK±（万/亩）	有效穗（万/亩）	有效穗 较CK±（万/亩）	穗实粒（粒/稻）	穗实粒 较CK±（万/亩）	结实率（%）	结实率 较CK±（%）	千粒重（g）	千粒重 较CK±（g）	实收产量（kg/亩）	实收产量 较CK±（%）
头季稻	稻鱼	1.875	24.49	-0.32	17.49	-0.81	116.4	6.1	90.6	4.1	28.1	0.4	532.3	5.9
	稻鲶	1.875	25.16	0.35	18.55	0.25	114.2	3.9	89.4	2.9	28.4	0.7	544.1	8.1
	对照	1.875	24.81	—	18.30	—	110.3	—	86.5	—	27.7	—	503.2	—

（续表）

稻别	处理	基本苗（万/亩）	最高苗（万/亩）	最高苗 较CK±（万/亩）	有效穗（万/亩）	有效穗 较CK±（万/亩）	穗实粒 粒/稻	穗实粒 较CK±（万/亩）	结实率 %	结实率 较CK±（%）	千粒重 g	千粒重 较CK±（g）	实收产量 kg/亩	实收产量 较CK±（%）
再生稻	稻鱼	16.52	19.78	3.84	13.88	4.32	46.22	3.94	87.2	7.17	24.6	0.9	108.4	37.7
	稻鲶	17.13	21.22	5.28	13.31	3.75	44.93	2.65	88.1	8.07	24.8	1.1	97.2	23.4
	对照	16.60	15.94	—	9.56	—	43.28	—	80.03	—	23.7	—	78.7	—

注：数据系 3 次重复的平均值。

表 9-6　高产养鱼田不同鲜鱼产量应增加基本苗数的预测

鲜鱼产量（kg/亩）	稻谷减产率（%）	有效穗增加率（%）	应增加的有效穗（万/亩）	应增加的基本苗（万/亩）
90	2.51	14.29	3.29	0.613
105	4.83	16.33	3.75	0.701
120	7.14	18.38	4.22	0.789
135	9.46	20.40	4.69	0.877
150	11.77	22.43	5.14	0.961

三、提高养鱼高产田水稻产量的对策

从养鱼高产田水稻减产的因素分析中可知水稻减产的中心问题是有效穗不足。因此，提高其稻谷产量的关键就是增加有效穗。

（一）增加基本苗是提高有效穗的根本途径

有效穗的多少与基本苗关系密切，因此，增加基本苗对增加有效穗有重要作用。现将预测的提高高产养鱼稻田不同鲜鱼产出量的稻谷产量应增加的基本苗数列于表 9-6，以供各地参考应用。预测步骤如下。第一步，根据回归方程 $y=11.375-0.1543x$ 计算各种鲜鱼产量下水稻的减产率。第二步，根据表 9-5 中高产养鱼田水稻的穗粒数、结实率和千粒重较其对照提高程度较稳定，平均总增产作用为 13.74%，运用前面综合指标的因素分析公式计算出有效穗应增加率。第三步，利用第二步中算出的有效穗应增加率和表 9-3 中对照平均亩有效穗数，计算每亩应增加的有效穗数。第四步，根据第三步的结果和表 9-3 中高产养鱼稻田水稻单株平均成穗数计算应增加的基本苗数。特别注意，应增加的基本苗数是较未养鱼的对照而言，并非是在高产养鱼田原有基础上新增加。因为鱼沟占了一定水稻栽插面积而对稻产量影响较小。据我们 1989 年试验，亩产草胡子鲶 135kg 左右的稻田养鱼，基本苗与对照相同（1.8750 万/亩）的稻谷较对照减产 7.13%，基本苗较对照多（1.2707 万/亩）的稻谷较对照增产 3.57%（表 9-7）。表明增加基本苗对提高高产养鱼稻田的水稻产量具有明显效果。

表 9-7　高产养鱼稻田不同基本苗与水稻产关系*（1989，泸州）

处理	鲶鱼亩产（kg）	基本苗（万/亩）	最高苗（万/亩）	有效穗（万/亩）	千粒重（g）	结实率（%）	穗粒数（粒/穗）	小区产量（kg）	实际亩产量 kg	实际亩产量 较CK ±%	理论产量（kg/亩）
I 稻+鲶	130.25	3.145 7	28.425 5	18.40	28.04	84.63	131.65	214.73	536.82	3.57	574.83
II 稻+鲶	142.46	1.875 0	24.479 4	16.98	28.03	85.39	132.44	193.53	483.83	-7.13	538.20
III ck	0	1.875 0	32.268 3	19.31	28.01	81.76	128.67	207.33	518.33	0	569.05

*区块面积 0.4 亩，水稻品种汕优 63。

（二）改进稻田工程设计提高稻田容水量

鱼沟鱼凼是解决稻鱼矛盾的主要措施。因此，加深和增加鱼沟，即使在水稻分蘖期水较浅，也能大大提高稻田的水体容量。对图 9-3 所示的稻田工程设计，其鱼沟水面占稻田的 60% 以上，大大提高了稻田容水量，且田间鱼沟处处相通，对鱼生长十分有利。从垄面宽 19.8cm，沟宽 26.3cm，垄面栽秧两行，窝距 16.5cm，即为宽窄行栽培，可看出没有减少栽秧窝头，行行是边行，边行优势好，有利于水稻增产。如荣昌县清升乡杨明金的半旱式养鱼，亩产稻谷 462kg、鲜鱼 185.7kg，与相邻的平田沟凼式养鱼田（土质、鱼苗投放规格、种类和数量均同前者。亩产稻谷 428.9kg、鲜鱼 174.2kg）比较，稻谷和鲜鱼产量分别提高 7.16%、6.19%。证明半旱式稻田养鱼有利于稻鱼双高产。

（三）品种选择也是稻田综合利用中稻鱼双高产的重要措施之一

稻鱼共栖的稻田生态环境不同于水稻单一种植的稻田，该时期需要一定深度的水层。因此，能培育出在这一特定生态条件下具有分蘖力强、高产稳产抗病优质的优良稻种或组合，对于进一步完善稻田养鱼及其他稻田综合利用形式，达到稻鱼（稻经）双高产具有十分重要的现实意义。这也是稻田养鱼及其他综合利用途径向水稻育种提出的新要求。

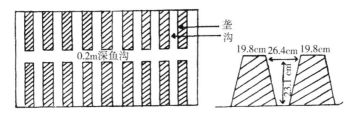

图 9-3　半旱式稻田工程设计平面及横切面示意

结论：试验研究及大面积调查一致表明：在鲜鱼亩产 20～150kg 范围内，

鲜鱼产出量与稻谷增长率呈极显著线性负相关关系，$y=11.375-0.154\ 3x$，$r=-0.995\ 1^*$。结果还表明，有效穗数不足是养鱼高产的稻田水稻减产的实质性原因，为此初步提出了相应对策。

第四节　稻田养鱼对再生稻的增产作用

　　关于稻田养鱼促进头季稻增产的研究较多，但尚无稻田养鱼与再生稻关系的研究报道。笔者在 1989 年稻田养革胡子鲶的试验中，观察到凡养鱼区块再生稻的腋芽萌发和亩有效穗数均比只种稻的对照有明显优势。因此，我们于1990 年进行了控制试验，以证实稻田养鱼对再生稻产量的影响。

一、稻田养鱼提高土壤肥力的作用时期

　　为了明确稻田养鱼对提高稻田土壤肥力的作用时期，我们将各处理的水稻不同生育进程测得的土壤肥力列于表 9-8。由表 9-8 可得如下结论。

　　（1）由于水稻栽秧以后没有再追施任何肥料，所以对照土壤中各种肥力成分含量均表现逐期下降。养鱼两处理土壤中各肥力成分在孕穗期（6 月7 日）前后仍有所下降，其下降程度较对照低，表明养鱼对提高土壤肥力有一定作用，但所增加的土壤肥力不能满足水稻生长所需。到了头季稻齐穗期（7月 11 日），养鱼处理土壤肥力（除有效磷、有效钾）较栽秧前明显提高，表明养鱼所增加的土壤肥力已多于水稻生长所耗。

　　（2）头季稻齐穗前后，养鱼处理土壤中的全磷、全钾较栽秧前开始提高，而有效磷、有效钾仍较基础土样低，但比对照同期高，这是因为鱼类中的全磷、全钾转化为有效磷、有效钾的速度比水稻生长对其吸收慢所致。有效钾含量在头季稻蜡熟期（8 月 6 日）开始高于齐穗期，有效磷含量在再生稻齐穗期（9 月15 日）开始高于头季稻蜡熟期，表明鱼类所增加的全磷、全钾分别于头季稻蜡熟期和再生稻齐穗期后才开始大量转化为有效磷、有效钾，以供稻株生长吸收。

　　（3）稻田养鱼后，其土壤肥力高于养鱼前，并使土壤变得越来越肥，这与先期研究结果是相符的。

　　以上结果说明，稻田养鱼提高土壤肥力的作用，在头季稻孕穗期前不明显，其后才逐渐表现出来。究其原因，鱼类是变温动物，一年中的 6—8 月是最佳生长季节。本试验鱼苗 4 月中旬放养稻田，至 6 月上旬水稻孕穗期仅 50d左右，该期稻田水温较低，鱼苗食量小，生长慢，产生的鱼粪不多，所增加的土壤肥效则不明显。6 月上旬以后，随着稻田水温渐渐回升，鱼苗摄食量增大，生长迅速，产生的粪便也多，所以增肥效果明显。

表9-8　稻田养鱼对土壤肥力的影响

处理	取样时间（月/日）	有机质		氮				磷				钾			
		全量（%）	较基础土样（±%）	全量（%）	较基础土样（±%）	有效氮（mg/kg）	较基础土样（±%）	全量（%）	较基础土样（±%）	有效磷（mg/kg）	较基础土样（±%）	全量（%）	较基础土样（±%）	有效钾（mg/kg）	较基础土样（±%）
对照	4/3	2.48	0	0.198	0	193.2	0	0.198	0	37.6	0	2.172	0	187	0
	6/7	2.295	-7.5	0.192	-3.0	185.6	-3.9	0.194	-2.0	30.6	-18.6	2.087	-3.9	110	-41.2
	7/11	2.212	-10.8	0.189	-4.5	171.4	-5.9	0.190	-4.0	25.4	-32.5	1.944	-10.5	75	-59.9
	8/6	2.194	-11.5	0.187	-5.6	162.5	-15.9	0.187	-5.6	21.5	-42.8	1.871	-13.9	62.7	-66.5
	9/15	1.973	-20.4	0.181	-8.6	150.7	-22.0	0.183	-7.6	20.6	45.2	1.699	-21.8	61.2	-67.3
稻鲶	4/3	2.46	0	0.195	0	193.9	0	0.197	0	39.2	0	2.167	0	184.5	0
	6/7	2.322	-5.6	0.194	-0.1	190.6	-1.7	0.195	-1.0	36.5	-6.9	2.113	-2.5	119.2	-35.4
	7/11	2.626	+6.7	0.209	+7.2	202.9	+4.6	0.214	+8.6	32.5	-17.1	2.184	+0.8	80.6	-56.3
	8/6	2.880	+17.1	0.211	+8.2	213.4	+10.1	0.225	+14.2	29.8	-24.0	2.241	+3.4	87.5	-52.6
	9/15	2.911	+18.3	0.214	+9.7	227.5	+17.3	0.237	+20.3	30.7	-21.7	2.306	+6.4	92.4	-49.9
稻鱼	4/3	2.38	0	0.198	0	195.2	0	0.199	0	39.6	0	2.168	0	183.5	0
	6/7	2.311	-2.9	0.195	-1.5	189.1	-3.1	0.196	-1.5	34.1	-13.9	2.108	-2.8	126.4	-31.1
	7/11	2.603	+9.4	0.205	+3.5	213.4	+9.3	0.219	+10.1	32.3	-18.4	2.192	+1.1	82.7	-54.9
	8/6	2.844	+19.5	0.216	+9.1	223.4	+14.4	0.227	+14.1	28.4	-28.3	2.256	+4.1	94.4	-48.6
	9/15	2.954	+24.1	0.227	+14.6	236.5	+21.2	0.236	+18.6	32.1	-18.9	2.385	+10.0	100.1	-45.4

注：鲜鱼平均亩产量，稻鲶393.3kg，稻鱼139.8kg。

表9-9 稻田养鱼的根干重及叶面积系数变化动态

处理	4月29日（最高苗期）				6月7日（孕穗期）				7月11日（齐穗期）				18月15日（头季稻收期）			
	根干重（g/穴）	较对照（±）	叶面积系数	较对照（±）	根干重（g/穴）	较对照（±）	叶面积系数	较对照（±）	根干重（g/穴）	较对照（±）	叶面积系数	较对照（±）	根干重（g/穴）	较对照（±）	叶面积系数	较对照（±）
对照	0.098 5	—	0.067	—	2.770	—	5.986	—	3.063	—	8.459	—	2.94	—	5.814	—
稻鲶	0.098 2	-0.000 3	0.063	-0.004	3.310	0.54	6.730	0.744	4.71	1.647	9.434	0.975	3.95	1.01	7.547	1.733
稻鱼	0.100 0	0.001 5	0.063	-0.004	3.045	0.275	6.479	0.493	4.39	1.327	9.771	1.312	4.03	1.09	7.760	1.946

注：数据系3次重复的平均值。

二、稻田养鱼对水稻根干重及叶面积的影响

从表9-9不难看出，水稻最高分蘖期，养鱼处理穴平均根干重，稻鲶较对照减少0.000 3g，稻鱼比对照多0.001 5g，叶面积系数均分别比对照少0.04。说明鱼类从4月中旬放养稻田至最高苗期的半个月内，对水稻生长没有影响，其中穴平均根干重和叶面积系数的微小差异可能是取样及测定误差的缘故。孕穗期养鱼处理穴平均根干重和叶面积系数分别比对照高0.275～0.54g和0.493～0.744，齐穗期分别比对照高1.327～1.647g和0.975～0.312 1；头季稻收割期分别比对照高1.01～1.09g和1.733～1.946。以上结果表明，稻田养鱼对水稻的增产作用，从头季稻孕穗期前后才开始逐渐表现出来。这与前所述及的土壤养分变化动态相符，其原理也一样，故此不再赘述。

三、稻田养鱼与中稻和再生稻产量的关系

稻田养鱼对头季稻和再生稻均有增产作用（表9-10），其中对再生稻的增产作用（23.4%～37.7%）大于头季稻（5.9%～8.1%）。这是因为稻田养鱼在头季稻孕穗期前对水稻生长的促进作用较小，其后才逐渐明显（表9-8、表9-9）。因此，头季稻最高苗、有效穗数（主要由分蘖期决定）均不比对照明显增多（稻鱼处理反比对照略少），其增产仅靠穗实粒数、结实率和千粒重的提高而获得。而再生稻不仅穗实粒数、结实率和千粒重均比对照明显提高，且因头季稻收割期绿叶数和根量多，延迟了稻株早衰时间，从而有利于再生芽发苗及每亩最高苗和有效穗数的提高。所以，稻田养鱼对再生稻的增产作用大。

表9-10　稻田养鱼对中稻和再生稻产量的影响

稻别	处理	基水苗(万/亩)	最高苗		有效穗		穗实粒		结实率		千粒重		实收产量	
			万/亩	较CK±(万/亩)	万/亩	较CK±(万/亩)	粒/稻	较CK±(万/亩)	%	较CK±(%)	g	较CK±(g)	kg/亩	较CK±(%)
头季稻	稻鱼	1.875	24.49	-0.32	17.49	-0.81	116.4	6.1	90.6	4.1	28.1	0.4	532.3	5.9
	稻鲶	1.875	25.16	0.35	18.55	0.25	114.2	3.9	89.4	2.9	28.4	0.7	544.1	8.1
	对照	1.875	24.81	—	18.30	—	110.3	—	88.5	—	27.7	—	503.2	—
再生稻	稻鱼	16.52	19.78	3.84	13.88	4.32	46.22	3.94	87.2	7.17	24.6	0.9	108.4	37.7
	稻鲶	17.13	21.22	5.28	13.31	3.75	44.93	2.65	88.1	8.07	24.8	1.1	97.2	23.4
	对照	16.60	15.94	—	9.56	—	43.28	—	80.03	—	23.7	—	78.7	—

注：数据系3次重复的平均值。

结论：稻田养鱼促进水稻增产从头季稻孕穗期开始起作用，主要表现为土壤肥力、稻株功能根干重和绿叶面积系数均随水稻生育进程而逐渐提高，以致头季稻穗实粒数、结实率和千粒重的提高而增产。再生稻除此之外，因养鱼明显延迟了头季稻株衰老时间，有利于再生芽萌发，大大提高了亩有效穗数，其增产作用大于头季稻。

第五节　适宜养鱼稻田的杂交水稻品种及灌水深度

川、渝丘陵海拔 400m 以下沿江河谷地带，平均气温 17~18.5℃，≥10℃ 的活动积温 5 000~6 200℃，年日照时数 1 200~1 400h，年降水量 1 000~1 200mm，但季节分布不均，造成季节性干旱频发，如 5 月的夏旱、常年 7 月下旬至 8 月上旬高温伏旱。冬水（闲）田是指冬季蓄水或休闲，来年种植水稻的稻田，是我国西南地区独特的一类稻田，其成因是该区域水利灌溉条件差，为保证下年水稻栽秧需水而长期存在。主要集中于四川、重庆的常年冬水（闲）田维持在 1 800 万亩左右，稻田种植制度以"冬水田——杂交中稻或再生稻"为主。近年来随着稻田养鱼面积的逐渐恢复和发展，为保证养鱼稻田的水稻高产，需要筛选适应深水灌溉条件下的杂交中稻品种。但先期仅就水稻品种间对局部生育时段的短期洪涝淹没的响应机制开展了一些研究，而养鱼稻田的水分管理则是从秧苗移栽至收获长期处于淹深水状态，这对水稻生长有一定不利影响，过去这方面的研究鲜有报道。因此，作者[10,11]在水稻本田整个生育期均淹深水（15cm）情况下研究了杂交中稻品种间的响应及不同生育阶段灌水深度对产量的作用，以期为养鱼稻田的水稻高产栽培提供品种选择和科学管水依据。

一、深水条件下水稻杂交组合间产量性状及叶片叶绿素含量表现

深水条件下水稻杂交组合间产量及其穗粒结构差异达显著水平（$F = 3.85^{**}$~4.16^{**}），以川谷优 2348、宜香优 2115、奇优 894、蓉优 22 4 个杂交组合在淹水下产量较高，分别比 15 个组合平均产量高 20.74%、17.53%、17.25% 和 14.54%（表 9-11）。不同杂交组合间叶片的叶绿素含量差异显著（$F = 5.34^{**}$），各测定时期间差异极显著（$F = 524.64^{**}$），表现为最高苗期>抽穗期>成熟期（表 9-12）。

表 9-11　杂交中稻组合间对深水的响应

组合	最高苗（苗/钵）X_1	有效穗（穗/钵）X_2	穗粒数（粒）X_3	结实率（%）X_4	千粒重（g）X_5	产量（g/钵）y
中9优838	25.00bc	17.33abc	130.58de	87.04bc	26.78gh	52.67abcd
金优431	29.00a	16.33abcd	121.03fg	81.62fg	25.39i	38.40e
泸优8号	24.33bcd	15.33bcd	136.56cd	73.14h	32.08b	50.65bcd
金优117	27.00ab	15.67abcd	125.91ef	83.91def	29.72d	45.99de
Q优1号	21.67cde	11.67e	178.21a	88.59bc	27.11g	48.79cde
茂优601	25.00bc	17.00abc	113.70g	89.36ab	28.68ef	49.62cde
奇优894	23.33cde	17.33abc	144.86bc	80.80g	30.75c	62.59ab
冈优725	21.33cde	14.67cd	150.32b	89.64ab	25.73i	51.73bcd
川香优37	20.67de	15.67abcd	132.01de	87.54bc	28.12f	49.79cde
蓉优22	24.00bcd	18.33a	130.29def	86.07cd	30.20c	61.14abc
旌香1A/R727	24.67bc	16.00abcd	121.11fg	82.96efg	25.85hi	46.18de
内5优828	19.67e	14.00de	123.19efg	88.29bc	32.48a	55.44abcd
宜香优2115	22.67cde	16.00abcd	125.10ef	92.30a	33.27a	62.74ab
川谷优2348	22.67cde	17.33abc	142.19bc	87.20bc	30.75c	64.45a
蓉18优1015	22.33cde	17.00abc	124.72ef	87.90bc	29.55de	60.54abc
平均	23.56	15.98	133.32	85.76	29.10	53.38

表 9-12　深水条件下杂交组合间叶片的 SPAD 值表现

组合	最高苗期 X_6	抽穗期 X_7	成熟期 X_8
中9优838	44.98ab	33.83g	17.50c
金优431	44.40bcde	42.13a	9.15g
泸优8号	43.70cdef	41.00bc	13.30e
金优117	43.23fg	38.85de	11.95
Q优1号	43.55def	41.78ab	14.80d
茂优601	40.03h	33.35g	11.15f
奇优894	44.55abc	38.00ef	15.05d
冈优725	43.50ef	38.20def	9.70g
川香优37	44.65abc	39.63c	19.85b
蓉优22	45.15a	40.93bc	18.25c

（续表）

组合	最高苗期 X_6	抽穗期 X_7	成熟期 X_8
旌香 1A/R727	42.35g	40.20c	13.05e
内 5 优 828	44.50abcd	39.00d	15.75d
宜香优 2115	40.83h	38.30def	15.70d
川谷优 2348	43.80cdef	42.08a	11.90f
蓉 18 优 1015	45.40a	37.60f	22.10a
平均	43.64A	38.99B	14.61C

二、适应深水灌溉的水稻品种关键特征

为了明确适应深水灌溉品种的关键植株性状，将表9-11和表9-12中最高苗数、产量构成因子及不同时期的叶片叶绿素含量（SPAD值）作自变量（x），以籽粒产量为因变量（y）进行的多元回归分析表明，除了3个时期的叶片 SPAD 值（x_6、x_7、x_8）未入选外，其余5个因子的偏相关系数达显著或极显著水平，拟合的回归方程决定程度高达94.34%（表9-13）。

进一步通径分析的结果（表9-14）看出，在深水灌溉条件下，有效穗数（x_2）对产量的直接作用最大，其次为千粒重（x_3），穗粒数（x_2）列第3位，而且均为正效应。表明有效穗数多、千粒重高、穗粒数偏大的品种有利于高产。

表9-13 深水灌溉下稻谷产量（y）与品种间产量性状（x）的多元回归分析

回归方程	R^2	F 值	偏相关系数	t 检验值
$y = -84.08 - 1.0928x_1 + 3.4479x_2$ $+ 0.2289x_3 + 0.3628x_4 + 1.5971x_5$	0.9434	30.03**	$r(y, x_1) = -0.7107$	3.03**
			$r(y, x_2) = 0.9277$	7.46**
			$r(y, x_3) = 0.8382$	4.61**
			$r(y, x_4) = 0.6216$	2.38*
			$r(y, x_5) = 0.8870$	5.76**

表9-14 深水灌溉下品种间产量性状（x）对稻谷产量（y）的通径分析

因子	直接作用	间接作用				
		总和	$\rightarrow X_1$	$\rightarrow X_2$	$\rightarrow X_3$	$\rightarrow X_4$	$\rightarrow X_5$
X_1	-0.3514	-0.1709		0.2905	-0.1861	-0.1017	-0.1736
X_2	0.7515	-0.3734	-0.1359		-0.2781	-0.0247	0.0653
X_3	0.4808	-0.3702	0.1360	-0.4346		0.0067	-0.0783

因子	直接作用	间接作用					
		总和	$\rightarrow X_1$	$\rightarrow X_2$	$\rightarrow X_3$	$\rightarrow X_4$	$\rightarrow X_5$
X_4	0.225 4	0.065 1	0.158 5	-0.082 4	0.014 4		-0.025 4
X_5	0.538 8	0.123 8	0.113 2	0.091 1	-0.069 9	-0.010 6	

注：剩余通径系数=0.237 8。

三、分蘖盛期—齐穗后 10d 灌水深度对水稻产量的影响

从试验结果（表9-15）可见，淹水深度分别与最高苗和有效穗呈显著负相关，产量随淹水深度增加有显著下降趋势，其中深水 0cm、6cm、11cm 3 个处理间产量差异不显著，均分别比 16cm、21cm 处理显著增产。因此，既保持高产，又能最大限度地多贮藏的稻田淹水深度以 11cm 为宜。

表 9-15 各处理产量及穗粒结构

灌水深度 （cm）	最高苗 （苗/穴）	有效穗 （穗/穴）	着粒数 （粒/穗）	结实率 （%）	千粒重 （g）	产量 （g/钵）
0	17.88a	9.88a	150.30b	85.15bc	28.83ab	73.91a
6	14.93b	8.98b	158.40a	86.49ab	29.65a	72.95a
11	14.88b	9.00b	159.52a	88.05a	29.50a	72.58a
16	14.25bc	8.63bc	154.51ab	85.15bc	29.50a	66.99b
21	12.15c	8.61c	157.58a	83.59c	28.56b	64.78b
与淹水深度的 r	-0.935 7*	-0.886 9*	0.602 7	-0.421 4	-0.226 5	-0.928 6*

四、不同生育阶段淹水深度

从试验结果（表9-16）可见，各淹水深度处理的产量及其穗粒结构有一定差异，分蘖盛期—最高苗期，水深处理有利于高产，以 10cm、15cm、20cm 3 处理产量较高，分别比 0cm、5cm 的浅水灌溉显著增产；最高苗期—孕穗期各水深间产量差异均不显著，孕穗期—齐穗期和齐穗期—成熟期，5～20cm 均比 0cm 显著减产。以上结果表明，分蘖盛期—孕穗期淹水深度到 20cm 有利于获得高产，孕穗期—成熟期，淹水 5～20cm 对水稻产量均有影响，以灌浅水为宜。

表 9-16　不同时期深水对产量及其构成因素的影响

时段	深度 （cm）	最高苗 （苗/钵）	有效穗 （穗/钵）	穗粒数 （粒）	结实率 （%）	千粒重 g	产量 （g/钵）
分蘖盛期— 最高苗期	0	29.67a	19.67a	112.93c	90.58a	30.70a	56.34b
	5	29.33a	17.67ab	115.64c	90.72a	31.25a	56.32b
	10	25.67b	16.67b	119.62bc	87.55a	31.37a	63.66a
	15	27.67ab	18.00a	124.84ab	90.05a	31.14a	63.94a
	20	25.00b	18.67a	127.10a	89.90a	30.49a	64.14a
最高苗期— 孕穗期	0	36.00a	18.67a	123.17c	87.23c	30.21c	56.18b
	5	31.00b	17.33ab	142.95a	93.07a	31.54a	72.67a
	10	27.33c	18.33a	135.01b	90.82b	31.37a	66.72a
	15	27.33c	18.00ab	121.53c	93.52a	31.83a	65.07a
	20	22.00d	17.00b	145.76a	90.37b	31.15a	68.99a
孕穗期— 齐穗期	0	32.00a	17.67ab	136.57a	92.64a	30.64a	68.52a
	5	28.00c	20.00a	124.20c	91.65a	31.36a	54.33b
	10	28.00c	15.33c	131.14b	88.58a	31.11a	55.13b
	15	30.33bc	16.67bc	130.53b	88.57a	30.66a	55.31b
	20	33.00a	19.67a	129.94b	90.06a	30.79a	57.38b
齐穗期— 成熟期	0	33.33a	18.67a	131.58b	91.98a	30.98a	69.44a
	5	31.67ab	16.67b	130.96b	85.78c	30.47a	55.87b
	10	31.33ab	16.00b	123.29c	92.38a	31.33a	53.82b
	15	28.33b	17.00ab	131.43b	88.31bc	30.26a	55.53b
	20	33.67a	16.00b	137.90a	90.15ab	31.08a	59.20b

五、稻田深水灌溉对比

从表 9-17 可以看出，不同管水方式对水稻产量的影响差异达显著水平，浅-深-浅管水方式（A2）水稻产量为 69.23g/钵，较全生育期灌浅水层管水方式（A1）显著增产，增产 14.00%。不同品种间水稻产量差异也达显著水平，在两种管水方式下均为蓉 18 优 1015（B1）产量较高。管水方式与品种间互作对产量的影响未达显著水平。浅-深-浅管水方式（A2）较全生育期灌浅水层管水方式（A1）增产的原因是其显著降低了水稻苗峰并显著提高成穗率，从而能获得较高有效穗，以及提高了结实率。不同管水方式对不同穗型品种穗粒结构影响不尽相同，穗数型品种蓉 18 优 1015（B1）在浅-深-浅管水方式（A2）下较全生育期灌浅水层管水方式（A1）不降低有效穗数，却能提高穗平着粒数和结实率，大穗型品种冈优 725（B2）在浅-深-浅管水方式（A2）下较全生育期灌浅水层管水方式（A1）增加了有效穗数和结实率，而穗平着粒数变化较小。不同管水方式对不同品种千粒重的影响较小。

表 9-17　不同处理水稻产量及穗粒结构表现

处理		最高苗 (/钵)	成穗率 (%)	穗数 (/钵)	平均穗长 (cm)	穗平着 粒数 (粒)	结实率 (%)	千粒重 (g)	实粒总重 (g/钵)
A1	B1	34.75a	0.70b	20.38a	23.87a	127.87b	80.96ab	30.63a	64.84a
	B2	23.75c	0.59c	16.00b	23.82ab	156.60a	78.05b	26.67b	54.23b
A2	B1	28.13b	0.79a	19.50ab	23.99a	140.50ab	86.64a	30.97a	73.21a
	B2	24.88bc	0.68b	19.50ab	22.90b	155.95a	81.60ab	26.63b	65.46a
平均值	A1	29.25	0.64	18.19	23.84	142.24	79.50	28.65	59.54b
	A2	26.50	0.74	19.50	23.45	148.22	84.12	28.80	69.33a
A		*	**	NS	NS	NS	NS	NS	*
B		**	**	**	NS	**	NS	**	*
A×B		NS	NS	NS	NS	NS	NS	NS	NS

结论：关于适应稻田不同水分管理的水稻品种的筛选或鉴定，先期较多学者对稻田浅水或湿润灌溉的高产品种、局部生育时段短期洪水淹没下的适宜品种开展了研究，对大面积水稻高产或抗洪减灾的品种选用起到了重要作用。目前正处于恢复和发展期的稻田养鱼，在稻鱼共生期内长期处于淹深水（10～20cm）的状态，有关其适应水稻品种研究甚少。本研究从移栽后 20d 至成熟期在淹深水（15cm）的条件下，研究了品种间对深水的产量表现。结果表明，川谷优 2348、宜香优 2115、奇优 894、蓉优 22 4 个杂交组合在淹水下产量较高，比 15 个组合平均产量高 14.54%～20.74%，通径分析指出在深水灌溉条件下，对产量直接正效应较大的前 3 个因子从高到低依次为有效穗数、千粒重、穗粒数。因此，在大面积稻田养鱼生产上，以选用有效穗数多、千粒重高、穗粒数偏大的品种为宜。

稻田水分管理对水稻产量影响极大，传统高产栽培主要采用深水返青、浅水促苗、够苗晒田的水分管理方法。但其生产实用性差，不能充分利用降雨资源节本抗旱。本研究结果表明，稻田分蘖盛期—齐穗后 10d 最大限度的淹水深度以 11cm 左右为宜，其产量与 0～5cm 产量差异不显著，而水层深度达 16～21cm 时则显著减产。就不同生育阶段淹水深度对产量影响而言，分蘖盛期—孕穗期淹水深度到 20cm 有利于获得高产，孕穗期—成熟期，淹水 5～20cm 对水稻产量均有影响，以灌浅水为宜。据此制定的"浅-深-浅"管水方式（移栽期—分蘖盛期：水稻移栽时稻田保持在 6cm；分蘖盛期—孕穗期：稻田灌溉深度在 20cm；孕穗期—成熟期：6cm 水层）较传统全生育期"灌浅水层"管水方式（全生育期灌浅水层 0～5cm）能显著提高不同穗型水稻产量水平。在大面积水稻生产上，利用"浅-深-浅"管水方式不仅可为水稻生长期间不同生育阶段最大利用降雨资源的间田灌水提供参考依据，同时能获得较高的稻谷产量。针对养鱼稻田，则可实行分蘖期保持浅水层，以后至水稻收获稻田最大灌溉深度控制在 20cm 以内，既不影响水稻产量，同时又最大限度地满足了养鱼对水体需求，以实现稻鱼双丰收。

第六节 养鱼稻田的肥效作用及适宜栽秧密度

中国稻田养鱼历史悠久，早在东汉末年的《魏武四时食制》已有明确记载："郫县子鱼，黄鳞赤喂，出稻田，可以为酱"。稻田养鱼是种植业和养殖业的有机结合，具有生物除虫、除草以及中耕施肥等多种生态功能，可在一定程度上代替和减少化肥及农药的使用量，减少环境污染，生态效益和经济效益均十分明显。因此，近几年中国正大力恢复和发展稻田养鱼，对推动稻田实现"丰产、高效、绿色与环保"目标具有重要作用。

关于稻田养鱼技术的发展，吴涛等[12]以时间为轴，以生物多样性为主线，将我国稻田养鱼划分为了传统稻田养鱼（东汉末年至中华人民共和国成立前）、探索发展（中华人民共和国成立后至 20 世纪 80 年代末）、现代稻田养鱼（20 世纪 80 年代末至今）3 个阶段。近几十年来，我国稻田养鱼生产在处理稻-鱼共生关系上经历了"稻主鱼辅""以鱼为主"和"稻鱼并重"的 3 个发展历程[13]。对于稻鱼共生种养技术的研究，主要集中在提高养鱼产量方面的工作，如稻田鱼沟与鱼凼工程建设、鱼苗品种搭配、放养规格与数量、饲养管理、鱼病防治等，而对如何实现水稻高产高效的控制性研究极少，且多为经验性的种稻技术。笔者先期试验研究及大面积调查结果表明，在鲜鱼产量 $300 \sim 2\ 250kg/hm^2$ 范围内，水稻比未养鱼田增产率与鲜鱼产出量呈极显著线性负相关关系，主要原因是鱼沟、鱼凼占用比例过大和深水灌溉抑制水稻分蘖发生，致有效穗数不足而减产。有关合理的水稻密肥等栽培管理以适应养鱼对稻田的增肥作用和深水环境方面的研究至今未见报道。

为此，作者在目前大面积鲜鱼产出量达中-高产水平的稻田养鱼技术前提下，研究了川南冬水田区稻田养鱼与杂交中稻氮密互作对土壤养分、稻谷产量和氮、磷、钾吸收累积的影响，以期为养鱼稻田的水稻高产高效栽培提供科学依据。

一、稻田养鱼对土壤养分的影响

从表 9-18 可见，稻田养鱼除对 pH 值没有影响外，对其他土壤养分有显著或极显著影响（F 值 $2.96^* \sim 55.97^{**}$）。具体而言，CK 的试验后比试验前各土壤养分下降了16.17%~260.31%。F和FN的有机质试验后分别比试验前提高了17.48%和21.12%，全磷分别下降了81.63%和78.43%，全钾分别下降了107.04%和95.43%，有效磷分别下降了358.20%和294.17%，有效钾分别下降了102.57%和119.51%。而F和FN的全氮、水解氮分别与试验前差异不显著。

裂区比较结果（表9-19）看出，3个鱼氮处理对有机质、全氮和全磷影响显著（F值6.77*~9.80**），表现为FN > F > CK，FN比CK显著提高；对全钾、水解氮、有效磷和有效钾影响不显著（F值1.28~4.53）。试验前与试验后比较，除水解氮差异不显著外（F值0.87），其他养分差异极显著（F值10.67**~582.43**），有机质、全氮、水解氮在主处理与副处理间互作效应极显著（F值15.41**~27.49**）。表明养鱼稻田的有机质显著提高、氮素能维持平衡、磷钾素则显著下降。

表9-18 养鱼与施氮对稻田土壤养分的影响

处理	时期	pH值	有机质 （g/kg）	全氮 （g/100g）	全磷 （g/100g）	全钾 （g/100g）	水解氮 （mg/kg）	有效磷 （mg/kg）	有效钾 （mg/kg）
CK	试验前	5.18a	24.68b	0.18ab	0.081a	4.18a	129.33ab	4.72a	131.00a
	试验后	5.11a	20.67c	0.13b	0.047b	1.87b	111.33b	1.31b	57.50b
F	试验前	5.15a	24.77b	0.19ab	0.089a	4.12a	124.00ab	5.59a	131.00a
	试验后	5.27a	29.10a	0.16ab	0.049b	1.99b	121.33ab	1.22b	64.67b
FN	试验前	5.20a	25.95b	0.19ab	0.091a	3.85a	120.17ab	4.73a	121.83a
	试验后	5.18a	31.43a	0.21a	0.051b	1.97b	134.33a	1.20b	55.50b
F值		0.95	23.43**	3.71*	55.97**	216.32**	2.96*	25.78**	54.13**

注：CK，不养鱼+不施氮；F，养鱼+不施氮；FN，养鱼+施氮150kg/hm²。下同。

表9-19 养鱼与施氮对稻田土壤养分影响的裂区比较

处理		pH值	有机质 （g/kg）	全氮 （g/100g）	全磷 （g/100g）	全钾 （g/100g）	水解氮 （mg/kg）	有效磷 （mg/kg）	有效钾 （mg/kg）
鱼氮 （A）N	CK	5.14a	22.68b	0.16b	0.064b	3.02a	120.33a	3.02a	94.25a
	F	5.21a	26.93ab	0.17ab	0.069ab	3.06a	122.67a	3.40a	97.83a
	FN	5.19a	28.69a	0.20a	0.071a	2.91a	127.25a	2.97a	88.67a
时期 （B）	试验前	5.17a	25.13b	0.19a	0.087a	4.05a	124.50a	5.01a	127.94a
	试验后	5.18a	27.07a	0.16b	0.049b	1.94b	122.33a	1.24b	59.22b
F值	A	0.69	9.80**	8.52*	6.77*	1.45	4.53	1.28	3.22
	B	0.04	10.67**	45.21**	60.99**	933.21**	0.87	114.00**	582.43**
	A×B	1.78	15.91**	27.49**	1.68	3.28	15.41**	0.73	0.70

二、稻田养鱼对水稻产量的影响

由表9-20看出，各鱼氮与密度处理间有效穗、穗粒数和稻谷产量差异分别达极显著水平（F 值 $5.14^{**} \sim 7.45^{**}$），而处理间的结实率和千粒重差异不显著（F 值 $0.93 \sim 1.72$）。裂区分析结果（表 9-21）显示，鱼氮处理产量总体趋势表现为 FN>F>CK，其中 FN 与 F 间产量差异不显著，均分别比 CK 显著增产 22.98% 和 13.43%；4 个栽秧密度间产量差异不显著，鱼氮处理与栽秧密度对产量的互作效应也不显著。产量与产量构成因素的回归分析结果（表 9-22）表明，养鱼稻田的水稻产量主要靠增加有效穗和穗粒数而增产，结实率和千粒重对产量的影响不显著。说明稻田养鱼对土壤的增肥作用对水稻有显著增产效果，栽秧密度在 9.0 万 ~ 22.5 万穴/hm² 范围内均可获得较高的稻谷产量。

表 9-20　养鱼与密氮处理对水稻产量及其相关性状的影响

鱼氮	密度 （万穴/hm²）	有效穗 （万/hm²）	穗粒数	结实率 （%）	千粒重 （g）	产量 （kg/hm²）
CK	9.0	139.2e	154.68ab	90.07a	31.59a	6 930.0d
	13.5	177.8cd	137.33bc	91.87a	31.51a	6 870.0d
	18.0	195.0bc	112.92d	93.54a	32.35a	7 340.1cd
	22.5	192.8bc	125.28cd	89.91a	32.23a	7 492.5bcd
F	9.0	149.4de	162.07a	92.34a	31.89a	7 500.0bcd
	13.5	181.8cd	137.51bc	93.35a	32.10a	8 335.1abc
	18.0	198.6bc	138.76bc	92.07a	32.08a	8 440.1ab
	22.5	234.8a	129.71cd	91.96a	32.17a	8 202.6abc
FN	9.0	182.4cd	157.08ab	93.21a	32.12a	8 682.6a
	13.5	207.9abc	144.39abc	93.86a	32.33a	8 867.6a
	18.0	224.4ab	142.86abc	92.16a	32.84a	8 997.6a
	22.5	239.3a	132.64c	92.58a	32.47a	8 665.1a
F 值		7.45**	5.14**	0.93	1.72	5.61**

表 9-21　养鱼与密氮处理对水稻产量及其相关性状的裂区比较

处理		有效穗 （万/hm²）	穗粒数	结实率 （%）	千粒重 （g）	产量 （kg/hm²）
鱼氮 （A）	CK	176.3b	132.55a	91.35a	31.92b	7 158.2b
	F	191.1ab	142.01a	92.44a	32.06b	8 119.4a
	FN	213.5a	144.24a	92.96a	32.44a	8 803.2a
密度 （万穴/hm²） （B）	9.0	157.1d	157.94a	91.88a	31.865 6a	7 704.2a
	13.5	189.2c	139.74b	93.03a	31.983 3a	8 024.3a
	18.0	206.0b	131.51b	92.59a	32.422 2a	8 259.2a
	22.5	222.3a	129.21b	91.48a	32.290 0a	8 120.1a
F 值	A	4.97*	3.81	0.66	11.38*	12.90**
	B	27.87**	13.32**	1.29	2.41	1.87
	A×B	1.12	1.34	1.09	0.53	0.74

表 9-22　稻谷产量（y）与有效穗（x_1）、穗粒数（x_2）、
结实率（x_3）和千粒重（x_4）的回归分析

回归方程	R^2	F 值	偏相关系数	t 检验值	P 值
$y=40\,495.52+14.37x_1+30.83x_2$ $+140.54x_3+885.86x_4$	0.879 1	12.73**	$r\,(y,\ x_1)=0.700\,9$	2.60*	0.031 6
			$r\,(y,\ x_2)=0.804\,7$	3.59**	0.007 1
			$r\,(y,\ x_3)=0.522\,5$	1.62	0.143 6
			$r\,(y,\ x_4)=0.618\,0$	2.08	0.071 2

三、稻田养鱼对水稻氮、磷、钾累积的影响

从表 9-23 发现，养鱼与密氮处理对水稻地上部干物质及氮、磷、钾累积有极显著影响（F 值 3.32** ~ 30.50**）。其中 CK 处理下各栽秧密度间差异均不显著；养鱼处理下干物质以 22.5 万穴/hm² 密度最高，氮、磷、钾累积则在各栽秧密度间差异不显著；养鱼 + N 处理下干物质和氮累积均以 22.5 万穴/hm² 密度最高，磷以 13.5 万穴/hm² 密度最高，而钾累积在各栽秧密度间差异不显著。裂区分析结果（表 9-24）看出，鱼氮处理对水稻地上部干物质及氮、磷、钾累积影响显著或极显著（F 值 6.95* ~ 87.09**），均表现为 FN>F>CK；密度处理对干物质和氮累积影响显著或极显著，均随密度增加而增加，并以 22.5 万穴/hm² 密度最高，不同栽秧密度对磷、钾累积影响不显著；干物质和磷累积受鱼氮与密度的互作效应达显著或极显著水平。

从每生产 1 000kg 稻谷的地上部植株氮、磷、钾素的需要量（表 9-25）看，各试验处理间差异均达极显著水平（F 值 4.14** ~ 13.15**），每 1 000kg 稻谷的地上部植株氮、磷、钾素的需要量分别为 10.24 ~ 16.74kg/hm²、1.31 ~ 2.72kg/hm²、34.38 ~ 56.49kg/hm²。N：P：K 为 1：（0.10 ~ 0.18）：（2.65 ~ 3.79）。进一步裂区分极结果（表 9-26）可见，鱼氮处理间差异达显著或极显著水平（F 值 7.13* ~ 25.06**），均表现为 FN>F>CK；移栽密度对氮需要量差异不显著，对磷、钾影响极显著，分别以 13.5 万穴/hm²、18.0 万穴/hm² 两处理最高。鱼氮处理与移栽密度对氮、磷、钾素需要量的互作效应显著或极显著（F 值 3.03* ~ 10.86**）。

地上部干物质重和稻谷产量与植株对氮、磷、钾累积量间分别呈极显著线性关系，地上部干物质重主要受氮和钾累积的影响，决定系数 77.98%，稻谷产量主要受氮吸收量影响，决定系数 79.07%（表 9-27）。

表 9-23　养鱼与密氮处理对水稻地上部干物质及氮、磷、钾累积的影响

（kg/hm²）

鱼氮	密度 （万穴/hm²）	干物质	N	P	K
CK	9.0	10 946.87g	86.87cd	10.60cd	234.27b
	13.5	12 313.10defg	97.22bcd	10.71cd	257.94ab
	18.0	11 952.07efg	74.97d	9.20d	233.13b
	22.5	12 381.87defg	103.19abcd	13.09cd	310.46ab
F	9.0	11 734.23g	99.97abcd	12.72cd	317.19ab
	13.5	13 647.23cde	109.44abcd	12.11cd	323.56ab
	18.0	13 798.60cd	109.40abcd	10.97cd	311.90ab
	22.5	14 389.43bc	122.11abc	15.25bcd	310.21ab
FN	9.0	13 453.30cdef	124.94abc	14.37bcd	298.72ab
	13.5	15 798.07ab	134.96ab	24.03a	442.89a
	18.0	16 322.13a	141.14ab	20.68ab	451.00a
	22.5	17 197.63a	144.11a	17.97abc	375.20ab
F 值		30.50**	5.53**	9.47**	3.32**

表 9-24　养鱼与密氮处理对水稻地上部干物质及氮、磷、钾累积的裂区比较

（kg/hm²）

处理		干物质	N	P	K
鱼氮 （A）	CK	11 898.5c	90.6b	10.9b	258.9b
	F	13 392.4b	110.2ab	12.8b	315.7ab
	FN	15 692.8a	136.3a	19.3a	392.0a
密度 （万穴/hm²） （B）	9.0	12 044.8c	103.9b	12.6a	283.4a
	13.5	13 919.5b	113.9ab	15.6a	341.5a
	18.0	14 024.3b	108.5ab	13.6a	332.0a
	22.5	14 656.3a	123.1a	15.4a	332.2a
F 值	A	87.09**	12.33**	25.84**	6.95*
	B	47.25**	3.32*	3.02	1.59
	A×B	3.30*	0.78	3.66**	1.68

表 9-25　每生产 1 000 千克稻谷地上部植株氮、磷、钾素的需要量　（kg/hm²）

鱼氮	密度 （万穴/hm²）	N	P	K	N : P : K
CK	9.0	12.55ab	1.52cd	34.38e	1 : 0.12 : 2.74
	13.5	14.20ab	1.56cd	37.62de	1 : 0.11 : 2.65
	18.0	10.24b	1.57d	38.83de	1 : 0.15 : 3.79
	22.5	13.89ab	1.77bcd	39.74de	1 : 0.13 : 2.86

（续表）

鱼氮	密度 （万穴/hm²）	N	P	K	N：P：K
	9.0	13.38ab	1.70cd	49.46abc	1：0.13：3.70
F	13.5	10.84b	1.51d	46.07bcd	1：0.14：4.25
	18.0	12.97ab	1.31d	40.20cde	1：0.10：3.10
	22.5	14.91ab	1.86bcd	44.53bcd	1：0.12：2.99
	9.0	14.28ab	1.85cd	37.99de	1：0.13：2.66
FN	13.5	15.22ab	2.72a	50.11ab	1：0.18：3.29
	18.0	16.74a	2.29ab	56.49a	1：0.14：3.17
	22.5	16.68a	2.08bc	50.01ab	1：0.12：3.00
F 值		4.14**	13.15**	13.05**	

表 9-26　每生产 1 000 千克稻谷地上部植株氮、磷、钾素需要量的裂区比较

（kg/hm²）

处理		N	P	K	N：P：K
鱼氮 （A）	CK	12.72b	1.58b	37.64b	1：0.12：2.96
	F	13.03ab	1.60b	45.07a	1：0.12：3.46
	FN	15.73a	2.18a	48.65a	1：0.14：3.09
密度 （万穴/hm²） （B）	9.0	13.40a	1.62b	40.61b	1：0.12：3.03
	13.5	13.42a	1.93a	44.60ab	1：0.14：3.32
	18.0	13.32a	1.89a	45.17a	1：0.14：3.39
	22.5	15.16a	1.90a	44.76a	1：0.13：2.95
F 值	A	7.13*	20.51**	25.06**	
	B	2.82	6.34**	4.50**	
	A×B	3.03*	9.11**	10.86**	

表 9-27　地上部干物质重（y_1）和产量（y_2）对植株的 N
（x_1）、P（x_2）、K（x_3）累积量的回归分析

回归方程	R^2	F 值	偏相关系数	t 检验值	P 值
$y_1 = 4\,682.2 + 41.72x_1 +$ $87.23x_2 + 8.21x_3$	0.779 8	37.8**	$r(y, x_1) = 0.601\,3$	4.26**	0.000 2
			$r(y, x_2) = 0.199\,3$	1.15	0.258 3
			$r(y, x_3) = 0.379\,1$	2.32*	0.026 8
$y_2 = 4\,651.38 + 21.97x_1 -$ $0.04x_2 + 2.90x_3$	0.790 7	10.08**	$r(y, x_1) = 0.562\,8$	2.68*	0.046 2
			$r(y, x_2) = -0.257\,4$	0.75	0.470 5
			$r(y, x_3) = 0.283\,8$	0.84	0.424 2

结论：本研究结果表明，稻田养鱼无论施氮与否，对有机质均有显著提高的作用，与先期众多研究结论一致；不同之处在于，只养鱼处理的全氮和水解

氮分别与试验前略有下降，而既养鱼又施氮处理的全氮和水解氮分别与试验前略有提高，但差异均不显著，其他养分指标则显著下降。究其原因，可能与各研究稻田养鱼获得的鱼产量、投饵料的种类和数量不同有关。根据本研究结果，虽然只养鱼处理的全氮和水解氮分别与试验前下降不显著，考虑到稻田养鱼一般为连续多年在同一块田进行的情况，多年后会加大土壤氮的亏缺程度；反之，既养鱼又按净作水稻施氮处理，尽管全氮和水解氮分别与试验前提高不显著，但连续多年后土壤氮会逐渐提高。再从对水稻产量影响看，只养鱼处理与既养鱼又按净作水稻施氮处理的稻谷产量相当，且比不养鱼不施氮处理显著增产。表明稻田养鱼能满足较高水稻产量水平的肥料供给。因此，生产上连续多年在同一块田进行稻田养鱼，不需再进行稻草还田和施用有机肥，但仍需大量补施磷、钾肥，并适当减施氮肥，方有利于水稻持续丰产增效。

本研究结果表明，4 个栽秧密度间产量差异不显著，即栽秧密度在 9.0 万~22.5 万穴/hm^2 范围内均可获得较高的稻谷产量。因此，养鱼稻田的杂交中稻适当稀植，如杂交中稻按 9.0 万穴/hm^2 密度每穴栽 2~3 株，既可保证水稻高产的基本苗数，又有利于鱼苗穿插于稻株间活动取食，扩大鱼苗生长空间而提高成鱼产量，还能增强水稻植株间的通风透光性，减轻纹枯病、虫害发生程度与提高植株抗倒伏能力而高产稳产。养鱼稻田每 1 000kg 稻谷的地上部植株氮、磷、钾素的需要量分别为 10.24~16.74kg/hm^2、1.31~2.72kg/hm^2、34.38~56.49kg/hm^2，其比例为 1∶（0.10~0.18）∶（2.65~3.79）。与前述不养鱼水稻田相比，磷积累量明显减少，而钾则显著提高。这是否与养鱼稻田长期灌深水有关，尚有待进一步研究。

第七节　养鱼稻田杂交中稻高效施氮量

由于稻田养鱼具有一定的肥效作用，在水稻生产中可减少施氮量，但具体高效施氮量的研究甚少。为此，作者[14]在鲜鱼产量 60~80kg/亩水平下，研究了养鱼稻田水稻的高效施氮量。

一、养鱼稻田水稻的高效施氮量

从试验结果（表9-28）可见，两个品种的 4 个施氮量共 8 个处理间的稻谷产量、地上部干物质重及产量相关性状分别达显著或极显著差异，单因素方差分析 F 值 2.80*~26.78**。产量的裂区方差分析结果显示，两个试验品种间的差异不显著，品种与施氮量间互作的效应也不显著（表9-29）。多重比较结果（表9-30）表明，不同施氮量间产量随着施氮量增加而增加，以不施氮处理产量最低，两个品种平均产量均分别比施氮 3kg/亩、6kg/亩、9kg/亩 的处理显著减产 28.06%、44.9% 和 46.63%。其中，每亩施氮 9kg 和 6kg 的产量差异不显著，但两个品种平均分别比施氮 3kg/亩 处理显著增产 13.17% 和 14.58%。从高产与氮高效利用两方面考虑，以施氮 6kg/亩 为佳。

表 9-28　杂交中稻各施氮量下的穗粒结构、地上部干物质重及产量比较

品种	施氮量 （kg/亩）	最高苗 （万/亩） X_1	有效穗 （万/亩） X_2	穗粒数 （粒/穗） X_3	结实率 （%） X_4	千粒重 （g） X_5	干物重 （kg/亩） X_6	产量 （kg/亩） y
蓉18优1015	0	9.53d	7.63e	151.04ab	92.52ab	32.45bcd	580.09c	411.77d
	3	13.20c	10.03cd	158.78ab	93.13ab	32.52bcd	801.81b	545.12bc
	6	16.97b	11.23bc	175.97a	91.35b	33.00abc	857.65ab	610.87a
	9	17.00b	11.93ab	177.95a	87.75c	32.09cd	923.07ab	594.79ab
内6优103	0	11.57cd	8.77de	138.30b	94.04a	31.66d	546.21c	423.82d
	3	15.87b	11.73ab	144.99b	92.26ab	33.69a	760.16b	524.45c
	6	21.07a	11.40abc	154.37ab	91.62ab	33.21ab	857.71ab	599.51ab
	9	22.13a	12.80a	156.06ab	92.06ab	33.25ab	971.77a	630.71a
方差分析 F 值		26.78**	14.11**	2.80*	6.08**	4.44**	9.60**	19.26**

表 9-29　产量的裂区方差分析

变异来源	平方和	自由度	均方	F 值	P 值
区组	3 134.13	2	1 567.07		
品种（A）	94.90	1	94.90	0.035 0	0.869 0
误差	5 431.58	2	2 715.7		
施氮量（B）	146 856.87	3	48 952.29	63.759 0	0.000 1
A×B	2 891.71	3	963.90	1.255 0	0.333 4
误差	9 213.27	12	767.77		
总和	167 622.47	23			

表 9-30　产量多重比较

品种	均值 （kg/亩）	施氮量 （kg/亩）	均值 （kg/亩）	氮农学利用率 （Grain kg/kg N）
内6优103	544.62a	9	612.75a	21.66
蓉18A优1015	540.64a	6	605.19a	31.23
		3	534.79b	39.00
		0	417.79c	

二、养鱼稻田水稻高效的主攻目标

再以表9-28中的产量相关性状对产量进行通径分析结果（表9-31）看出，6个产量相关性状千粒重（X_5）未入选，主要原因是8个试验处理间千粒重的差异相对较小。其余5个因素中，直接作用以最高苗（X_1）和穗粒数（X_3）较大，间接作用总和以有效穗（X_2）和干物重（X_6）的正效应较大。表明在稻田养鱼条件下，选择穗粒兼并型品种以增加苗数进而提高有效穗、穗粒数和干物重是其高产的主攻方向。

表9-31　穗粒结构对产量的通径分析

因子	相关系数	直接作用	间接作用					
			总和	$\to X_1$	$\to X_2$	$\to X_3$	$\to X_4$	$\to X_6$
X_1	0.893 1**	0.371 5	0.521 7		0.213 8	0.141 2	-0.100 6	0.267 3
X_2	0.906 1**	0.237 1	0.668 9	0.334 9		0.186 6	-0.134 0	0.281 4
X_3	0.657 8	0.433 1	0.224 7	0.121 1	0.102 2		-0.205 3	0.206 7
X_4	-0.540 8	0.259 3	-0.800 1	-0.144 2	-0.122 5	-0.342 9		-0.190 5
X_6	0.975 9**	0.309 3	0.666 7	0.321 1	0.215 8	0.289 5	-0.159 7	

注：决定系数=0.993 2，剩余通径系数=0.082 6。

第八节　稻—鱼藕合高产高效技术

一、示范效果

2016—2018年在宜宾市翠屏区宋佳镇、泸县方洞镇开展稻田"水稻—鱼"种养模式500亩。水稻品种为国家二级优质稻谷旌优127、德优4727，经专家现场验收，头季稻平均亩产559.8~598.2kg；鱼亩产100~150kg。由于稻谷和各种渔业产品属绿色类产品，其单价比普通同类产品高10%~30%，因此其经济效益较高，平均每亩比只种水稻稻田增收1 000~1 200元。

二、组织管理

1. 统供农用物资

基地主推国标二级优质水稻品种"旌优127"等，主推水稻机插秧技术、水稻机械化收割技术、病虫害绿色防控、测土配方施肥技术。统一供应水稻种子、鱼苗、水稻配方肥等物资。

2. 整合项目资金

建立了以政府投入稻田基础设施建设为引导、项目整合为补充、企业投入为主体的资金统筹机制，实行集中打造。整合使用了四川省水稻高产创建项目、良种良法配套技术推广与服务产粮大县、农综开发、扶贫开发、市级财政特色养殖业发展专项资金等项目资金200余万元投入基地建设。

3. 加强院地合作

推广"政府+企业+农户"生产模式，由企业承包农户土地建基地，再返聘农户及周边贫困村贫困户到基地务工，四川省农业科学院与翠屏区农林畜牧局、泸县农林局在生产物资方面对企业给予一定补助。本岗位负责的国家水稻产业体系及四川省扶贫专项共投入经费15万元，用于"水稻－鱼"种养模式技术示范。通过稻鱼耦合项目的实施，既为企业带来了收益，又带动了农户增产增收。

4. 实施病虫害绿色防控

四川省农业科学院水稻高粱研究所与宜宾市翠屏区农林畜牧局、泸县农林局协作，集成了稻—鱼耦合生产技术，基地采用太阳能杀虫灯、性诱捕器、蓝板等病虫害生物、物理防控技术，实现了病虫害绿色防控。

三、关键技术

1. 稻田养鱼的主攻目标

稻田养鱼的目的是在保证一定水稻产量收成的前提下，通过增加养鱼产量，以提高稻田经济收益，最终实现稻鱼双丰收。

2. 养鱼稻田的栽培策略

在稻—鱼共生系统中，水是稻鱼共生的重要基础，但两者对水要求各异。单种水稻田的水分管理要求：深水返青，浅水促分蘖，够苗控蘖，寸水穗分化，干湿交替灌浆结实。养鱼田的水分管理要求：在整个鱼的生长期内，水越深越好。因此，稻田养鱼的水稻栽培策略：在不显著影响水稻产量的前提下，稻鱼共生期内，尽可能地保持较深的水层。

3. 稻—鱼耦合技术

重点搞好适宜深水层种植的水稻高产品种筛选、旱育秧、水稻不同生育时期的水分管理、鱼苗放养的种类、规格及数量、饲养技术等（模式图）。

冬水田稻—鱼耦合高产高效技术模式表

月份	3上	3中	3下	4上	4中	4下	5上	5中	5下	6上	6中	6下	7上	7中	7下	8上	8中	8下
生育期	播种			移栽			有效分蘖期		拔节			孕穗		抽穗		灌浆期		

催壮芽 一叶包心 二叶包心

基本苗 5万~6万

有效分蘖终止期 12万~16万

最高分蘖期 18万~21万

有效穗数 14万~16万

一期毛苗看不见 二期毛苗看不见 三期毛笔杆 四期半子 五期粒多 六期枝梗 七期叶绿谷完全 八期穗将出

主攻目标	秧苗期	分蘖期	幼穗分化期	抽穗—成熟期
	培育多蘖壮秧	早发、稳长、控制无效分蘖	在不影响水稻生长前提下，尽量增加稻田水层需求	最大限度满足鱼对水体

（续表）

关键栽培技术				
基本措施	开挖鱼沟、鱼凼,占稻田面积12%~15%,选用产量高、适应深水的杂交中稻品种。3月上中旬地膜湿润育秧,亩播种量1kg。叶龄4~4.5叶时及时移栽	合理密植,插足基本苗,按(26~30)cm×(20~18)cm规格插植,每穴1~2株,每亩插足基本苗5万~6万亩。亩放鱼苗600~800尾3寸大规格鱼苗(草:鲤:鲫=5:3:2)		集雨加深稻田水层,搞好鱼苗防逃措施,按"三看四定原则"投喂鱼饲料
施肥补饲	亩用20kg复合肥(N:P$_2$O$_5$:K$_2$O各15)做基肥,移栽前4~6d亩施8~10kg尿素做送嫁肥	根据地力产量,目标产量确定施肥总量。一般基肥:亩施8~10kg尿素,40~50kg过钙,8~10kg kcl。插后1周亩施尿素5~7kg		每亩定2~3个饵料投放台,草鱼投放青草为主,鲤、鲫鱼投专用饲料
科学管水	出苗前厢面无积水,一叶一心后保持1~3cm水层	浅水插秧,薄水促秧蔸。苗苗数达11万~13万保持20cm水层		保持20cm水层。水稻收割后,将稻田水层加深到35cm以上
防病虫与倒伏	移栽前防一次稻蓟马。栽秧前10~15d放干田水,亩用石灰100kg进行稻田土壤消毒	施养鱼苗时用3%~5%食盐水消毒15~20min	最高苗数达20万苗/亩以上田块,每亩施用150~200g防倒伏;第二代螟虫发生期亩用杀虫双水剂0.25~0.5kg,并岗霉素1包兑水75kg喷雾,同时防纹枯病	补充鱼防治措施

参考文献

[1] 徐富贤，方文，冉茂林，等．养鱼稻田对再生稻的增产作用研究 [J]．农业现代化研究，1991，12（4）：56-59．

[2] 徐富贤，谷义成，雷鸣．稻田养埃及革胡子鲶的技术研究初报 [J]．四川农业科技，1991（3）：43．

[3] 谷义成，徐富贤．冬水田实现双千的立体种养工程技术．耕作与栽培，1990（1）：15：16．

[4] 徐富贤．冬水田综合利用研究方向 [J]．耕作与栽培，1989（2）：4-5．

[5] 徐富贤．合理利用冬水田天然饵料的稻田养鱼技术 [J]．四川农业科技，1992（2）：37-38．

[6] 徐富贤．平丘区冬水田综合利用的主要途径与关键技术 [J]．四川农业科技，1989（1）：8-9．

[7] 徐富贤，谷义成，冉茂林．双千冬水田的立体种养工程技术研究初报 [J]．四川农业科技，1992（1）：8-9．

[8] 徐富贤．我国稻田养鱼的技术进展及再研究 [J]．湖北农业科学，1989（12）：40-封底．

[9] 徐富贤，谭振波．养鱼高产的稻田水稻减产原因与对策探讨 [J]．绵阳农专学报，1990，7（4）：38-42．

[10] 徐富贤，徐麟，周兴兵，等．深水灌溉条件下杂交中稻品种比较研究 [J]．中国稻米，2019，25（5）：93-94．

[11] 徐富贤，刘茂，张林，等．杂交中稻稻田灌溉水层深度对产量的影响 [J]．中国稻米，2021（待发表）．

[12] 吴涛，黄璜，陈灿，等．我国稻田养鱼技术的研究进展 [J]．湖南农业科学，2017（10）：116-120．

[13] 刘贵斌，周江伟，黄璜．中国稻田养鱼生产的发展、进步与功能分析 [J]．作物研究，2017，31（6）：591-596．

[14] 周兴兵，刘茂，张力，等．稻田养鱼模式下减量施氮对杂交中稻产量和氮肥利用率的影响 [J]．中国稻米，2020，26（1）：80-83．

[15] 徐富贤，周兴兵，张林，等．稻田养鱼与氮密互作对土壤肥力、水稻产量及其养分累积的影响 [J]．中国农学通报，2020，36（15）：1-7．

附录 代表性成果简介

成果名称：杂交中稻氮高效利用品种鉴评方法及"一种三因"技术与应用

完成单位：四川省农业科学院水稻高粱研究所；四川省农业技术推广总站

完成人员：徐富贤，蒋鹏，熊洪，张林，郭晓艺，朱永川，刘茂，周兴兵

20 世纪 70 年代，就如何提高稻田氮肥利用率问题已有大量研究，并在水稻种质资源氮利用效率的比较、筛选、评价、利用，不同氮利用效率基因型的生理生化特性、根系形态、干物质生产与积累特性以及大田氮肥管理对稻谷产量、品质及氮肥利用效率的影响等方面取得了较大进展。近几年，我国水稻氮素高效利用研究主要集中于氮高效吸收与利用品种的形成机制及大田实时肥水管理方面。但存在氮肥利用效率的评价方法不统一，提出的氮高效利用基因型的鉴定指标很难应用于田间育种实践，以及稻谷高产与氮素高效利用的矛盾未能很好协调等方面问题。本研究与先期同类研究相比，其创新性与先进性表现如下。

（一）创新性

1. 在研明氮素的稻谷生产率作为提高氮高效利用品种的主攻目标基础上，系统研究了影响杂交水稻品种的氮素稻谷生产效率的关键植株性状及其品种类型，创建了杂交水稻氮肥利用效率的田间鉴定新方法

（1）研明了提高氮素的稻谷生产率作为选育氮高效利用品种的主攻目标

国内外评价氮素利用效率的指标较多，主要有 10 个方面的评价指标。先期在利用这些指标对不同基因型的氮素利用效率进行评价研究中发现，同一品种在不同评价指标间的排序不完全一致，进一步说明不同指标反映了氮素吸收与利用的不同侧面。在对水稻进行遗传改良以提高其氮素吸收与利用效率时，应有明确的目标和重点。本研究认为，提高氮素的稻谷生产效率（地上部植株单位吸氮量的稻谷生产量）应该是遗传改良的重点。因为，只有氮素的稻谷生产效率提高了，才能从根本上控制氮肥施用量和减轻施用氮肥所带来的环境污染。因此，本项目特将"氮素稻谷生产效率"作为氮肥利用效率的

参照指标，研究了齐穗后植株地上部有关参数与氮素稻谷生产效率的关系，据此提出氮素高效利用杂交中稻品种的简易鉴定方法。

（2）探明了影响杂交品种氮素稻谷生产效率的关键植株性状及其组合类型

在目前的杂交水稻育种中，仍然以传统的田间选择育种方法为主。就高产育种而言，我国育种家们已经积累了丰富的田间选择经验；但在氮肥高效利用育种方面，由于水稻亲本杂交后的各世代选种过程中，因育种者面对的材料太多，非常需要明确与氮肥利用效率密切相关的植株形态与农艺性状，而这方面的研究报道不多。有人认为水稻对氮肥的吸收利用效率与生育期有关，但观点不一致。由于育种家们缺乏对大田选育氮高效利用品种的方法，在目前的育种工作仅停留在耐低氮材料的基因筛选上，品种选择尚属起步阶段。本研究结果表明，在不同施氮水平下影响氮素利用率的植株性状不尽相同，其中收割指数、有效穗和成穗率3个性状，在不同施氮水平下对氮素稻谷生产效率的偏相关系数均达极显著水平。在众多性状中，收割指数与氮素稻谷生产效率相关程度最高，并在两种施氮水平下表现较稳定。进一步提出杂交中稻氮高效利用组合的植株指标为叶粒比 1.25~1.58cm^2/spikelet，SPAD 值衰减指数 0.48~0.49、叶面积指数衰减指数 0.50~0.57、稻谷收获指数 0.63~0.64，有效穗 185.10 万~230.03 万/hm^2，作为选育或筛选氮高效利用杂交中稻组合的参考依据。并将杂交中稻品种划分为氮广适应型、高氮适应型、低氮适应型和氮利用率较差型 4 类。

（3）创建了杂交水稻氮肥利用效率的田间鉴定新方法

目前水稻氮素利用效率的评价方法主要有测植株干物重和含氮率的直接鉴定法与测植株相关生理指标的间接鉴定方法两类，对科研设备条件要求较高。以上氮素利用率评价方法存在的主要不足，一是实验室分析法工作效率低，二是考查植株田间生长态势为定性研究，均难以直接应用于田间育种实践。本研究结果表明，齐穗期叶粒比低、齐穗期到成熟期叶片 SPAD 衰减值和 LAI 的衰减速度快，稻谷收获指数高，氮素稻谷生产效率和氮收获指数高；SPAD 值衰减指数和稻谷收获指数可分别作为预测氮素稻谷生产效率和氮收获指数的简易指标，建立了相应的田间鉴定技术规程。利用此技术规程，从通过审定的杂交中稻品种中，鉴定出氮素高效利用杂交中稻品种 47 个，可供大面积生产推广应用。

2. 探明了杂交中稻栽培方式、施氮方式的产量、肥料利用特点，提出了因水稻品种库源特征的高产与养分高效利用的栽培技术

水、氮是水稻生产的主要限制因子，先期以单一品种开展水、肥单因子试验较多。本研究通过多品种（18~20 个）在不同栽培方式（低密高肥、高密

低肥和中密中肥）和施氮方式（重底早追和前氮后移）对产量、肥料吸收利用的研究认为，栽培模式和杂交组合对产量、地上部干物重的影响较大，对氮、磷、钾在各器官中含量作用相对较小；其中栽培模式的影响大于杂交组合的作用。产量和干物质重表现为高密低肥>中密中肥>低密高肥，收获指数则表现为高密低肥<中密中肥<低密高肥。氮和磷主要分配到穗部，钾主要分配到茎；在 3 种栽培模式间氮的利用效率表现为高密低肥>中密中肥>低密高肥，而磷和钾则表现为高密低肥<中密中肥<低密高肥。肥料稻谷生产效率表现为磷素（292.47~328.04g Grain/g P）>钾素（95.39~107.12g Grain/g K）>氮素（57.35~70.35g Grain/g N），氮、磷、钾素的稻谷生产效率与籽粒收割指数间呈极显著正相关；施氮后植株的氮、磷、钾和干物质积累量均随之增加，且磷的增加量高于钾，但增加量均以分配到茎鞘和叶片为主，以致氮、磷、钾的稻谷生产效率均分别比未施氮情况下极显著下降。施氮比不施氮植株内氮、磷、钾积累量提高是生物产量和氮、磷、钾含量共同作用的结果，而且因氮、磷、钾含量提高的作用（66.30%~80.16%）大于生物量增加的作用（19.84%~33.70%）。植株氮、磷、钾含量分别与其稻谷生产效率呈极显著负相关，18 个杂交中稻组合地上部植株氮、磷、钾的积累量比为 1：（0.20~0.21）：（0.61~0.66），其中 73%~80%的氮和磷被籽粒吸收，73%~75%钾分配到茎叶。

就 3 种栽培模式对稻谷产量和氮肥利用效率而言，以高密低肥最佳。在高密低肥栽培模式下选用齐穗期叶色淡、千粒重大、高产的中大穗型杂交中稻组合，能较好地实现高产与养分高效利用的统一。

前氮后移比重底早追的增产效果与两种施氮方式下杂交组合的穗粒数呈极显著负相关，相关系数分别为−0.7870和−0.7986（$P<0.01$）。其原因在于，穗粒数较少的组合，其分蘖力较强，在前氮后移情况下，仍能确保较多的有效穗数，而且穗粒数和结实率因施用穗肥有一定提高，最终表现为前氮后移比重底早追法显著或极显著增产；而穗粒数过大的组合，其分蘖力较弱，在前氮后移前期施氮量较少情况下，因最高苗数明显不够，有效穗数显著下降，加之穗粒数有所降低而减产。前氮后移增产量（y）与杂交组合穗粒数（x）的关系可表述为：$y=2\,607.9-11.02x$（$R^2=0.630\,8$）。大面积生产中，穗粒数≤237粒可作为采用前氮后移施肥法的杂交组合品种的选择指标。

3. 系统研究了西南不同生态区杂交中稻的氮、磷、钾吸收累积、稻谷生产效率、高效施氮量和氮肥后移效应与地理位置、施肥水平及土化特性的定量关系，研究形成了因生态区的水稻高产、肥料高效利用技术

先期对不同生态区水稻肥料高效利用研究较多，但就不同生态区间肥料利

用效率的关系研究极少。本项目采用相同的试验方案，分别在西南稻区的四川、重庆、云南、贵州4省（市）的7个生态点研究了不同地域和施氮水平对杂交中稻氮、磷、钾吸收累积、稻谷生产效率、高效施氮量和氮肥后移的响应。结果表明以下结论。

（1）不同试验地点间稻谷产量、干物质产量、氮磷钾的吸收量、收获指数和每生产 1 000kg 稻谷的氮、磷、钾需要量（RAGPPG）差异显著或极显著。施肥处理对稻谷产量、干物质产量、氮的吸收量、收获指数和 RAGPPG 中的氮有显著或极显著影响，对 RAGPPG 中的磷、钾影响不显著。氮、磷、钾收获指数间和 RAGPPG 间均呈极显著正相关，RAGPPG 和收获指数均与稻谷产量水平没有相关性。经逐步回归分析，RAGPPG 和氮、磷、钾收获指数均分别与试验点所处地理位置、施肥水平及土化特性呈极显著线性关系，决定系数分别为 0. 597 2~0. 840 4 和 0. 763 7~0. 880 4。

（2）氮稻谷生产效率在品种间、地点间及施氮水平间的差异均达极显著水平，试验地点与施氮水平间的交互作用显著；磷和钾的稻谷生产效率表现为地点间和施氮水平间差异显著或极显著。渝香优 203 比 Ⅱ 优 7 号的氮稻谷生产效率极显著提高。氮、磷、钾三要素间稻谷生产效率间相互呈极显著正相关关系。在低经度、高海拔，高的土壤有机质、有效磷含量、pH 值和低施氮水平条件下，有利于提高氮、磷、钾的稻谷生产效率。

（3）除品种间的最高苗数和有效穗差异不显著外，产量及其穗粒结构在品种间、试验地点间及施氮水平间达显著或极显著差异水平；有效穗、穗粒数、结实率和千粒重对产量的偏相关系数达显著或极显著水平，增加有效穗和提高结实率是西南地区提高水稻产量的主攻目标，而实现的途径是增施有机肥和提高土壤有效氮含量。经逐步回归分析，杂交中稻的氮高效施用量与试验所处的地理位置和土壤养分呈极显著线性关系，决定系数为 0. 999 5~0. 999 9，可作为制定各地水稻高产高效的氮肥施肥量的科学依据。

（4）氮肥施用量与氮后移比例对稻谷产量的影响试验点间表现各异，取决于试验地点的土壤肥力。氮后移的增产效果及高效施氮量分别与地力、产量呈显著负相关，当空白试验产量超过 7 000kg/hm² 时，氮后移没有增产作用。氮后移增产处理表现为施氮量不高、氮后移比例小，并在保持一定有效穗数基础上，通过提高穗粒数和千粒重而增产。

（5）7 个试验点的各施肥处理间产量差异显著，10 个施肥处理平均产量宾川点最高，7 个试验点平均产量以每公顷 $N_{150}P_{75}K_{90}$ 处理最高，平衡施肥是获得水稻高产的重要技术措施。经多元逐步回归分析，杂交中稻磷、钾高效施用量与试验所处的地理位置和土壤养分呈极显著线性关系，决定系数为

0.995 1~0.999 6。

4. 分别建立了杂交中稻粒肥高效施用量与齐穗期剑叶 SPAD 值关系、产量和抗倒性与最高苗数关系及其调控等预测方法，提出了因田实地肥料高效利用技术

关于本田"肥、水、密"对水稻产量、肥料利用效率的研究较多，以前多根据该试验最佳处理而提出优化管理措施，但用于指导其他不同肥力稻田的准确度不高。为此，本项目通过密肥运筹，开展了杂交中稻粒肥高效施用量与齐穗期剑叶 SPAD 值关系、杂交中稻产量和抗倒性与最高苗数关系及其调控，以及对杂交稻产量及氮、磷、钾吸收积累的影响等定量性研究。结果表明以下结论。

（1）粒肥施用效果与稻齐穗期植株营养水平关系密切，齐穗期剑叶 SPAD 值、叶片含氮量和群体单位面积的总颖花量 3 个因子决定粒肥高效施用量。建立了根据齐穗期剑叶 SPAD 值（x）预测粒肥的高效施氮量（y kg/hm^2）的回归方程，$y = -30.798\ 0x + 1\ 340.9$，$R^2 = 0.911\ 4$，并指出当齐穗期剑叶的 SPAD 值高于 43.5 时，植株营养充足，不需施粒肥，此为临界的苗情诊断指标。

（2）随着施氮量和移栽密度的增加，抗倒力下降和产量呈提高趋势。水稻最高苗期施用多效唑使植株重心高度、弯曲力矩、倒伏指数显著降低，折断弯矩则明显提高，穗粒数平均减少了 5.24~7.78 粒。多效唑对产量影响表现为低密低肥下因穗粒数减少而减产，高肥高密条件下则因植株未倒伏籽粒灌浆结实正常，比未施多效唑处理植株发生倒伏后的结实率和千粒重高而增产。倒伏指数与最高苗数呈显著或极显著正相关，可把最高苗数作为衡量后期是否倒伏的早期诊断指标。最高苗数 300 万苗/hm^2 以下的田块，其后期发生倒伏风险较小，施用多效唑在增强了抗倒性同时因减少了穗粒数反而减产；多效唑施用应选择最高苗数达 300 万苗/hm^2 以上田块为宜。

（3）合理的施氮量和移栽密度可实现杂交稻产量和肥料利用率的协同提高，但不同生态条件下最佳的肥密组合并不相同。在温光资源充足上等肥力稻区最佳密肥组合为 120kg N/hm^2 和 22.5 万穴/hm^2，而温光资源适中的中等肥力稻区为 180kg N/hm^2 和 16.5 万~22.5 万穴/hm^2。

（4）建立了稻田地力产量与土壤养分的回归预测模型，决定系数 76.77%~99.99%。指出地力产量分别与土壤全氮、全磷呈显著正效应，分别与海拔、全钾和有效磷呈极显著负效应。进一步分别建立了水稻氮高效施用量及其农学利用率与地力产量的回归预测方程，决定系数分别为 66.68% 和 65.46%。稻田地力产量 5 250~9 000kg/hm^2，相应的氮高效施用量为 192.21~74.46kg/hm^2、氮高效施用量的农学利用率为 19.88~4.51Grain kg/kg N。

（5）采用合理的氮肥调控技术，减少氮素施用量，可实现超级稻高产与氮高效率同步提高。

（二）先进性

1. 自主创新的氮素利用率田间鉴定方法，具有测定速度快、准确率高、成本低的优势

在目前的杂交水稻育种中，仍然以传统的田间选择育种方法为主。就高产育种而言，我国育种家们已经积累了丰富的田间选择经验；但在氮肥高效利用育种方面，由于水稻亲本杂交后的各世代选种过程中，因育种者面对的材料太多，非常需要明确与氮肥利用效率密切相关的植株形态与农艺性状，而这方面的研究报道不多。有人认为水稻对氮肥的吸收利用效率与生育期有关，但观点不一致。由于育种家们缺乏大田选育氮高效利用品种的方法，在目前的育种工作仅停留在耐低氮材料的基因筛选上，品种选择尚属起步阶段。现行水稻氮素利用效率的评价方法主要有测植株干物质重和含氮率的直接鉴定法和测植株相关生理指标的间接鉴定方法两类，对科研设备条件要求较高。以上氮素利用率评价方法存在的主要不足，一是实验室分析法工作效率低、成本较高，二是时效性滞后，三是考查植株田间生长态势为定性研究，均难以直接应用于田间育种实践。本研究表明，齐穗期到成熟期叶片SPAD衰减指数和LAI的衰减指数越高，稻谷收获指数越高，氮素稻谷生产效率越高。

本项目自主创新地用齐穗至成熟期剑叶的叶绿素含量（SPAD值）衰减指数作为预测氮素稻谷生产效率的间接方法，与传统方法相比，在保持较高的准确率的条件下，测定方便快速、成本低，能适应水稻育种的需求（附表1）。

附表1　本氮素利用率鉴定新方法与国内外传统方法比较

测定方法	测定内容	测定效率	准确率（%）	成本（元/样）	应用范围
国内外传统方法	干物重、含氮率	4d出数据	100	80~100	小样本
本创新方法	剑叶SPAD值	2d出数据	88.24	20~30	大、小样本

2. 创建的"一种三因"肥料高效利用技术体系，具有针对性强、可操作性好、适应性广的特点

先期同类研究主要根据在特定水稻品种、生态和土壤条件下形成的技术成果，用于指导大面积生产，因大面积生产品种多、生态条件各异、稻田土壤肥力差异大，其应用效果存在较大的不确定性。本项技术的先进性主要表现为针对性强、可操作性好、适应性广（附表2）。

（1）针对性强：一是根据西南区生产单位重量稻谷的养分需求量和目标

产量确定施肥总量基础上，再结合氮、磷、钾高效施用量与地理位置和土壤养分含量的定量关系确定其最佳施肥量；二是根据品种库源特征确定适宜的栽培模式、施肥水平和施氮方式，充分考虑了对生态、土壤及水稻品种的针对性。

（2）可操作性好：一是水稻高产往往伴随倒伏发生，因此对有倒伏风险稻田如何早期诊断并及时采取相应措施实现高产稳产极为重要。本研究表明，随着施氮量和移栽密度的增加，抗倒力下降和产量呈提高趋势。倒伏指数与最高苗数呈显著或极显著正相关，据此提出的最高苗数达 20 万/亩以上田块，每亩施用量为 150~200g 多效唑可达到防倒与高产的双重效果。二是粒肥可作为水稻中、前期施肥不足的有效补充措施，本研究提出了根据齐穗期剑叶 SPAD 值（x）预测粒肥的高效施氮量（y kg/hm^2）的回归方程，可准确把握其高产施用量，均表现出了较好的因田管理的可操作性。

（3）适应性广：近年较多学者就水稻肥料高效利用途径进行了探索，其研究成果对指导局部地区水稻高效施肥有较大作用。由于气候条件一般县级以上才有观测数据，但在水稻生产实践中的生态条件较为复杂，同一个县不同镇、村、社因所处地理位置不同，其生态小气候差异极大；土壤养分供给状况在同一地区不同田块间更是千差万别，而且测试项目较多。这些因素严重制约了先期成果的应用效果与规模。因此，本研究通过不同生态区的施氮量试验，根据地理位置和土壤养分状况，建立了Ⅱ优 7 号和渝香优 203 两个品种的高效施氮量的预测模型，与先期同类研究相比具有三方面特点：一是因为经度、纬度和海拔与气候条件关系密切，利用目标稻田所处地理位置的经度、纬度和海拔取代气候条件，较好地解决了很多地区没有气候资料的问题，而且可精确到具体的每一块目标稻田，取得经度、纬度和海拔数据方便快速；二是只需选择部分土壤养分指标，可利用测土项目稻田土壤养分指标，有利于提高工作效率；三是因水稻品种而建立了相应的氮高效施用量预测模型，能较好地反映出品种对温光及肥料的反应特性，具有更强的生态适应性。

附表 2　本"一种三因"肥料高效利用技术与国内外传统技术比较

技术名称	因区栽培	因种栽培	因田栽培	技术准确性
国内外现有技术	针对某一生态区提出技术定性	针对少数品种	定性提出不同肥力稻田的密肥范围	差
"一种三因"技术	因生态区建立技术定量模型，如根据地理位置、土壤养分含量、目标产量确定氮、磷、钾的总需求量与高效施用量	针对品种类型确定具体技术，如根据品种库源特征确定适宜的栽培模式、施氮方式、根据品种分蘖力确定施氮水平	实施测苗定量管理技术，如根据最高苗数确定是否施用多效唑防倒，根据齐穗期剑叶 SPAD 值预测粒肥的高效施氮量	好

（三）示范推广增产效果

泸县示范区 2008—2018 年超高产田、核心区、示范区，平均亩产量分别为 757.71kg、708.14kg、658.23kg（附表 3），分别比全县平均产量水平增产 22.21%、14.22%、6.17%。

在四川、重庆、云南、贵州的 20 余个地点，示范了杂交水稻节肥高效技术模式 18 套，2010—2019 年加权平均产量 674.11kg/亩（附表 4），比当地非项目区平均产量增产 11.38%；多点同田对比表明，与非项目区相比，氮回收率提高 5.0~7.6 个百分点，氮素稻谷生产效率提高 13.9%~22.4%（附表 5）。节肥丰产效果十分显著。

四川省 2012—2018 年累计推广 2 957.1 万亩，平均亩产 626.0kg，分别比全省平均产量水平增产 19.15%（附表 6）。

附表 3　泸县肥料高效高产技术示范产量统计

年度	超高产田		核心区		示范区	
	面积（亩）	单产（kg/亩）	面积（亩）	单产（kg/亩）	面积（万亩）	单产（kg/亩）
2010	32	753.2	1 100	712.0	10.52	618.0
2011	31	752.5	1 208	684.0	10.84	657.8
2012	54	774.5	1 065	685.7	10.78	622.8
2013	150	786.5	3 100	711.3	11.50	663.3
2014	162	773.0	3 250	713.6	11.61	661.0
2015	151	778.0	3 106	722.5	11.26	678.0
2016	96	726.5	3 115	702.5	11.13	656.8
2017	126	733.0	3 415	706.2	11.28	658.0
2018	132	742.2	1 783	735.5	11.08	708.2
合计	934	757.71	21 142	708.14	100	658.23

附表 4　西南区水稻节肥丰产高效示范效果

年度	技术模式	示范地点	面积（亩）	产量（kg/亩）	增产（%）
2019	杂交中稻免耕底肥一道清技术	翠屏、隆昌	2 316	658.5	7.2
	杂交稻机插秧氮高效技术	东坡区、井研县、荣县	3 200	652	15.0
	机插秧节氮增效栽培技术	广汉、中江	9 900	682.1	8.2
	优质稻宽窄行机插同步深施肥技术	西秀区、麻江县、兴义市	1 570	677	13.5
	优质稻丰产高效机插栽培技术	湄潭县	583	692	17.7
	水稻减肥增效栽培技术	芒市	1 000	760	13.4
	优质稻氮高效丰产技术	永川、巫山	1 258	614.5	11.6

（续表）

年度	技术模式	示范地点	面积（亩）	产量（kg/亩）	增产（%）
2018	杂交稻底肥一道清氮高效高产技术	翠屏、隆昌	5 820	632.2	9.3
	水稻机插秧下肥料高效技术	东坡区	2 500	645	15
	机插秧节氮增效技术	绵竹市	4 420	683.27	6.45
	渝香203高山区稀泥育秧机插示范	巫山县	1 350	661	13.97
	水稻节本增效栽培技术	曲靖市、永胜县	200	849.9	29.2
	优质稻减氮控水增密栽培技术	兴义、三穗	211	926	33.3
2017	冬水田杂交中稻高产氮高效技术	合江、富顺	2 820	652.2	8.3
	水稻钵苗机插秧氮高效技术	东坡	3 600	685	15
	优质水稻机插节肥栽培技术	遵义，湄潭	150	698.8	24.9
	杂交水稻精确施氮栽培技术	遵义，播州	130	825.3	25.6
	水稻精确定量施氮栽培技术	永胜县	100	987.5	12.0
	水稻低耗高效施氮栽培技术	芒市	500	657.7	8.7
	水稻全程机械化高效施肥技术	巫山县庙宇镇	1 300	678.6	16
2016	水稻钵苗机插秧高效施氮技术	东坡	7 500	667.5	16.5
	水稻机插秧节肥高效技术	永川、璧山、巫山	3 480	658.1	18.3
	水稻机插秧高效施肥技术	崇州、绵竹、广汉等	8 438	640.1	5.7
	水稻精确施肥栽培技术	湄潭、兴义	610	670.1	25.7
	杂交中稻节水节肥技术	合江、翠屏	8 000	680.1	10.1
	水稻精确定量施氮技术	永胜县	208	862.2	20.5
2015	水稻氮肥后移技术	德宏州	100	589.0	12.5
	机械化育插秧高效施肥技术	东坡、三台、崇州	4 200	773.9	10.3
	丘陵区水稻高产高效施肥技术	中江	1 000	632.15	18.24
	杂交水稻五五高效施肥技术	风华、茅垭、惠水	537	721.3	21.5
	渝香203高产栽培技术	璧山	1 000	606.9	10.5
	杂交中稻稀植足产高产栽培技术	合江、翠屏	3 415	706.2	15.7
2014	水稻机插秧栽培技术	三台县、东坡区	900	663.6	9.8
	丘陵区水稻高产高效施肥技术	中江县	1 000	608.2	6.44
	穴盘钵苗机摆秧技术	广汉、崇州	355	687.9	9.94
	水稻精确施肥技术	绥阳	128.4	825.2	20.4
	杂交中稻精确定量栽培技术	芒市	118.5	665.9	18.7
	杂交中稻节肥高产技术	翠屏	3 115	670.8	9.2
	杂交中稻新品种高产技术	璧山	267	715.8	15.5
2013	丘陵区水稻高产高效施肥技术	中江	1 000	514.56	11.35
	机械化育插秧技术	东坡、三台	700	652.4	8.95
	中稻高效施肥栽培技术	永川	1 100	915.2	15.3
	水稻机械插秧节肥栽培技术	芒市	4 769	640	13.2
	杂交水稻五五精确定量栽培技术	绥阳	264	750	15.1

（续表）

年度	技术模式	示范地点	面积 （亩）	产量 （kg/亩）	增产 （%）
2012	杂交中稻高产栽培技术	合江	3 250	713.6	15.32
	水稻超高产高效施氮技术	东坡	1 000	689.5	10.0
	水稻精准施氮栽培	玉溪	380	610.4	12.3
	水稻高产高效施肥技术	中江	1 000	508.5	10.22
	杂交水稻五五精准栽培技术	绥阳	290	723.8	13.7
	水稻高产高效施肥技术	永川	850	675.9	9.1
2011	杂交中稻稀植足肥栽培技术	纳溪	3 100	711.3	12.73
	水稻超高产强化栽培技术	东坡	1 200	682.0	24.0
	水稻精确施肥栽培	红塔区	1 050	834.8	15.0
	丘陵区水稻高产高效施肥技术	中江县	1 000	608.45	10.22
2010	水稻超高产高效栽培技术	眉山	3 000	651.0	13.57
	杂交中稻增密减氮技术	永川	1 000	715.1	26.00
	杂交中稻粒芽肥节氮技术	翠屏	2 000	680.2	11.69
	杂交中稻节水节肥技术	四川广汉	1 284	604.9	8.21
	水稻高产高效施肥技术	四川中江	1 200	585.0	9.50
	水稻精准施肥技术	云南潞西	1 357	634.0	7.80
	水稻肥水高效栽培技术	贵州遵义	1 131	869.28	36.35
合计	18	22	119 224.9	674.11	11.38

附表5 西南区杂交水稻节肥技术模式各试验点氮利用效率情况

年度	试验点次	施氮量 （kg/亩）	产量 （kg/亩）	氮回收率 （%）		氮素稻谷生产效率 （Grain kg/kg N）	
				本技术	CK	本技术	CK
2020	37	5.5~18.4	531.3~989.9	36.9~51.4	29.4~40.3	45.9~56.8	37.4~51.0
2019	45	6.9~14.3	542.0~732.6	37.3~53.6	32.0~45.8	51.9~66.7	39.9~50.6
2018	51	5.0~13.9	555.0~752.4	34.4~49.0	29.6~45.1	41.7~62.4	36.6~56.5
2017	66	5.0~13.8	527.1~829.3	41.1~51.9	31.7~43.4	48.2~73.8	44.5~60.3
2016	43	7.4~14.0	566.0~747.8	38.2~48.5	29.8~40.2	45.3~60.9	41.1~53.8
合计	242	5.0~18.4	527.1~989.9	34.4~53.6	29.4~45.8	41.7~73.8	36.6~60.3

附表6 应用面积与增产增收效果

年份	面积 （万亩）	平均亩产 （kg）	比非示范区 平均亩增 （kg）	新增稻谷 （亿kg）	新增产值 （亿元）	减少投入 （亿元）	新增纯收入 （亿元）
2012	135.3	638.5	112.4	1.52	3.65	0.030	3.68
2013	192.7	632.7	108.6	2.09	5.02	0.042	5.062
2014	338.9	617.3	101.2	3.43	8.23	0.075	8.305

年份	面积 （万亩）	平均亩产 （kg）	比非示范区 平均亩增 （kg）	新增稻谷 （亿 kg)	新增产值 （亿元）	减少投入 （亿元）	新增纯收入 （亿元）
2015	418.4	609.9	90.9	3.80	9.13	0.092	9.222
2016	521.2	634.2	102.3	5.33	12.80	0.115	12.915
2017	663.7	627.6	99.6	6.61	16.92	0.146	17.066
2018	786.9	621.8	89.3	7.03	17.99	0.173	18.163
合计	2 957.1	626.0	100.6	29.81	73.74	0.673	74.413

（四）对学科发展的作用、技术应用前景与需要解决的问题

1. 对学科发展的作用

该项目从氮高效利用品种田间鉴定方法研究入手，根据品种间对氮素的响应把水稻品种划分为氮广适应型、高氮适应型、低氮适应型和氮利用率较差型 4 种氮利用率类型，并创建了氮肥高效利用杂交水稻品种的田间鉴定方法；系统阐明了适应不同栽培模式、氮肥施用方式与杂交水稻品种间库源特征的关系，分别创建了稻田地力产量和氮、磷、钾的高效施用量与地理位置、土壤养分含量的定量预测模型，以及稻田实地测苗高效管理的定量测定方法。发表了相关论文 70 余篇（SCI 收录 5 篇，一级学报 15 篇，单篇 SCI 最高影响因子 3.4，最高下载量 2018 次、被引 104 次）、出版学术专著 3 册、获国家授权专利 4 项，为本学科的进一步发展注入了新的活力。

2. 技术应用前景

在选用氮高效利用品种基础上，因品种间的库源特征，因不同地域的生态条件、土壤养分、稻田地力，因稻田实地秧苗长相而研究形成的杂交中稻"一种三因"肥料高效利用技术，具有针对性强、可操作性好、适应性广的特点，可在保持较高水稻产量水平条件下，提高施肥效率，减少肥料施用量及其对生态环境的面源污染，能在西南稻区大面积推广应用。西南区现有稻田 7 000 多万亩，按 40% 的技术覆盖率，并以每亩节支增效 100 元计，每年可新增社会效益 28 亿元，应用前景广阔。

3. 有待解决的问题

氮素吸收和利用是一个十分复杂的生物学过程，尽管前人已做了相当多的研究工作，但需要研究的问题仍然很多。综观已有的研究进展和存在的问题，今后的研究应以提高氮素利用效率为中心，并有待进一步开展"水稻氮素效率的遗传规律与品种选育工作""协调氮素高效吸收与高效利用矛盾的栽培策略"和"水稻生长中前期叶色与高效施氮量关系"等方面研究。